# 生态流量监测技术

SHENGTAI LIULIANG JIANCE JISHU

中国环境监测总站/编著

中国环境出版集团·北京

**图书在版编目（CIP）数据**

生态流量监测技术 / 中国环境监测总站编著. —北京：中国环境出版集团，2021.10

ISBN 978-7-5111-4938-1

Ⅰ. ①生…　Ⅱ. ①中…　Ⅲ. ①生态环境—环境监测　Ⅳ. ① X835

中国版本图书馆 CIP 数据核字（2021）第 211208 号

**出 版 人**　武德凯
**责任编辑**　曲　婷
**责任校对**　任　丽
**封面设计**　宋　瑞

---

**出版发行**　中国环境出版集团
（100062　北京市东城区广渠门内大街 16 号）
网　　址：http://www.cesp.com.cn
电子邮箱：bjg1@cesp.com.cn
联系电话：010-67112765（编辑管理部）
发行热线：010-67125803，010-67113405（传真）

**印　　刷**　北京中献拓方科技发展有限公司
**经　　销**　各地新华书店
**版　　次**　2021 年 10 月第 1 版
**印　　次**　2021 年 10 月第 1 次印刷
**开　　本**　787 × 1092　1/16
**印　　张**　17
**字　　数**　342 千字
**定　　价**　90.00 元

---

# 编写指导委员会

# 编写委员会

主　　编：李文攀　　陈耀祖

副 主 编：解　鑫　　孙宗光　　杨　凯

编　　委：（按姓氏笔画排序）

尤佳艺　　白　雪　　邢　政　　邢瑞烨

朱　鸿　　刘　钰　　刘　斌　　许秀艳

阮家鑫　　孙瑞文　　阴美晓　　李凤梅

李增华　　杨春红　　肖志辉　　陈耀祖

陈　鑫　　苗慧盟　　尚用锁　　姜明岑

嵇晓燕　　裴晓龙

# 前　言

# PREFACE

“十三五”时期水污染防治攻坚战取得积极成效，水环境质量持续改善。“十四五”时期是建设美丽中国的关键五年，开好头、布好局至关重要。2019 年 12 月，生态环境部印发《重点流域水生态环境保护“十四五”规划编制技术大纲》，明确提出要突出水资源、水生态、水环境“三水”统筹，实现“有河有水，有鱼有草，人水和谐”的目标，标志着重点流域“十四五”规划从传统理化指标水质改善向水生态健康转变。

河湖生态流量是维系河流、湖泊等水生态系统的结构和功能，需要保留在河湖内符合水质要求的流量（水量、水位）及其过程。保障河湖生态流量，事关河湖生态环境复苏，事关生态文明建设，事关高质量发展。2020 年 4 月，水利部印发了《关于做好河湖生态流量确定和保障工作的指导意见》，公布了第一批 83 个断面的生态流量（水量、水位）目标。同年 12 月，公布第二批 83 个断面的生态流量目标，标志着我国河湖生态流量正式从科学研究走向管理实践阶段。

自 20 世纪 70 年代，我国开始探索开展生态流量相关研究工作，至今已有 40 多年的历史。经过研究与实践，我国已基本建立了适用于中国河流特征的生态流量研究方法和管理框架，丰富了国内外相关领域的理论方法体系，通过在重点流域的典型试点，在水生态系统保护与修复、支撑深入打好污染防治攻坚战的污染物通量核算等方面提供了技术支撑。本书在收集、整理和总结国内外流量监测相关研究成果的基础上编纂而成，包括概述、流量监测方法、机械式转子流速仪流量监测、声学多普勒流速仪流量监测、特殊情况流量监测、流量监测技术规定和要求、流量监测数据整编、流量监测误差和质量控制等内容，详细解析了不同应用场景下的不同生态流量监测方法的技术要求和操作要点。

本书由李文攀、陈耀祖、解鑫、孙宗光、杨凯制定编制大纲，统筹全书编写。第 1 章由陈鑫、邢政、苗慧盟等编写，第 2 章由解鑫、裴晓龙、朱鸿等编写，第 3 章由姜明岑、陈耀祖、李凤梅、刘斌等编写，第 4 章由陈耀祖、陈鑫、阮家鑫、孙瑞文等编写，第 5 章由白雪、尤佳艺、杨春红等编写，第 6 章由嵇晓燕、尚用锁、阴美晓等编写，第 7 章由陈耀祖、李增华、肖志辉等编写，第 8 章由许秀艳、邢瑞烨、刘钰等编写。陈耀祖负责最终定稿。

由于时间和水平有限，书中错误和纰漏在所难免，恳请广大读者批评指正。

编者

2021 年

# 目　录

# CONTENTS

# 第 1 章

# 概　述

DI-YI ZHANG
GAISHU

# 1.1 流量、通量和生态流量

## 1.1.1 流量的概念

通常，流量是指单位时间内通过某一特定面积的流体体积。而对于天然江河，其流量是指单位时间内通过某一江河过水断面的水体水量。在国际单位制（SI）中，体积流量的标准单位是：立方米每秒（$m^3/s$），多用于河流、湖泊等断面的进出水量测量。通常，流量可以通过以下公式来计算：

$$Q=SV_{\mathrm{m}}$$

式中，$Q$——流量，$m^3/s$；

$S$——水道断面面积，$m^2$；

$V_{\mathrm{m}}$——断面平均流速，m/s。

流量是反映水资源状况及江河、湖泊、水库等水量变化的基本资料，也是河流最重要的水文要素之一。流量监测是水文、水利和生态环境保护中极为重要的一项工作内容，随着国家对水资源、水生态、水环境的重视，河流流量监测在防洪抗旱、水资源开发管理和保护、航运、生态环境保护等方面的作用显得尤为重要。

流量是一个瞬时的计量单位。虽然流量在采集（测量）过程中，需要一定的历时，但在表示单位时间内通过的水量时，会以采集（测量）历时的中间时刻，为该段历时瞬时流量的时间点。

## 1.1.2 通量的概念

在环境监测的流量监测中，常常会使用通量的概念。

通常，江河的通量是指在一定时段内，通过某一江河过水断面水体的总水量。这是一个累积的计量单位。在表示通量时，通常会定义这个时段的时长。例如，时通量、日通量、月通量、年通量等。通量的单位是：立方米（$m^3$）。

在水文测验中，会用径流量来表示累积的水量，与环境监测中用的通量是同一个概念。

在水质监测工作中，更会将水体中某污染水质参数引入到通量中。例如，在许多水质自动监测站中，可以通过实时监测到的某一个污染物浓度（如氨氮、高锰酸盐指数、总磷、总氮等），乘以某一个时段内的流量和乘以该时段的时间，就可以获得通过该监测断面的该污染物（时、日、月、年）通量。

某污染物时段通量可以采用以下公式来测算。

$$W=QCT \quad 或 \quad W=\int_0^T Q_i C_i \mathrm{d}t$$

式中，$W$——某污染物时段通量，mg；

$Q$——该时段平均流量，$m^3/s$；

$Q_i$——某时刻的瞬时流量，$m^3/s$；

$C$——该时段某污染物平均浓度，mg/L；

$C_i$——某污染物某时刻的瞬时浓度，mg/L；

$T$——该时段的时长，s；

$t$——该时刻的时长，s。

在描述污染物通量时，需要给出某污染物的名称和时段。例如，在测算通过某断面的总磷污染物一天的通量时，可以描述为 ×× 站总磷日通量。

按照 1 小时 =3 600 秒，1 吨 =1 000 千克 =1 000 升，1 升 / 秒 =3.6 吨 / 小时，污染物通量的单位毫克（mg），也可以换算为千克（kg）或吨（t）。

在江河水质污染突发事件时，计算和统计流向下游的污染物通量，以及通过实测的瞬时流量，预报污染物到达下游某地某断面的时间，都会有很重要的实际意义。

### 1.1.3 生态流量

我国 20 世纪 70 年代开始探索研究生态流量，至今已有 40 多年的历史，最初是对国外理论方法体系的引进与应用，经过持续的研究与实践，基本建立了适用于中国河流特征的生态流量研究方法和管理框架。尽管生态流量研究与实践开展较早，中国许多管理规定使用“生态流量”（Ecological Flow），众多学者也根据自己研究的侧重点及对生态流量的理解给出诸多定义，但由于生态流量涉及的目标和内容较多，从学术层面来说，对生态环境流量的概念和内涵尚未形成统一的定义。一般认为，生态流量不仅包括水体为满足某种需要的最小流量，还包括水文过程，水体质量。除了对生态流量包含的实质内涵有不同看法，对生态流量的功能认识也并不相同，狭义的仅限定于维持水流的自然生态系统需求，广义的则将这种需求扩大到对人类生产生活的满足。制定生态流量标准的目的，在于协调水资源的社会经济价值与生态价值之间的平衡。

此处给出生态基流和生态流量的参考概念：

生态基流：指为维持河流基本形态和基本生态功能的河道内最小流量。

生态流量：指为维持河流或湖泊的健康生态系统，保证人类从中获得物质和服务所需的流量。

# 1.2 江河流量

## 1.2.1 江河流量及变化

水系是流域内所有河流、湖泊等各种水体组成的水网系统。中国境内有“七大水系”，均由河流构成，称为“江河水系”，属太平洋水系。这七大水系分别是长江水系、黄河水系、珠江水系、淮河水系、海河水系、辽河水系和松花江水系。中国境内河流主要流向太平洋，其次为印度洋，少量流入北冰洋。

中国大陆地区由于地域宽，气候和地形差异极大。不同地区的江河流量差异很大，同一条河流不同断面的流量变化也很大，即使是同一断面，不同季节和不同时间的流量值也会有较大的差异。

### 1.2.1.1 河流分类

为适应水环境流量监测要求，按照不同的测流方案，根据全国的地表水流域及地理特征，河流大致分为以下几种典型类型：

（1）大江大河：特点是河宽水深、流量大；例如长江、珠江等。

（2）华北、中原等地河流：特点是水浅、流量小；例如河北、北京等地河流。

（3）华东、华南等地河流：特点是水深、河宽、流量适中；例如江浙等地河流。

（4）东北等地河流：特点是冬季结冰。

（5）大江大河入海口：特点是存在潮汐流、流量会反转，而且反向的流速可能也会比较大；例如浙江钱塘江的河口、长江的河口等。

（6）山溪性河流：特点是水位高低落差大，丰水期水深、流量大；枯水期水浅，甚至断流。

（7）泥沙含量大的江河：特点是泥沙含量高，采用普通型号的流速仪，测流难度大；例如黄河、钱塘江的河口段等。

### 1.2.1.2 河流分段

一条河流沿水流方向，自高向低可分为河源、上游、中游、下游和河口五段。

（1）河源：河流的发源地，多为冰川、泉水、溪涧、沼泽或湖泊等。

（2）上游：连接河源，位于河流上段，较大河流的上游往往高山夹峙，沿河有许多峡谷，河床一般窄而深。

特点：落差大、水流急、河谷狭窄，常有急滩和瀑布，洪水涨落急剧，带有跌水等险滩。

（3）中游：河流中段，多位于丘陵地区。

特点：比降变缓，河床坡度较平缓，河槽拓宽曲折，河面较宽，两岸有滩地，水流较平静。

（4）下游：河流最下一段，大河流下游位于冲积平原地区。

特点：河床较宽，河槽纵向坡度平缓，比降和流速小，河道淤积明显，浅滩或河洲到处可见，河曲发育。

（5）河口：河流终点，大河流入海洋，小河流入湖泊或其他河流，或者消失在沙漠之中。

特点：河流流入海洋、湖泊或其他河流的处所，泥沙淤积严重。

#### 1.2.1.3 河流径流年际变化

河流径流的年际变化（丰水年与枯水年的变化），主要有以下规律：

（1）降水量：降水量少的地区径流年际变化大于降水量多的地区。因为降水量大的地区水汽输送量大而且稳定。

（2）补给类型：以雨水补给为主的河流径流年际变化大于以冰川积雪融水或地下水补给为主的河流。

（3）地形：平原和盆地的河流径流年际变化值大于相邻的高山和高原地区，因为高原高山地区多地形雨，其变量小。

（4）流域面积：流域面积小的河流径流年际变化大于流域面积大的河流。因为大河集水面积大，且流经不同的自然区域，各支流径流变化情况不一致，丰水年、枯水年可以相互调节。

我国华北及淮河流域径流年际变化最大，其次为东北，再次为长江流域、华南和东南沿海河流，西北内陆以冰雪融水为主，河流径流年际变化最小。河流径流年际变化也可从一个侧面反映当地气候的变化状况。掌握河流径流年际变化规律对充分利用水资源、兴修水利工程、保护水环境、防御自然灾害有指导作用。

### 1.2.2 河道流速分布和特征

一般情况下，天然河道水流具有三维性、不恒定性、不均匀性，其流速呈三维流速分布。但对宽深比较大的冲积河流，河道水流的流速分布接近二维明渠流流速分布。这种情况下，可以近似地用二维明渠均匀流流速分布公式来描述河道水流的流速分布。

天然河道中常见的垂线流速分布，会受到不同因素的影响，而呈现不同的形状，如图 1-1 所示。受影响的因素包括河流的糙率、冰冻、水深、风力风向、河底水草、上下游河道的变化等，其中，以抛物线型流速分布和对数曲线型分布更为常见。

垂线上的流速分布有以下特征：

（1）流速从河底向水面逐渐增大，但最大值通常不在水面，而是在水面以下某一深度（0.1～0.3 水深）处。最小流速在接近河底处。流速在垂线上的分布，多表现为抛物线型流速分布或对数曲线型流速分布。

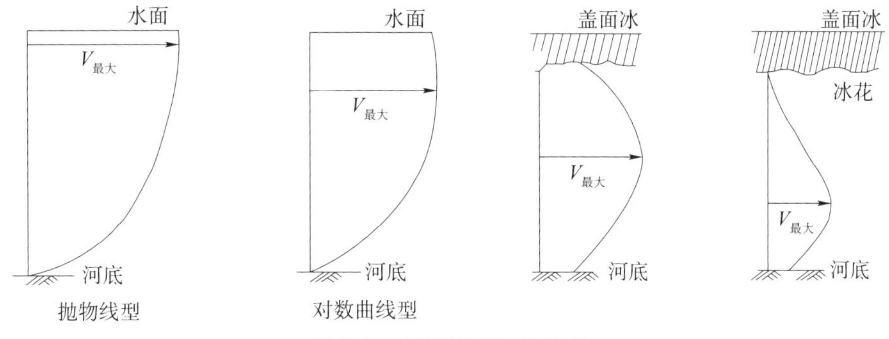


图 1-1　垂线流速分布曲线

（2）一般对于顺直稳定的河段，垂线平均流速与 0.6 倍水深处的点流速相近（水面为 0.0，河道为 1.0）。

1）当河底有地形起伏变化或河面结冰时，垂线上的流速分布则有明显的变化；

2）水面结冰时，河水最大流速出现的位置下移到一定深度；

3）河底地形变化时，在深槽处最大流速出现的位置距水面较近，浅滩处最大流速出现的位置距河底较近。

天然河道的流速横向分布与断面的几何形状相似，一般情况下，流速中泓大，两边小。同时岸边流速与河道断面的平均流速有如下关系：

$$V_{岸}=\alpha V_{\mathrm{m}}$$

式中，$V_{岸}$——近岸部分的平均流速，m/s；

$V_{\mathrm{m}}$——断面平均流速，m/s；

$\alpha$——岸边流速系数。

## 1.3　流量监测的目的和意义

随着我国社会经济的快速发展，河流生态和环境问题日益严峻，成为可持续发展的“瓶颈”。作为承担国家地表水、近岸海域环境质量监测和承担国界河流联合监测工作，参与流域和近岸海域重大环境污染事件应急监测技术支持工作的生态环境监测部门，在日常监测国家地表水、近岸海域的水质状况和评价控制、掌握污染源排放污染物总量的同时，也需要对相应水体进行流量（通量）的同步监测。根据排污总量计算和评价结果，确定污染物对周边和下游河道环境污染的影响程度。

保障河湖生态流量（水位）是保护河湖生物多样性、维持河湖生态健康的客观需要，为掌握区域地表水资源量及变化规律，计算水体污染负荷是否超过环境容量和评价控制效果，掌握污染物总量和河湖生态流量（水位）等，需对相应水体进行流量监测（简称测流）来获得天然河流及水利工程调节控制后的江河径流和流量变化资料。

开展全国地表水水质水量（流量）监测系统建设，为保障河湖生态流量提供数据支撑，监控全国主要江河污染物通量，加强源头水、大型引调水工程、重要饮用水水源和重要水库、湖泊的保护，有利于完善水功能区监督管理，建立更加健全的水质达标评价体系，为最严格水资源管理和推进全国生态文明建设提供技术支持，也可为水利工程设计、航运、防汛、科学研究等提供服务，并有利于促进公众参与和社会监督以及水资源监测信息的交流与共享。

## 1.4 国内外流量监测

### 1.4.1 我国流量监测现状

我国流量监测的主要运行方式是以测站为单位，以驻测和人工观测为主，以计算机控制和电动缆道、大（中、小）型测船流速仪测流为辅，还有一小部分采用巡测的方式完成河流的流量监测。

流量监测主要采用缆道和测船渡河，主要渡河设施有机动测船、悬吊测船缆道、悬吊铅鱼的索缆道、悬吊水文缆车缆道，桥梁较少。流量测验以旋桨式流速仪为主，浮标为辅助手段。声学多普勒流速剖面仪（ADCP）的测流方法，近年来快速发展，并已经普及和广泛用于天然河流的流量监测。

由于测站大部分采用驻测和人工观测，单站运行管理费用较高。测站除建设断面设施和各种测验设施外，还需建设生活和外业工作需要的基础设施等，同时还有供电、通信、供排水设施设备，观测场和观测道路等。大量测验设施设备，增加了测站的管理人员和建设及管理费用。

在我国，对单次流量监测的精度要求并不高，但测次较多；在这一点上，正好与美国相反。在洪水期间，我国习惯上要求实测洪峰流量，无论测验条件如何，均是千方百计地抢测洪峰。这样做不仅危险性大，安全性和测验精度也无法保证，甚至为提高洪峰的测验能力，不惜投入大量资金建造标准很高的缆道或测船，这些设施利用率很低，但建设维护费用却很高。

我国在改革开放前的相当长时间，大部分的报汛站不能自动传输水文实测数据和水文资料。通信方式也是以电话、移动通信等为主。目前，全国大部分的省（区、市）正在逐步完善数据库系统及面向公众的信息服务系统，各流域、各省（区、市）建立的水文数据库也正在向实现全国信息共享而努力。

经过多年来的引进和改进，我国的流量监测水平有了大幅的提高。测流的缆道，无论驱动、跨度、控制等方面的技术水平均高于国外水平，特别是自动化、半自动化缆道的出现，使我国的测流缆道技术达到世界领先水平。洪水预报系统、防汛抗旱水文气象业务系统、水情会商系统等也接近国际先进水平。

### 1.4.2　美国流量监测现状

美国负责水文测验的机构是美国地质调查局（United States Geological Survey，USGS），隶属内政部。

美国的流量监测实行自动观测和巡测相结合的管理模式，测站无固定驻守人员。各测站管理运行由外业办公室负责，站网密度大，自动化程度高。测站建设比较简易，固定设施少，单站投资小，运行管理费用较低。

美国流量监测以桥上测验为主（简称桥测），很少采用缆道测验，测站附近没有桥梁的水文站，水面深宽的测站流量测验多采用测船进行。当水深较浅时，采用涉水测验流量。流量测验最常用的方法是流速面积法，流速测验主要采用机械流速仪和多普勒流速仪。流量测验以巡测为主，采用数字记录流速仪测流（简易缆道、小型测船、人工涉水等）、人工建筑物测流为主，并结合 ADCP 等先进测流仪器设备。

USGS 对实时数据的传输以卫星传输方式为主，其他方式为辅。报汛站全部实现数据自动传输，已建立全国联网的分布式或集中式数据库系统，存储数据资源丰富。自 1995 年起，USGS 通过公众网发布实时和历史数据。目前，已超过 90% 测站的历史数据可在 USGS 网站上查到。

为改变河流流量测验常用方法费用高、精度低、劳动强度高、危险性大的状况，USGS 发起领导了一个新的流量测验方法研究计划，采用了依据声学多普勒原理制造的新型流量测验仪器声学多普勒流速剖面仪（ADCP）。该类仪器在 20 世纪 80 年代初开始在河流流量测验中应用，到 90 年代末 ADCP 仪器和应用方法趋于成熟。目前，采用 ADCP 取代传统的流速仪进行流量测验，已经得到了普遍。

# 1.5 流量监测展望

## 1.5.1 流量监测发展趋势

随着信息技术的发展和环境监测应用服务领域的不断发展，特别是面对生态环境一体化监测管控的需求，现有的流量监测体系与技术在监测的时空尺度、要素类型和信息集成等方面均存在不同程度的不适应，迫切需要改变发展思路、创新监测技术。

总体上，在需求的驱动下，流量监测技术未来将呈现出从数字化向智慧化发展的总体趋势。在流量监测方面，自动监测或智能感知设备与技术将广泛应用。在数据传输方面，传感互联网与移动宽带网将成为主要信息通道。在现场无人观测方面，卫星、无人机、雷达等遥感技术将成为常规信息获取手段。在数据的预处理（整编）与存储方面，多时空要素异构数据的集成、处理与存储将成为流量监测体系的重要组成部分。建成“智慧流量监测体系”，是未来一定时期流量监测技术发展的基本目标。

现阶段以后一段时间，水站驻测与巡测相结合，是可以考虑的一个方向。逐步推广以无人值守、有人管理为主的在线式声学多普勒流量计，与灵活机动的走航式声学多普勒流量计相结合，可以满足大部分地区流量监测的需求。流量监测技术已经从实现人工观测和机械式短期自记，向电子数字感知、实时数据传输和长期自记的演化，并建成基于电子通信的流量监测数据采集平台通过网络传输，已经成为可能。

## 1.5.2 流量自动监测

### 1.5.2.1 非接触水体测流法

非接触水体测流法测流研究的方法较多，目前较成熟的是采用微波测速和低频雷达测速的技术。20 世纪 70 年代初，国外有些发达国家利用雷达原理来测量水流速度获得成功，利用雷达多普勒效应，采用无接触远距离实现流速测量，在水情复杂、水流急、含沙量大、水中有大量漂浮物、一般流速仪无法下水的情况下，显示了其特有的优越性。非接触水体测流法的测量过程对流场无干扰。

微波仪器直接测量河流断面上各点水面流速，采用的原理是高频（10 GHz）脉冲多普勒雷达信号的布拉格（Bragg）散射原理，过水横断面可通过悬吊在断面上的低频（100 MHz）探地雷达系统测量，可采用水文缆道或测桥等运载探地雷达横过测量断面上空。美国 USGS 采用特高频（UHF）微波测量流量，试验结果表示误差一般小于 5%。

探地雷达是利用无线电波来确定地下介质分布的一种无损探测方法，主要分析测量河底高程，计算过水断面面积。

为改变现有河流流量监测常用的流速面积法费用高、精度低、危险性大的状况，USGS 正在与有关大学研究机构合作研究科技含量更高、更先进的流量监测设备，旨在研制一种“非接触法”流量监测方法和仪器设备，可实现岸上遥控测量水位、水深、流速、流向、断面和流量。新方法将使流量的监测速度更快、精度更高、减轻劳动强度、降低管理运行费用，基本消除了流量监测的危险性。

USGS 正在美国国家航空航天局（NASA）的帮助下，开始研究通过太空监测水面流速的可能性。研究利用这种观测平台在空间的测量系统（空基系统），通过雷达测高技术测量河流水位，通过一种星载的干涉合成孔径雷达测量一段河流的水面流速，也可通过空基遥感系统测量河流断面流量。利用卫星的空基监测技术远超传统的基于站网、站点提供流域范围内的流量等水资源信息，可提供全球范围内的流量水资源信息。

#### 1.5.2.2 接触水体的在线监测仪器

从测量原理方面比较，接触水体的测量手段要比非接触式的测量方式获取的数据量更多，因此测量精度也会更高。特别对于受各种因素影响，水流扰动常态化的天然河流，采用接触水体的测量仪器是一种有效的监测方法。

在现有的在线式水平测量方式和垂直测量方式的基础上，可以研究和开发真正意义上的相控阵在线自动流量监测仪器，水平安装仪器，利用相控阵原理，产生不同相位的超声波相互耦合实现不同方向的扫描发射和接收超声波信号，使测量范围由测量水平水体剖面流速变成测量从河底至水面足够方位角的剖面流速，实现对整个断面流速分布的流速测量，通过分析法和建立的模型，计算全断面的流量。这种方法不仅可以实现全自动，还可以大大减少比测和率定工作，并提高测量精度。

# 第 2 章

# 流量监测方法

DI-ER ZHANG

LIULIANG JIANCE FANGFA

## 2.1　简介

研究掌握江河流量变化的规律和时空分布情况，按照一定的科学方法，定时定点进行流量的监测是一个非常重要的手段。而纵观全中国，乃至全世界，天然河流流量大小的差异和变化非常大。举一些例子，就可见一斑。例如世界上最著名的、位于巴西的亚马孙河，其最大流量达 200 000 $m^3/s$；多年平均流量达到了 100 000 $m^3/s$。我国最大、世界第三的河流长江，最大流量为 70 600 $m^3/s$，多年平均流量也达到了 14 000 $m^3/s$。而位于北京的最大一条河流——永定河，最大流量为 2 450 $m^3/s$，多年平均流量仅为 28.2 $m^3/s$。流量的差异和变化是如此之大，如果仅仅简单地依靠某一两种测量方法就想覆盖和完成所有河流的流量监测，几乎是不可能的。这就需要根据各种不同的河流和该河流在不同时期水情变化的特点，采用各种不同的测流方法进行流量的监测。

流量的变化是很复杂的，为了研究和探求河流流量变化的规律，必须进行长期的、连续的流量监测。但是，目前除了实时自动在线的流速仪之外，常用的测流方法，都很难实现。而实时自动在线的流速仪对安装和使用的条件、对河道和周围环境都有许多限制，例如对测量断面的形状要求（不适合在宽浅型断面使用）、对水位变幅大小的要求（水位变幅大，仪器在水中的相对位置变化幅度大，造成实测流速的代表性差，测量精度下降）、对河道水流稳定性的要求（断面水流左右岸流速分布不均匀，特别是水位变化时，断面水流主槽位置的变移，造成实测流速的代表性不稳定）等。

由于天然河流复杂的紊动特性，不同河流的水流流态、特性、测验条件不同，现场环境的不确定性亦大大增加了流量监测的难度，仅仅利用单一的测量手段难以获取全面、可靠的水流信息，现有测流技术规范和仪器设备不能完全满足实际工作中流量监测及资料处理的需求。因此在实际测流时，要根据河流水情变化的特点，在保证资料精度和测量安全的前提下，采用适当的测流方法或多种方法联合使用进行流量监测。

目前大部分采用的测流方法工作量大，不可能无限制增加测次来获得大量的流量资料。因此，人们会通过一定数量测次的流量资料与水位或其他水力要素建立相关关系来探求其变化规律，以便用水位或其他水力要素的资料来推算逐日流量。

当今，国内外常用的江河流量监测的方法很多，分类的方法也很多。通常，我们可以按照测流的工作原理进行分类，大致可以分成四大类，即流速面积法（又称面积流速法）、水力学法、化学法、直接法。

## 2.2 流速面积法

流速面积法是通过实测断面上一系列点流速和过水断面面积，进而推求断面流量的一种方法。这种方法的应用最广泛，也是目前世界上流量测量最主要的方法。

如何实测断面上的流速，也是有很多的方法。按照测定流速的方法不同，我们可以将它们分为测量点流速法、测量表面流速法、测量剖面流速法、测量断面平均流速法、其他流速面积法等。按照采用的测量设施不同，我们又可以分为传统的转子流速仪法、声学多普勒流速剖面仪法、浮标法、电波流速仪法、电磁流速仪法、光学流速仪法、声学时差法、航空摄影测流法、遥感测流法等。

### 2.2.1 测量点流速法

顾名思义，测量点流速法是指采用流速仪测量断面上某些测量点的点流速，再根据断面的流速分布，推算出垂线或断面的平均流速；同时测量（或借用）过水的断面面积，以求得断面流量。

测量点流速法传统使用的仪器是机械式转子流速仪，包括旋杯式转子流速仪和旋桨式转子流速仪。图 2-1（a）所示的是旋杯式转子流速仪，图 2-1（b）是旋桨式转子流速仪。

（a）旋杯式转子流速仪

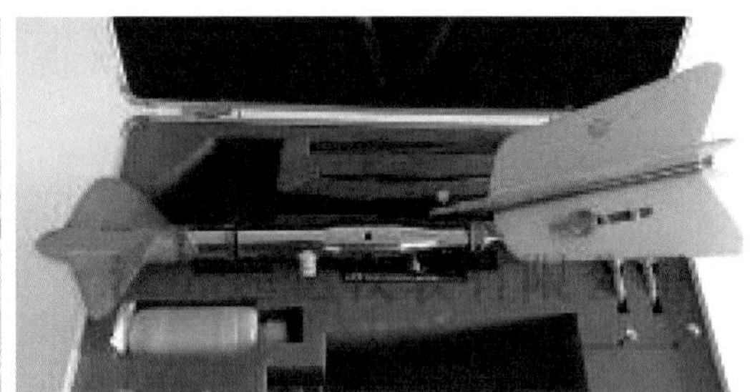
（b）旋桨式转子流速仪

图 2-1　机械式转子流速仪

机械式转子流速仪的工作原理是：

当流速仪放入水流中，水流作用在流速仪的感应元件（旋杯转子或旋桨转子）时，由于每个转子在迎水面的各部分受到水压力不同而产生压力差，以致形成了一个转动力矩，使转子产生转动。旋杯式流速仪的左右两只圆锥形杯子所受动力压力大小不同，背水杯所受水压力显然小于迎水杯的压力，所以，旋杯盘呈逆时针方向旋转。而对于旋桨式流速仪，它的桨叶曲面凹凸形状不同，当水流冲击到桨面上时，所受动力压力也不同，也会产生旋转力矩使桨叶转动。

流速仪转子的转速 $n$ 与流速 $v$ 之间存在一定的函数关系 $v=f(n)$。大量试验证明，其关系相当稳定，可以通过检定水槽的试验确定和溯源。利用这一关系，在野外测量中，记录转子的转速，就可计算出水流的流速。

转子流速仪结构简单，容易掌握，测流原理易于理解，使用也很简便，所以，很容易被使用者接受。全国有数万台转子流速仪在使用，是测流的必备设备。

转子流速仪种类比较齐全，适用范围广，开发了不同的系列和型号，可分别应用于高、中、低不同的流速测量，有的型号还适用于高含沙量的河流测速。

除此之外，测量点流速的仪器，还包括便携式声学多普勒点流速仪——手持式 ADV，如图 2-2 所示。这款仪器的工作原理是仪器的探头在水中发出超声波，在传播过程中，遇到水体中悬浮的颗粒，反射和散射回探头并被接收。当发射探头与水体之间有相对运动时，就会产生多普勒效应（多普勒频移）。水体与仪器之间的相对运动速度越大，频差就越大。用这个原理，就可以计算出水流速度。具体的测量原理和测量方式，还会在第 4 章中加以说明。

图 2-2　手持式 ADV

手持式 ADV 的测量精度很高，可以测量到 1 mm/s 的流速。此外，这款仪器不仅可以测量水流的瞬时点流速或者在规定的测量历时内测量水流的点平均流速，还可以测量水流的流向和垂直于断面的流速分量，能够直接计算出断面流量。而即时显示的断面流量成果中，已经消除了流向偏角引起的测量误差。

在点流速法中，根据测量平均流速的方法不同，又可分为积点法和积分法。

#### 2.2.1.1　积点法

这是一种最经典，而且得到全世界认可的方法。积点法是将流速仪停留在垂线的预定点上，进行逐点测速的方法。这是一种检验其他方法测量精度的基本方法。积点法采用的仪器，就是上面介绍的，通过水力推动仪器的转子来计算点流速的机械式流速仪和采用声学多普勒原理测量计算点流速的手持式 ADV。

它的测流方法是，按一定原则沿河宽的断面线，将过水断面划分为若干部分，即分成若干条垂线。按照垂线的水深，设定测量一点或数点的点流速；停留在各垂线预定的测点上测量一定的历时；而计算得到各测点在该测量历时内的平均流速（消除水流脉动影响）。由一点或数点的流速，平均（或按一定的比例）计算成垂线平均流速；同时测量垂线的水深和各垂线之间的间距，计算断面部分面积；垂线平均流速与部分面积相乘，得部分流量；各部分流量之和，即为全断面的流量。

采用积点法的测流方法，保证测量精度和控制在一定要求的误差范围内的关键在于如何布设测量的垂线、垂线个数和如何选择每条垂线上测量点流速的方法（一点法还是数点法）。有关这方面的内容将在第 3 章中加以叙述。

### 2.2.1.2 积分法

积分法的基本测流方法是，流速仪以不间断的运动方式测取垂线或断面平均流速。而不像积点法必须在选定的测点上停留一定的测量历时来获得每个点的点流速。从这个意义上说，这种方法相比积点法，具有快速、简便，并可达到一定精度等优点。

根据流速仪运动形式的不同，积分法还可以分为积深法、积宽法和动船法三种。

（1）积深法

积深法测速是将流速仪以某一个固定速度，沿设定的垂线，从水面到河底，或从河底至水面，垂直均匀提放，测定该垂线的垂线平均流速，从而推算出断面流量。这种方法的流量计算方法与积点法相同。只是积深法不像积点法将流速仪停留在某测点的位置测速，而是沿垂线均匀升降，直接测得垂线平均流速，以减少测速历时，是简捷的测速方法。

积深法测得的速度是水流速度与流速仪升降速度的合成速度，它与水平线交角的正切函数为：

$$\tan\alpha = \frac{\omega}{\upsilon}$$

式中，$\alpha$——积深法测得的速度与水平线的交角；

$\omega$——流速仪均匀升降速率；

$\upsilon$——水流的实际流速。

将合成速度改正还原为水流的实际流速，应乘以改正系数 $\cos\alpha$。若不加以改正，将使测得的流速偏大。积深法测速时，流速仪均匀升降速率越大，测得流速的改正值也越大。一般要求流速仪均匀升降速率 $\omega \leqslant 0.25\upsilon$ 为宜。

从流速仪对流向的敏感性来看，积深法测速宜采用旋桨式流速仪，而不宜采用旋杯式流速仪。这是因为旋杯式流速仪即使是在静水中垂直升降，旋杯还是会转动。

积深法具有测速历时短、使用方便等优点，因此，国际上有不少国家都在采用。相比之下，我国采用此法进行测流的却不多。

（2）积宽法

积宽法测流，通常是利用过河缆道等渡河设备沿着断面线拖带流速仪过河进行流速测量的一种测流方法。过河缆道沿着选定的断面线（垂直于水流方向）匀速横渡。流速仪则置于水下一定的水深处，边横渡、边测量，连续测量断面上某一层上所有点的点流速，得到层平均流速，进而改正为断面平均流速。由实测断面面积或借用断面资料，来推算断面流量。

积宽法测流能缩短测流历时，提高工作效率，而且计算简便，便于掌握流量变化过程。大多数断面试验结果表明，其测量精度都高于流量测量中所采用的简测法与常测法。在水流变化较大的情况下，采用缆道积宽法测流，特别有效。因为它缩短了测量历时，避免了水位变化影响引起的实测流速和断面面积的误差。从某种意义上讲，也相对提高了测流精度。

在洪水期间，为了安全，还可以采用桥测车上的绞车，将流速仪放入水下，拖曳过河。

该法与积深法有点相似，由于流速仪是沿着断面线横跨断面并有一定的航行速度，所以，测得的速度并不是实际的水流速度，而是流速与横向航速的合成速度。同样，也是需要有一个改正系数，即积宽系数，这个积宽系数可以通过比测试验推算。方法是采集 30 测次以上常用测流的断面平均流速与推算用积宽法测得的层平均流速的资料，点绘相关关系进行分析求得。这 30 测次以上的资料应包括高、中、低不同级的水位，并均匀分布在水位变幅范围内。采用比测的方法，不仅改正了流速与横向航速的合成速度，而且修正了层平均流速与断面平均流速之间的相关关系。

积宽法适用于大江大河的测流，特别适用于不稳定流的河口河段、洪水期间，以及巡测或间测的使用。随着更先进、精度更高的走航式声学多普勒流速仪的发明和大量使用，已经较少使用这种方法。

（3）动船法

动船法测流是将安装流速仪的支架固定安装在测船的船舷，将流速仪置于水下某一深度（0.4～1.2 m），测船沿着预定的与水流方向垂直的横断面横渡。在由一岸向另一岸不停地横渡过程中，按一定间距或移动时间采集测点数据，包括起点距（与岸边的距离）、水深和流速数据，完成流量的测量。在测船横渡的过程中，测深仪记录横断面的几何形状，连续运转的流速仪测出水流与船的合成速度。在断面线采集到 30～40 个观测点的资料后，就可以计算出流量。

动船法也是国际标准推荐的一种流量测量方法。动船法一般用于河宽大于 300 m、水深大于 2 m 的河流。采用动船法测量的河流不应存在底部逆流。在横渡时，测船应尽可能沿着断面线航行。如果测量的航迹与断面线存在一定的偏角，应给予修正。

与上述的两种方法相似的是，由于实测的是合成速度，所以，也是需要有一个流速改正系数，换算到真正的水流速度。这个改正系数可以用理论的公式推算得到，也可以通过比测或率定的方法来获得。在全世界的许多大河，包括美国 100 个河流断面（水深大于 3 m）的试验表明，在水下 1.2 m 处，平均流速改正系数均为 0.90 左右。

动船法与积宽法有很多相似的地方，因此，与积宽法一样，随着更先进、精度更高的走航式声学多普勒流速仪的发明和大量使用，这种方法也已经较少使用。

## 2.2.2 测量表面流速法

在 2.2.1 节测量点流速仪法中描述的测量方法，通常都是将流速仪放入水下某测点进行流速的测量。这种方法虽然相对的测量精度会高，但是，在有些特殊情况下，例如山溪性河流洪水期间，水位暴涨、暴落、水流湍急、漂浮物多，这时候采用流速仪法会带来很大的危险性。而如果采用把一种仪器安置在水面以上，以空气为介质，与水体非接触的方式，测量水流表面的流速，这样就可避免仪器入水引起的安全风险。用仪器测量水流表面点流速，在确定了该水面流速与断面平均流速的关系后，乘以借用的断面面积，就可推算出断面流量。这种简单、快速、易实施的方法，虽然相对的测量精度稍低，但有很大的实用价值，或可成为一种应急的测量方法。

表面流速与断面平均流速之间有一定的关系，不同河流受断面形状和水流条件的影响会有不同的系数。通常，需要经过 2～3 年的试验才能确定本断面的表面系数。一般情况下，这个表面系数会在 0.70～0.90 的范围内。对于湿润地区或大、中河流，表面系数会偏大些，而干旱地区或小河流，表面系数会偏小一些。

测量表面流速的方法，包括浮标测流法、电波流速仪法、光学流速仪法、航空摄影法等。这些方法都是通过先测量水面的流速，再推算断面平均流速，结合断面资料而获得流量成果。

### 2.2.2.1 浮标测流法

浮标测流法是利用水面漂浮的标志物，在指定的距离内，通过记录随水流的浮标从上游到达下游指定点经过的历时，来计算流速的方法。按不同的流速大小，有水面浮标法、小浮标法、浮杆法和深水浮标法。浮标适用于流速仪测速困难或超出流速仪测量范围的高流速、低流速、小水深等情况的流量监测。

浮标测流法是指通过测量水中的浮标随水流运动的速度，结合断面资料及浮标系数来推求流量的方法。用水面流速或其他简测方法测得的流速与断面面积乘积求得的流量称为虚流量。虚流量乘以浮标系数可得到需要的实测流量。因此，在浮标测流中要经常使用浮标系数。断面流量与虚流量的比值称水面浮标系数；用其他流速仪测得的断面流量与用中泓浮标法测得的虚流量的比值称为中泓浮标系数。

根据浮标的来源分为天然漂浮物浮标和人工漂浮物浮标。天然漂浮物浮标法是利用水流中的天然漂浮物作为浮标进行测流；人工漂浮物是利用专门制作和投放的浮标进行测流。

根据浮标在垂线水深中的位置，又分为水面浮标、深水浮标、浮杆（流速杆）三种。这三种方法，基本上是采用人工制作的浮标。采用这些浮标测流又分别称为水面浮标法、深水浮标法和浮杆法。其中，水面浮标又有普通水面浮标（水面浮标）和小浮标两种。

根据浮标在河流中布设的位置情况又分为均匀浮标法和中泓浮标法。均匀浮标法是在断面上均匀投放浮标进行测速，有效均匀分布的数量与流速仪法测流的测速垂线大体相当。中泓浮标法是测量主流部分最大流速，借以计算流量。一般是在断面主流部分投放 3～5 个浮标，从观测结果中选取运行正常、历时最短、流速最接近的 2～3 个浮标，取其流速平均值。

浮标测流需要布设上、中、下三个断面，一般情况下，中断面与基本测流断面重合。用浮标法测流时，水道断面面积正确与否，是影响流量测量精度的关键因素。尤其是河床冲淤变化显著的断面，浮标测量的同时应尽可能地实测断面。但在特殊情况下，如果实测断面有困难，只能借用断面计算流量，但应注意此时借用断面可能会带来较大误差，故必须注意加强分析。河床稳定的断面，可借用最近的实测断面资料。

采用浮标法测流，与其他的测流方法和步骤都不同，浮标法测流主要有以下几个步骤：

（1）在上断面处，开始投放浮标，然后测量和记录浮标从上断面下泄到下断面时的历时，以此来计算和确定浮标的移动速度，即水流的速度。

（2）由上断面的工作人员监视浮标，当浮标通过上断面时，通知中断面工作人员开始计时。中断面工作人员监视浮标，当浮标通过中断面时，通知仪器交会人员测定浮标通过中断面线的位置。下断面工作人员监视浮标，当浮标通过下断面时，通知中断面工作人员停止计时，并记录浮标运行的历时。

（3）所有监视人员均应注意监视浮标的运行情况。当发现浮标受阻或消失不能正常运行时，应通知有关测量人员将该浮标废弃。

（4）观测每个浮标运行期间的风向、风力、风速以及其他应观测的项目。这些因素都会影响到浮标系数的确定。

（5）施测浮标中断面的过水面积，作为计算流量时的断面面积值。

（6）计算实测流量以及其他有关的统计数值，包括测量的误差等。

（7）检查和分析测流成果。观测基本水尺、测流断面水尺、比降水尺的水位。

从原理上说，凡能漂浮之物都可以做成水面浮标，为了节约，宜就地取材。当然具体来说，还是有一定的制作要求和取材要求。

浮标测速是在测流河段上游沿河宽均匀投放浮标，观测各浮标流经上、下辅助断面间的运行历时，测定各浮标流经在断面的位置。投放浮标的数目大致与流速仪测速垂线数目相当。浮标的投放顺序，应自一岸顺次投放至另一岸。但水情变化急剧时，可先在中泓部分投放，再在两侧投放。如遇特大洪水，可只在中泓投放浮标或选用天然漂浮物做浮标。

下面是应用较多的两种浮标法。

（1）水面浮标法

水面浮标是漂浮于水流表层用以测定水面流速的人工或天然漂浮物。

虽然从选择材料和制作角度来看，并不是很严格，但还是有一定的要求：浮标入水部分，表面应较粗糙，不应呈流线型，浮标下面宜加系重物，保持浮标在水中漂流稳定，不至于被风浪倾倒或卷入水下。浮标的入水深度不得大于水深的1/10。浮标制作后宜放入水中试验。另外，浮标露出水面部分，应有易于识别的明显标志。在满足岸上可以清楚观察的条件下，浮标露出水面部分的受风面积应尽可能小。每次测流所用浮标的材料、形式、大小、入水深度等，应与浮标系数试验时的条件相同，以免造成测流成果的不确定度和增加测流误差。

制作水面浮标的材料，理论上凡是能漂浮在水面上的原料都可以做成浮标。为了能够利用当地现有的原料，可以选用木材、作物秸秆、竹子、塑料等材料。浮标可制成柱形、“十”字形、“井”字形、四面体等形状，必要时浮标下面加系重物，以加大其入水深度和增加其稳定性。当河面较宽时，可在浮标上部插上颜色醒目的小旗。河面很宽或有雾，浮标难以辨别时，也可制成“烟雾水面浮标”，在浮标设备装置能冒烟的易燃物质（例如松香、桐油、橡胶等）。若在夜间测流，可采用照明浮标，在浮标顶端装置夜光照明设备（例如火光或电光等）。

采用水面浮标测流的断面，要考虑设置合适的分布投放设备。通常，浮标投放设备可以由运行缆道和投放器组成。如果采用运行缆道，那缆道的平面位置应设置在浮标上断面的上游一定距离处。距离的远近，应使投放的浮标在到达上断面之前能转入正常运行，其空间高度应在调查最高洪水位之上。浮标投放设备应结构简单、牢固、操作灵活省力，便于连续投放和养护维修。另外，对于没有条件设置浮标投放设备的断面，可用船投放浮标，或利用上游桥梁等渡河设施投放浮标。

水面浮标的投放，可以根据不同的环境条件和要求，采用不同的方法。通常有如下几种方法：

1）用均匀浮标投放的方法：可以在全断面均匀地投放浮标。有效浮标的控制部位，宜与潮流方案中所取代的部位一致。在各个已确定的控制部位附近和靠近岸边的部分应有 1～2 个浮标。浮标的投放顺序，应自一岸顺次投放至另一岸。但水情变化急剧时，可先在中泓部分投放，再在两侧投放。当测流段内有独股水流时，应在每股水流投放有效浮标 3～5 个。

2）采用浮标法和流速仪法联合测流：可以将浮标投放至流速仪测流的边界以内，使两者测速区域相重叠。

3）采用中泓浮标法测流：可以在中泓部位投放 3～5 个浮标；浮标位置邻近，运行正常。最长和最短运行历时之差不超过最短历时 10% 的浮标应有 2～3 个。

4）采用漂浮物作为水面浮标进行测流，可以选择中泓部位目标显著，而且和浮标系数试验所选漂浮物类似的漂浮物 3～5 个测定其流速，测速的技术要求应符合中泓浮标法的测流有关要求。漂浮物的类型、大小、估计的出水高度和入水深度，都需要详细说明。

浮标测流，需要多人参与，相互协调。至少需要有上、下断面监视人员，投放浮标的人员和发出开始投放信号的人员；上、下断面的监视人员，在每个浮标到达下断面时及时发出信号；中断面的仪器交会人员确定浮标到达中断面的正确位置和计时人员正确读记浮标的运行历时。

当采用水面浮标法测流时，宜同时施测断面。当人力、设备不足，或水情变化急剧，同时实测断面确有困难时，可借用邻近测次的实测断面。

（2）小浮标法

小浮标通常是一种小型的人工浮标，用于流速仪无法处理的浅水，或者测量流速非常小的断面流量。此时，往往流速也很小，浮标重量轻，如果水的深度小，风速对测流影响较大，因此在风速较大时不宜使用小浮标法。

小型的人工浮标宜采用厚度为 1～1.5 cm 的较粗糙的木板，做成直径为 3～5 cm 的小圆浮标。

可在测流断面上、下游设立两个等间距的辅助断面，上、下断面的间距不应小于 2 m，并应与中断面平行。当原测流断面处的河段不适合于小浮标测流时，应另设临时测流断面。临时设立的测流断面与原测流断面之间，不得有内水分出和外水流入，并应和水流的平均流向垂直。

小浮标测流时应同时实测测流断面。浮标投放的有效个数不少于同级水位流速仪测速布设的垂线数，浮标的横向分布能控制断面流速的横向变化。浮标通过测流断面的位置，可用临时断面实测数据，或用皮尺直接测量。每个浮标的运行历时应大于 20 s，当个别垂线的流速较大时，不得小于 10 s。当多数浮标的运行历时小于 10 s，而又受到水深的限制，不能用流速仪测速时，应适当增长上、下辅助断面的间距，使浮标运行历时不少于 10 s。每条测速的路线应重复施测 2 次。2 次运行历时之差，不得超过最短历时的 10%。当超过 10% 时，应增加施测次数，并应选取其中两个浮标运行历时之差在 10% 以内者，作为正式成果。

小浮标实测断面流量，可由断面虚流量乘以断面小浮标系数计算。每条垂线上、下断面间距计算，断面虚流量的计算方法与均匀分布法实测流量计算方法基本相同。

小浮标法主要用于浅水和低速时的断面测流。这是因为传统的转子式流速仪可测的最小流速是 2 cm/s，最小水深是 15～20 cm。对于枯水期小于这个范围的断面测流，就得采用小浮标法测流。不过，自从手持式 ADV 问世以来，由于其可测的最小流速是 0.1 cm/s，可测的最小水深的是 2 cm，所以，小浮标法逐渐被手持式 ADV 所取代。

（3）浮标系数的试验分析和确定

采用浮标法测流，需要已知浮标系数才能计算出断面流量。浮标法系数精度直接影响流量的测量精度，因此浮标系数是决定流量监测精度的重要因素之一。影响浮标系数的因素很多，如风向、风力、浮标的形式和材料、入水深度、水流情况、河流断面形状和河床糙率等。所以，浮标系数是一个多因素影响的综合参数，河流的水力因素、气候因素及浮标类型等都与浮标系数有密切关系，必须综合各类因素的影响加以选择确定。在不同的情况下选用不同的浮标系数，才能得到较准确的流量成果。

浮标系数的确定方法主要有试验法、经验法等。有条件开展比测试验的断面，应以流速仪测流和浮标法测流进行比测试验，通过试验确定水面浮标系数。无条件比测试验的断面，可采用水位流量关系曲线法和水面流速系数法确定浮标系数。

浮标法测流与流速仪测流的比测，应在同一个时段进行同步比测，并分别计算两者施测的流量。流速仪法实测的流量与浮标法施测的流量之比即为浮标系数。将试验获得的浮标系数与有关水力要素建立相关关系，以备浮标测量时查看。一般情况下，高水时浮标系数试验困难，可以在中水的条件下，进行比测和试验，并绘制出各个浮标系数—水力要素关系曲线。然后再将此关系曲线进行外延，作为高水时的浮标系数。不过，这种外延的方法不能外延过多，否则将引起较大的误差。为此，要逐年积累资料，增大比测试验的水位变幅。高水部分应包括不同水位和风向、风力等情况的试验资料，试验次数一般不少于 20 次。

（4）浮标法的测量精度和误差

浮标法的测量精度会受到水面以上的环境条件的影响。因此，在浮标测量的同时，还应观测水位、风向、风力等附属项目，以供检查和分析时参考。

浮标法的误差分别来自：

1）系数试验分析的误差；

2）断面测量的误差；

3）由于水流影响，浮标分布不均匀，或有效浮标的数据过少，导致流速横向分布曲线不准引起的误差；

4）浮标观测引起的误差；

5）浮标运行历时的计时误差；

6）浮标制作的人工误差；

7）风向、风速对浮标运行影响造成的误差。

为了提高浮标法的测流精度，控制测流误差，可以采取以下措施：

1）浮标系数的试验分析资料，在高水部分应有较多的试验次数；

2）应执行有关测宽、测深的技术规定，并经常对测宽、测深的工具、仪器及有关设备及时检查和校正；

3）控制好浮标横向分布的位置，使绘制的浮标流速横向分布曲线具有较好的代表性；

4）必须按照浮标测速的技术要求及测流使用浮标统一定型的有关规定施测，减少测速的误差；

5）用精度较高的秒表计时，并经常检查和消除计时系统误差。

#### 2.2.2.2　电波流速仪法 / 光学流速仪法

电波流速仪法是利用电波流速仪测得水流表面的流速，然后用实测或借用断面资料计算流量的一种方法。电波流速仪是一种利用多普勒频差原理的测速仪器，测量水体表面一点的点流速。但与采用多普勒频差原理的多普勒水流剖面仪不同，电波流速仪位于水面的上方，以空气为介质，发射频率较高的电磁波，遇到水面反射回仪器，根据多普勒频差，计算得出水面一点的瞬时流速。

手持式电波流速仪（又称手持式雷达流速仪）（图 2-3）是专用于测量水面流速的仪器，广泛应用于野外巡测、防洪防涝、污水监测等领域。其体积小、自动化程度高，尤其适用于汛期和突发状况下的监测。由于测速时不受水面漂浮物、水质、水流状态的影响，而且流速越大，漂浮物越多、流速越快，反射波将越强，有利于电波流速仪工作，所以用它来代替浮标测流尤为合适。

电波流速仪又常被称为雷达枪，因为电波流速仪的工作频率为 10～25 GHz，属于雷达的划分范围内。它的工作原理是雷达枪向水流方向发出无线电波，当电波的能量撞击水面时，其中小部分的电波能量被反射并返回到雷达枪而接收。当仪器与表面流速之间有相对运动时，发射和返回信号的频率就会有差异，依据发射信号与返回信号之间的频差，就可以推算出水表面的点流速。

图 2-3　手持式电波流速仪

仪器通过内置的天线发射无线电波束，该波束在水面的目标区域形成一个椭圆形，如图 2-4 所示。波束的大小取决于天线与目标的直线距离。水平波束宽为 12°，目标离天线越远，检测区域越大。例如，如图 2-4 所示，距水面约 3 m 时，流速仪测量直径大约为 0.6 m 的椭圆形波束。在测量布设宽度时，按照这样的比例，读取多次结果，以便充分涵盖波束的宽度。

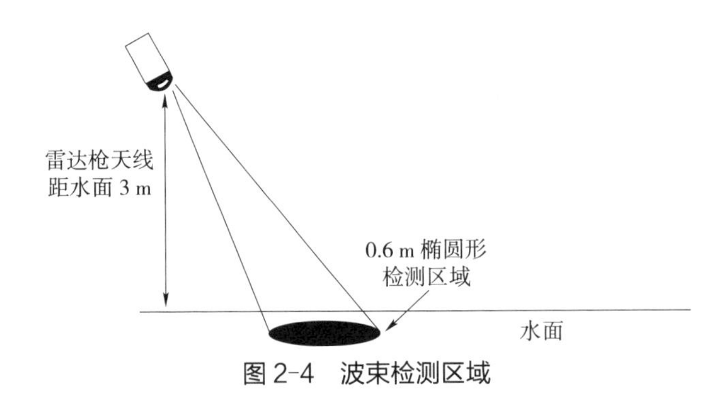

图 2-4　波束检测区域

若安装和操作正确，这种多普勒雷达技术非常准确可靠。但是，使用环境的差异可能会导致各种不同的情况出现。不同情况的干扰源，会导致仪器显示错误的流速，这种显示错误的流速可能是时高时低的不稳定流速读数。出现以下特征时，说明流速显示不正确：

（1）目标处于天线的覆盖范围外时；

（2）进入工作范围的目标覆盖了干扰信号，导致显示流速突然改变；

（3）干扰不规律，且不能提供一个有效的目标记录。

有许多不同的干扰源，会影响测量的准确度和可靠度，这些干扰源包括：

1）角度干扰（余弦效应）

余弦效应会导致电波流速仪显示的流速低于实际水面流速。当目标路径（水流方向）与仪器天线不平行时，即会出现这种效应，如图 2-5 所示。随着天线与目标水流方向的水平（偏离）角度增加，显示的流速逐渐减小。理想状态下，偏离角度为 0° 时最合适。

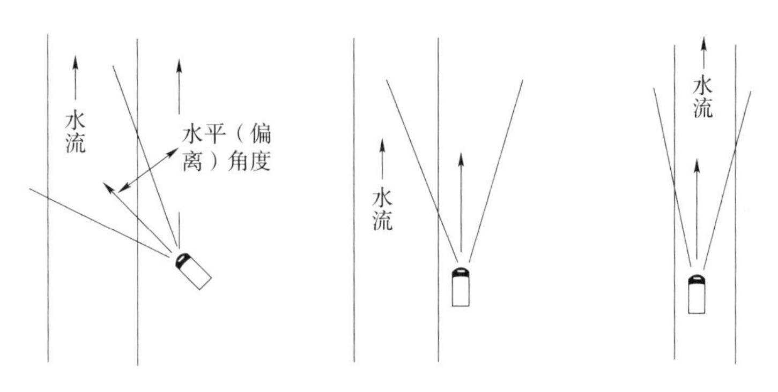


（a）在具有偏角的情况下测量　　（b）在与目标平行的情况下测量

图 2-5　角度干扰（余弦效应）

小角度（小于 10°）对准确性几乎没有影响，但随着角度的增大，显示的目标流速就会产生误差并使结果偏小。当偏角为 60° 时，显示的目标流速为正确值的一半。而偏角达到 90° 时，显示的目标流速则为 0，这个显示错误就十分明显。理想的电波流速仪会在软件中给予偏角的纠正和补偿设置。操作者如果预先知道仪器（天线）与水流方向之间存在的角度（偏角），在菜单中设置角度，仪器就会自动进行补偿。

2）电磁干扰

流速仪在测量过程中，如果周围有电机之类的设备在运行，电机产生的电磁波就会形成电磁干扰源。这样的电磁干扰能导致目标测量流速出错，会产生时高时低的不稳定流速数据。为纠正这种干扰，应在测量过程中关闭此类电机设备。

3）反馈干扰

如果将电波流速仪的发射波束对准电脑之类的屏幕、街灯，或者其他设备时，仪器就有可能显示错误的流速数据，这种反馈干扰能导致目标测量流速出错，也会产生时高时低的不稳定流速数据。为纠正这种干扰，应在测量过程中关闭此类设备，或者将流速仪的天线远离干扰源。

4）无线电频率干扰

电波流速仪在测量过程中，可能在无意中将周围存在的无线电能量当作多普勒速度，包括来自警用无线电、机场雷达、微波发生器、业余频道的无线电发射器，以及广播电台的 AM/FM 波段的发射塔无线电能量。当测量的仪器在紧靠这些无线电发射器的区域工作时，将会出现这种干扰。

5）扫描

电波流速仪可附着在固定支架上或手提在一个稳定的位置使用。在静止的仪器附近移动或“扫描”仪器的天线，可能会导致系统发现不该出现的移动目标。正确使用电波流速仪可避免产生扫描速度。

6）环境因素：风、雨、雪

风在吹过水面时会产生波浪，进而产生与水流方向不同的运动。测量高流速时，这种效果极小甚至根本不存在，也不会影响测量结果。然而对于低流速测量，如流速低于 0.3～0.6 m/s 时，风的影响就会明显变大，因此测量结果可能无法反映实际的流速。在风中测量时，将仪器对准目标区域，保证选取的角度可避开风的影响，或选取风对水面造成最小干扰的角度，例如在桥下或有遮蔽的区域。

雨雪也可能影响测量的准确性。在水流速度较低的情况下，雨雪的垂直速度分量影响最大。经过天线测量面的前端雨滴，以及雨滴接触水面造成水面粗糙均会产生这种效应。然而，对于高速水流，这些影响极小，主要的影响因素是主水流方向的表面水流。

在这些情况下，测量目标位于桥、建筑物或遮蔽区域下，雨雪不会影响到测量。尽可能在主渠流占支配的区域中测量，这样可消除环境因素带来的潜在误差。

电波流速仪的技术难度在于，水面回波信号微弱，难以捕获，导致测程小，通常只有数十米；多普勒测速原理是对任何物体的相对移动都会产生多普勒频移，无法排除降雨等非水面流速回波的干扰；水面回波信号紊乱，测量难度大，导致测速精度不高。近几年，电波流速仪有了很大的发展和技术上的进步，有的电波流速仪的最大测程可达到 100 m，电波的发射功率提高到 50 MW，测速精度已经达到了厘米级，在雨中测量受降水的干扰也大为改善。目前，性能比较好的电波流速仪，测速范围最低可以测到 0.2 m/s。

电波流速仪操作非常简单。按下电源键，瞄准目标，设置水平角，扣动扳机，即可读取流速值。然后再根据实测或借用断面的水深和河宽算出流量，轻松而顺利地完成测量。对于新设的测量断面，要做好常规流速仪和电波流速仪的比测，根据反复科学实测，率定出电波流速仪的水面系数，才能正式投入使用。

仪器可以架设在岸上或桥上，仪器本身不必接触水体，即可测得水面流速，属于非接触式的测量方式。电波流速仪适合桥测、巡测和大洪水时，其他机械流速仪无法实测时使用。

为了实现自动化，提高测量的精度，把仪器斜向固定在电动缆道的缆索上，匀速地从一岸移动到对岸，可以测量到水面层许多点的流速，再平均得到层流速。将这个平均值，率定出水面系数，从而提高测量精度。还有一种应用是在跨河的桥梁栏杆上，固定若干个电波流速仪，在同一时刻，测量得到数点的流速，与断面平均流速建立相关关系，率定出水面系数，这也是一种提高精度的方法。

电波流速仪或者雷达流速仪，信号传播以空气为介质，采用非接触式水面测速的新技术进行流量监测。随着新技术的不断开发和研制，这类产品还包括微波流速仪、点雷达流速仪、侧扫雷达流速仪、激光流速仪等，正在不断地应用于高流速洪水期间的河流流量监测。

常用的光学流速仪是激光多普勒流速仪。它的测量原理类同于电波流速仪，将激光射向所测范围，经水面的细弱质点散射，形成回波信号，通过光学系统装置来检测散射光，通过多普勒频差，推算出水面流速，进而得到断面流量。

#### 2.2.2.3　航空摄影法

利用航空摄影的方法对投入河流中的专用浮标、浮标组或染料等连续摄像，根据不同时间及两次摄影的时间间隔 $\Delta t$，从两张照片上求得浮标移动位置的距离 $L$，就可以推算出水面流速 $v=L/\Delta t$，进而确定断面流量。

与浮标法相似，航空摄影法推算的水面流速，需要乘以水面流速系数，转换为断面平均流速，再乘以断面面积，才能获得真正的断面流量。

航空摄影法测流不受河宽和测量范围限制，应用范围较广，尤其适用于人们难以到达的地方，如沼泽地，洪水淹没区，严重流冰或漂浮物多、使用流速仪极为困难的边远地区。由于它节省人力、物力，工作效率高，又保证一定精度，因此许多国家十分重视这种测流的新方法。如加拿大、日本等国从 20 世纪 60 年代初至今在许多河流上进行航空测流工作。在我国，这项工作还停留在试验阶段。

### 2.2.3　测量剖面流速法

无论是通过测量点流速来推算垂线平均流速，还是通过测量水面流速来推算平均流速或断面平均流速，其测量的精度都不如测量剖面流速来推算垂线平均流速的精度，这是因为前二者都是一种代表的方法。用一点或数点的流速，来推算垂线平均流速；从理论来说，或者从实测数据的比测来看，都不如通过测量垂线上每一点（单元）的流速，更准确地反映实际的流速分布和大小。

目前，测量剖面流速的仪器主要有声学时差法流速仪和声学多普勒流速剖面仪。

#### 2.2.3.1　声学时差法流速仪

在河岸两侧同一水平高程，分别斜向安装一对或多对超声波换能器（图 2-6）。下游换能器发射的超声波，传播速度受到水流的影响，到达斜向对岸上游换能器的时间，相对于由上游换能器发射超声波到达下游换能器的时间更长。水流速度越大，时间差越大。利用这种原理，就可以测量到某一个水平层或多层的水流平均流速。再建立水平层流速与断面平均流速的关系，配合水位计测量水位，求得断面面积，从而计算得到断面流量。

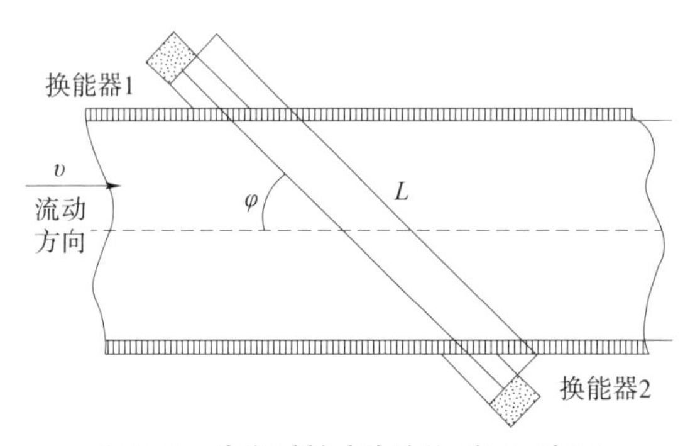


图 2-6 声学时差法流速仪测量示意图

这种方法自 20 世纪 70 年代推广使用以来，已经得到了一定的应用，仪器成熟可靠，精度较高。这种方法还可以实现自动在线、无人值守，提供连续的流量资料。

### 2.2.3.2 声学多普勒流速剖面仪

声学多普勒流速剖面仪是目前最先进、测量精度最高的一款仪器，简称 ADCP。这款仪器自 20 世纪 80 年代开发和应用以来，已经得到了广泛的使用。

如图 2-7 所示，是一种走航式 ADCP。垂直安装，借助过河测船，横跨断面测量垂线剖面的平均流速，同时测量垂线水深和横跨断面的距离，既可测量流速，又可测量断面面积，直接显示断面流量。这种先进测量方法的发明，被誉为河流流量测量技术的一次革命。

图 2-7 走航式 ADCP

利用同样的多普勒原理，还有一款固定式 ADCP（图 2-8）。类同于时差法流速仪测量某一层水平剖面（或垂直剖面）的平均流速，配合自带的测量水位的换能器，求得断面面积，而计算得到断面流量。同样，这款仪器也可以实现自动在线、现场无人值守，远程控制和传输实时数据，提供连续的流量、流速、水位等相关资料。

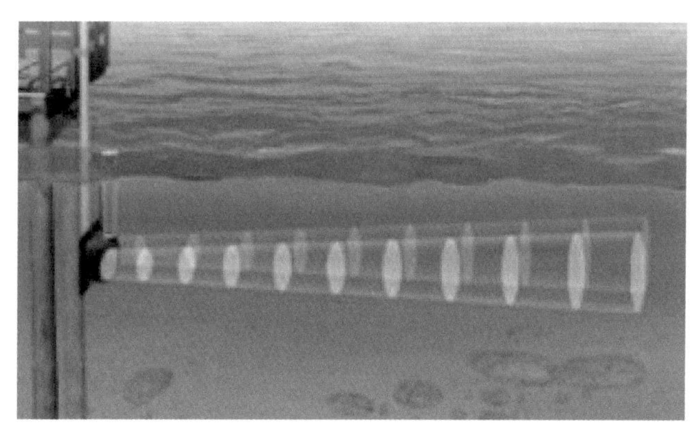

图 2-8　固定式 ADCP

目前，这两款仪器已经被广泛应用，我们将在第 4 章中专题介绍。

### 2.2.4　测量断面平均流速法

测量断面平均流速法是指电磁法。电磁法测流是在河底安设若干个线圈，线圈通电产生磁场。磁力线与水流方向垂直。当运动水流（导体）切割与之垂直的磁力线时，就会产生电动势，电动势与流速成正比。只要测得两极的电位差，就可求得断面平均流速从而计算出断面流量。

这种方法可以测量瞬时的断面流量，是它的唯一优点。但由于技术复杂，应用案例很少，只是在较小河流或一些特殊场合使用。

## 2.3　水力学法

水力学法测流是指不直接测量流速和面积，而是通过测量其他水力要素，利用水力学公式计算出断面流量的一种流量测量方法，简称水力学法。水力学法包括量水建筑物测流法、水工建筑物法、比降面积法、末端深度法等。其中，量水建筑物测流又包括量水堰、量水槽、量水池等，水工建筑物又分为堰、闸、坝、洞（涵）、水电站和泵站等。

### 2.3.1　量水建筑物测流法

量水建筑物是指在天然河道上专门修建的用于测量流量的水工建筑物，这是一种通过试验，按水力学的原理设计的量水建筑物。建筑尺寸要求准确，工艺要求严格。对于系数稳定的量水建筑物，测量精度较高。

量水建筑物多为标准型，各种标准型的量水建筑物都进行过大量的试验，流量计算中所需要的各种系数都有成熟的经验公式或图表可查算。除此之外，也可通过模型实验或现场比测试验获得各种系数。因此，只要测得水体通过量水建筑物时的水头，即可求得流量。

根据水力学原理，通过建筑物控制断面的流量是水头和率定系数的函数。率定系数又与控制断面形状、大小和靠近水槽的水力特性有关。系数一般是通过模型实验给出，特殊情况下也可以由现场试验求得。因此，只要测量水位（或水深、水头等），代入水力学公式，即可求得相应的流量。这使流量的测定变得更简单和方便，也很容易实现远程控制和测量。这种方法的应用也越来越广泛，英国目前有 90% 以上的水文测站用建筑物测流。

另外，对于一些原有的水电站、抽水站、涵洞、水闸等水工建筑物，只要经过合理选择有关的水力学公式和率定系数，通过试验或比测，也可以用于流量监测。

量水建筑物的形式很多，常见的有堰、槽两大类。测流堰包括薄壁堰、三角堰、矩形堰、宽顶堰等。测流槽包括巴歇尔槽、文德里槽、驻波水槽、自由溢流槽、孙奈利槽等。

水力学中，把从顶部溢流的壅水建筑物称为堰。实际上，凡是具有自由表面的水流，受局部的侧向收缩或底坎收缩而形成局部降落的急变流都可称为堰流。测流堰就是一种可以用来控制上游水位，测定河渠流量的溢流建筑物。无论是量水建筑物还是水工建筑物测流，都大量使用堰进行测流。量水堰中常用的是薄壁堰、宽顶堰和剖面堰。

量水堰中最常用的是薄壁堰，多用于测量小流量。薄壁堰实际是明渠中垂直水流方向安装的具有一定形状缺口的薄壁堰（堰板）。缺口的形状为三角形就称为三角堰（或称为“V”形堰）；形状为矩形称为矩形堰；形状为梯形的，则称为梯形堰；无缺口并与明渠宽度相同的称为等宽堰。由于堰前容易淤积泥沙，所以，薄壁堰不适合含沙量大的河流。薄壁堰通过的水流是自由和完全通气的。

通过薄壁堰的流量是堰上水头、过水面积和系数的函数，这个系数又与堰上水头、堰的几何特性、行近河槽以及水的动力特性等有关。薄壁堰应与河槽岸壁垂直竖立。堰板与岸壁的交界面应不漏水，堰板可接受最大流量而不致变形或损坏。

行近河槽是指水流在该河槽中呈缓流状况，有足够顺直段长，符合测量要求的测流建筑物上游或邻近测流建筑物的一段河槽。在行近河槽中进行流量的测定，可确保测量的精度。

薄壁堰测量精度高，但测量的流量比较小，标准的薄壁堰一般测定流量范围为 0.000 1 ～ 1.0 $m^3/s$。而相对来说，宽顶堰的测量流量范围比薄壁堰大一些，可测定的流量范围为 0.002 ~ 7.7 $m^3/s$。流量测量范围最大的是剖面堰，它的堰体较长，堰顶较短。剖面堰流量的测量范围很大，既可测小流量，也可测量大流量；其测定流量范围为 0.014 ～ 630 $m^3/s$。

堰主要由堰体、堰前行近河槽、堰后消力池等部分组成，有时堰上设有闸门等设施。堰体是嵌在堰壁之间的部分，水体在堰体上流过。

量水堰测量的精度取决于量水堰河段的选择是否合理，包括量水堰的堰址、行近河槽及量水堰下游河槽的选择等。

堰址的选择应考虑：有足够长、断面规则的河槽；尽可能避开陡峻的河段；下游无潮汐，河流的汇合、闸门、拦河坝以及其他有可能引起淹没流影响的情况；河岸稳定；行近河槽横断面均匀；尽可能避开水草生长河槽冲淤变化的河段等。

行近河槽要求：在建成的行近河槽中不能有泥沙淤积引起的水位变化；若是人工渠道，断面应均匀，渠道顺直段的长度至少为其水面宽的 10 倍；若是天然河流，断面应大致均匀，河道顺直，具有保证流速规则分布的足够长度；在测量地点附近，相当于 10 倍最大水头的距离内无障碍物等。

量水堰下游要求：当水舌离开堰顶时，特别是在堰上水头与堰顶宽之比值较大时，需要保持水舌不通气；若量水堰设计是在淹没条件下运用，则下游渠道顺直长度至少应为实测最大水头的 8 倍；若堰体设计成全部在非淹没条件下运行，建筑物下游较远一点的河道状况对测量的影响很小，则无上述要求。为了确定淹没比，必要时应在堰下游设置水尺。

量水堰的流量测量中，关键是堰上水头（水位）的测量。为了提高水位观测精度，避免水流波浪对水位观测的误差，堰上游应尽可能设置水位测井，在测井内进行水位观测。当测流堰设计成可运用于淹没流时，需要另设置一个测井。静水井应是竖直，有足够的高度和深度，以适应水位在全变幅内可以进行测量。井底应低于堰顶，井与河道可由一个引水管或沟槽连通，引水管的直径尺寸不能太小，以保证井内的水位随河内水位的涨落变化而无明显的滞后现象。引水管或连通沟槽的直径尺寸也不应太大，以便抑制波浪脉动的振幅。引水管的水平位置应低于堰顶高度至少 0.1 m。

同一种类型的量水堰或量水槽，下游水位或出口处的水位的泄流能力，会直接影响到流量的计算。自由出流（也称非淹没出流）和淹没出流之间的主要区别是出口处水位或下游水位是否会影响泄流能力。

水力学中，对自由出流与淹没出流有一个明确的定义。自由出流是指在量水堰或量水槽的出口处或下游出口水位不影响泄流能力的出流状态。淹没出流是指量水堰或量水槽的出口处或下游出口水位影响泄流能力的出流状态。可以理解为当出口处流出的水流本身不进入大气而是进入水中，即出口处的水流淹没在下游的水面之下，即为淹没出流。

量水堰的流量计算公式如下：

$$Q = CSB\sqrt{2g}H^{3/2}$$

$$S=h_2/h_1$$

式中，$Q$——过堰流量，$m^3/s$；

$C$——堰流量系数；

$S$——淹没比；

$B$——过堰水流断面的宽度，m；

$g$——重力加速度，9.8 $m/s^2$；

$H$——堰上游水头，m；

$h_1$——堰上游实测水头，m，与 $H$ 数值相同；

$h_2$——堰下游实测水头，m。

上述公式中的淹没比 $S$，即堰下游实测水头 $h_2$ 与堰上游实测水头 $h_1$ 之比，决定了量水堰出口处是自由出流（非淹没流）还是淹没出流。图 2-9 给出了非淹没流的界限。当计算值落在曲线的右上方时，为淹没出流；当计算值落在曲线的左下方时，为自由出流。对于不同的堰宽，根据观测的堰上下游水头，可绘制出不同的非淹没界限曲线。

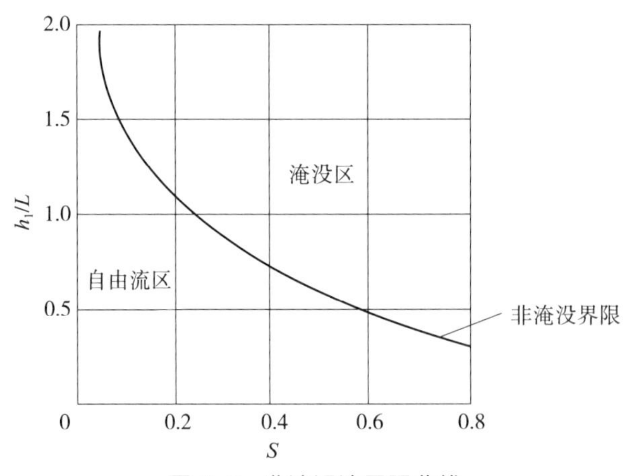


图 2-9　非淹没流界限曲线

需要注意的是：量水堰处于淹没出流时，观测资料的整理工作大为复杂，而且测流精度会明显降低。因此，在决定量水堰高程时，应尽量使测流范围处于自由出流的状态更好。此外，当淹没比 $S=h_2/h_1>0.95$ 时，量水堰已失去测流作用，此时就要用其他方法进行测流。

当量水堰的堰上配有闸墩、边墩或翼墙时，会使过堰的水流发生侧向收缩，减小了有效的溢流宽度，增大了水流阻力和水头损失，从而降低了堰的过水能力。对于有侧向收缩情况的流量公式，会增加一个侧向收缩系数 $\varepsilon$。即

$$Q = \varepsilon CSB\sqrt{2g}H^{3/2}$$

该公式也可以看作堰流计算的通用公式。当无收缩时，$\varepsilon$=1，就与前一个公式相同了。

无论是矩形堰或是其他类型的堰，在流量计算时均需要获得堰流量系数 $C$。而堰流量系数 $C$，目前尚无理论计算方法。在实际的使用中，须通过试验求得，也可通过经验公式求得近似值。值得注意的是，不同形式的矩形堰（无论是薄壁堰、实用堰、宽顶堰），其流量计算公式的基本形式是基本相同的。但是，尽管流量公式中，堰流量系数符号相同，但其试验求得的堰流量系数值，与堰流量系数的经验公式是不同的，其他类型的堰也存在相同的问题，需要特别注意。

量水堰的水体测量应尽可能采用自记设备，如浮子式自记水位计等常用的自记水位计。自记设备应随时检查是否运行正常。在更换自记纸时，应与校核水尺进行比测和校核，比测的水位差不得大于 1 cm。

测流槽是具有规定形状和尺寸的、可用来测定流量的人工槽。它是一种能够产生临界水深的水槽，其测流原理与测流堰相似，也是一种常用的量水建筑物。测流槽按喉道长短可分为长喉道槽和短喉道槽。上述介绍的巴歇尔槽和孙奈利槽就是短喉道槽。喉道是测流槽一段缩小断面面积的过水通道，即测流槽内的具有最小横断面的区段。因测流槽断面面积缩小，使其上游水位抬高，而该通道流速增加，形成临界流。

测流槽主要适用于中小河流或人工河渠施测流量，通常用于高精度连续测流的情况。在稳定流或缓变流条件下，巴歇尔槽和孙奈利槽测流，对自由流和淹没流都适用。而长喉道槽仅限于在自由流（非淹没流）条件下应用，喉道内的流速必须达到临界流速，喉道内底部高程应能使整个设计流量范围内产生非淹没流。

测流槽应设置在河槽的顺直河段，避开局部障碍物、河床粗糙或不平坦处。对预选定的安装场地的自然条件和水力特性应进行初步分析研究，以检查是否符合用测流槽进行流量测量所必需的要求。

在我国很多污水处理厂或者排污工厂，广泛采用薄壁堰、巴歇尔槽等的量水测流法进行流量监测。这种测流方法相对投入少，技术含量并不太高，又能实现自动在线，是能够获得基层单位广泛采纳的一个重要原因。

## 2.3.2　比降面积法

比降面积法是通过实测或调查河段断面的水面比降、糙率和断面面积等水力要素，用水力学公式来推算流量的方法。

比降面积法的测量原理和流量计算的基本公式是

$$Q=V\times A$$

式中，$Q$——断面流量；

$V$——河段断面平均流速，可用水力学中的曼宁公式估算；

$A$——河段断面面积，可通过借用、实测或调查等方法获取。

河段断面平均流速 $V$，其精度取决于能面比降和糙率系数的精度。对于不均匀河段，必须用能面比降，动能沿程的变化程度不可忽略。只有当河槽沿程变化不大的情况下，能面比降才可以近似地等于水面比降。为提高水面比降的观测精度，在测量河段内部少于三个横断面的河谷两岸设立 6 组水尺，以便验证整个河段的水面比降是否均匀一致和消除横比降的影响。

横断面测量应尽可能和水位观测同步进行。在测量河段内部选取不少于 3 个断面。河段选择必须满足比降水尺河段选择的条件。为了保证精度，河段水面落差至少要 10 倍于落差观测误差。河段内要求河槽稳定，糙率稳定，精度较高。

这种方法具有经济、简便、安全、迅速的特点，能快捷测到瞬时流量。当测流条件十分困难或者测量设备被洪水损毁，无法采用常规测量方法时，它可能是唯一的流量测量方法。同时，它也是洪水调查估算洪峰流量的一种重要方法。

使用比降面积法，要求河段顺直，糙率有较好的规律。在有稳定边界、稳定河床和河岸（如岩石或黏着性极强的黏土）的明渠、衬砌河道和有相对粗糙介质的河道中，采用比降面积法有相当的精度。也可以在包含漫滩的冲积河道或非均匀横断面的河道中使用。但是在这些情况下，由于糙率或谢才系数的选用，可能会导致比降面积法有很大的不确定度。采用比降面积法的断面需事先安装好自记水位计等设备并分析掌握比降、糙率等因素的变化规律，以便能较为准确地测算流量。

比降面积法以较稳定的断面为前提，若断面不够稳定，每次大洪水后不宜直接采用原断面计算流量，需先实测过水面积。当发生稀遇洪水后，为了解主要水力因素有无变化，不仅要实测过水面积，还应按有关规定分析糙率变化规律。

从理论分析可知，水面比降适用于恒定均匀流的情况，能面比降适用于恒定渐变流情况，故反算糙率时需作临时水头项的校正。当发生分洪、溃口、溢流或断面严重冲淤时，水流条件就不符合上述水力学原则，所以分析糙率的变化规律时，要将此类不同基础的资料剔除。

从理论上讲，水面比降法适用于恒定均匀流情况，比降面积法计算流量主要是以测量河段的水流能坡变化为依据的。由于非棱柱体的河槽带来了摩阻以外的能量损失，增加了参变因素的复杂性，当河槽为缓变收缩段时，这项损失可用经验公式估计或忽略不计，当河槽呈明显扩散，或突然扩散时，会产生一系列回流、涡流，形成不稳定的能量损失，据水力学试验，这种损失所导致的误差较大，且难以用一定的经验公式估计。因此，采用比降面积法的测量河段，可允许有缓变的收缩段，但不得有明显的扩散段，严禁有突然扩散断面。河段内的断面形状沿程变化不大，无卡口、急滩、较大的深潭或隆起，水面线不宜有明显的转折点。

比降面积法测流的河段一般会布设上、中、下三个断面。中断面位于上、下断面的正中间。基本断面、流速仪测流断面尽可能与比降中断面重合。断面形状沿程变化不明显，面积沿程递增或递减变化基本均匀或受地形限制时，也可只设比降上、下断面，基本断面和测流断面由比降的上断面或下断面兼用。断面线应垂直于流向，偏角不超过 10°。

水位是比降面积法的重要观测要素，比降面积法中用于计算比降的水位观测误差需要严格控制。在确定用比降面积法测流的断面，除在比降上、中、下断面需要设立水尺外，水尺桩附近尽可能安装防浪静水装置。同时有条件时，尽可能安装自记水位计。当设立自记水位计有困难时，人工观测的水尺片应刻划至 5 mm。

比降上、中、下断面自记水位计（或只设立上、下两个断面的水位计）应经常检查，发现问题立即检修，尽量做到三部仪器时间同步。

若采用人工观测水位的方法，原则上应尽可能做到各断面的水位同步观测，只有在水位变化比较缓慢时，才允许由一人按上、中、下断面次序往返观测水位。取其首尾两次的平均值记作与中间观测同一时的水位。

采用比降面积法测流，断面测量的精度也直接影响测流的精度。比降的上、中、下断面的大断面和水道断面均应测量。断面测量次数取决于断面稳定与否等情况。对于稳定河槽，即水位与面积关系点偏离多年平均水位面积关系线不超过 ± 3%，可在每年汛前、汛后各施测一次断面；如出现特大洪水和特殊洪水，在洪水过后应立即测量断面。如断面面积有明显变化，流量计算时应启用新的断面测量结果。对于不稳定河床，即每次较大洪水断面冲淤变化超过 ± 3%，则在每次较大洪水前、后均要及时测量断面。如河岸边坡稳定，仅中、低水位以下滩、槽有冲淤时，可只测量变化的部分，例如对于每次洪水过程中，断面冲淤变化较大的河槽等，以利于高水位计算流量时对断面面积的分析和修正。

糙率也是反映河床、岸壁形状的不规则性和表面粗糙程度的一个系数，在水流运动过程中，它直接影响沿程能量损失的大小，也是直接影响测量精度的一个重要因素。糙率系数应尽量通过实验资料求得。从实测资料中分析糙率，也应采用沿程损失反求的途径。即在恒定非均匀流条件下，要扣除局部水头损失。在非恒定流中，还应考虑加速比降的影响。此外，河段为复式断面（只考虑中、高水位）时，应划分主槽和滩地，分别分析糙率。

糙率分析计算方法原则上仅用于较稳定的河槽。对于河槽不稳定的河流，河流阻力常受水流与河槽交互作用的影响，分析计算的糙率是近似成果，误差较大，要慎重使用。糙率的分析有两种途径：一是根据实测的流量、比降资料分析；二是查用文献的经验数据。

比降面积法也适用于在洪水期间，河流流量的量级超过了该断面正常测洪能力范围，而又无法用其他较精确的流速仪等方法获得该断面的流量数据。这是一种近似的计算方法。

## 2.4 化学法

化学法测流又称为稀释法测流、溶液法测流或示踪法测流。它是在稳定流条件下测量流量的方法。通常是在测量河段的上游施放一种已知浓度的化学指示剂，由于水流的紊动混合作用，指示剂在水中扩散，到达下游某断面（称为取样断面），指示剂被稀释并充分混合，其稀释浓度与水流流量成反比。由此，在取样断面测定水中指示剂的浓度就可推算出断面的流量。

河段的选择应满足河段内水流有很高的紊流程度，以便指示剂与水流的充分混合。在满足充分混合的条件下，测量的河段尽量缩短。河段内没有死水区和支流存在。

化学法测流根据注入示踪剂的方式不同，又分为一次注入法和连续注入法。根据稀释法所用的示踪剂，又可分为化学示踪剂稀释法、放射性示踪剂稀释法、荧光示踪剂稀释法等。

化学法具有不需要测量断面和流速、外业工作量小、测量历时短等优点。但测量精度相对较低，有些化学指示剂会污染水流。因此，这种方法只是在某些特殊的条件和情况下才会采用。

## 2.5 直接法

直接法是指直接测量流过某断面水体的容积（体积）或重量的方法，分为容积法（体积法）和重量法。直接测流法原理简单，精度较高，但只适用于流量极小的山涧小沟和实验室模型测流，不适用于较大的流量监测。

# 第 3 章

# 机械式转子流速仪流量监测

DI-SAN ZHANG
JIXIESHI ZHUANZI LIUSUYI
LIULIANG JIANCE

# 3.1　转子流速仪简介

正如第 2 章中所述，流量测验的方法有很多，而应用最为广泛的是流速面积法。采用点流速仪法和剖面流速仪法的测流，被认为是两种精度较高、成果可靠、发展成熟的流量测验方法，并将其流量测验成果作为率定或校核其他测流方法的标准。其中，传统的机械式转子流速仪历史悠久，使用的条件门槛较低，设备简单而轻便，使用的技术要求不高，因此，在综合考虑采用成本较低、精度较高的测量仪器时，常会首选测量点流速的转子流速仪。又因为转子流速仪可以在实验室的标准水槽中进行规范的检定和标定，其测流精度可以溯源和校核。

常用的机械式转子流速仪有旋桨式流速仪和旋杯式流速仪两种。

早在 18 世纪末，德国就研发了世界上第一台转子式流速仪用于天然河流的测速。之后又陆续发明了旋桨式流速仪和旋杯式流速仪。这两类流速仪得以不断地改进，沿用至今。我国在 1943 年首次仿造了美国的旋杯式流速仪，经过多年的使用和改进，于 1961 年定型为 LS68 型旋杯式流速仪。LS 为流速的汉语拼音缩写，68 为流速仪转子特性参数水力螺距 $K(b)$。以后，为扩大仪器使用量程，又先后研发了 LS78 型旋杯式低流速仪和 LS45 型旋杯式浅水低流速仪。这三种仪器组成了我国流量监测中的旋杯式系列流速仪，主要用于中、低流速的测量。

为适应我国河流流速高、含沙量大、南方水草漂浮物多的水情，自 1956 年研发了 LS25-1 型旋桨式流速仪，后又研制了适应高流速、高含沙量的 LS25-3 型、LS20B 型旋桨式流速仪。为满足水利调查、农田灌溉、小型泵站等试验，以及环保污水监测的需要，又研发了 LS10 型、LS1206 型旋桨式流速仪等。

国产转子式流速仪简要性能，如表 3-1 所示。

表 3-1　国产转子式流速仪性能参数

| 系列类型 | 仪器型号 | 转子直径 $D$/mm | 最小水深 $H$/m | 起转速 $v_0$/（m/s） | 测速范围 $v$/（m/s） | 倍常数 $K$/m |
|---|---|---|---|---|---|---|
| 旋杯式 | LS68 | 128 | 0.15 | 0.08 | 0.2～3.5 | 0.670～0.690 |
| | LS78 | 128 | 0.15 | 0.018 | 0.02～0.5 | 0.760～0.800 |
| | LS45 | 60 | 0.05 | 0.015 | 0.015～0.5 | 0.432～0.468 |
| 旋桨式 | LS25-1 | 120 | 0.2 | 0.05 | 0.06～5.0 | 0.240～0.260 |
| | LS25-3 | 120 | 0.2 | 0.04 | 0.04～10.0 | 0.243～0.257 |
| | LS20B | 120 | 0.2 | 0.03 | 0.03～15.0 | 0.195～0.205 |
| | LS10 | 60 | 0.1 | 0.08 | 0.10～4.0 | 0.095～0.105 |
| | LS1206 | 60 | 0.1 | 0.05 | 0.07～7.0 | 0.115～0.125 |

## 3.2 转子流速仪测流原理

转子流速仪是根据水流对流速仪转子的动量传递而进行工作的。当转子流速仪放入水流中，水流作用到流速仪的感应元件（转子）时，由于它们在迎水面的各部分受到水压力不同而产生压力差，以致形成一种动力矩，即转子转矩。此转矩克服转子的惯量、轴承等内摩擦阻力，以及水流与转子之间相对运动引起的流体阻力等，使转子产生转动，如图 3-1 所示。

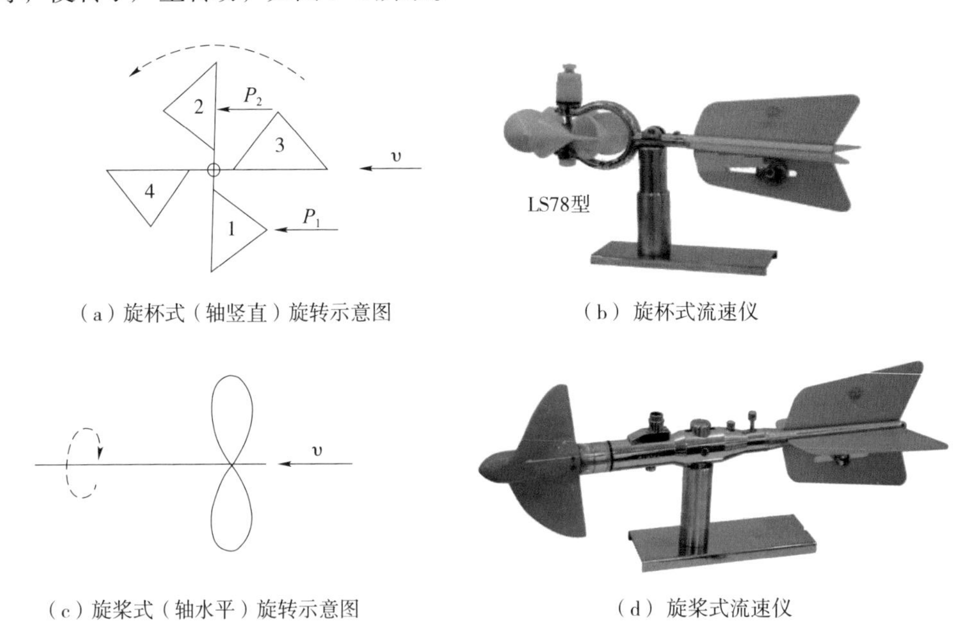


（a）旋杯式（轴竖直）旋转示意图　（b）旋杯式流速仪

（c）旋桨式（轴水平）旋转示意图　（d）旋桨式流速仪

图 3-1　转子式流速仪旋转示意图和实物图

图 3-1（a）（b）分别是旋杯式流速仪的旋转示意图和旋杯式流速仪的实物。旋杯式流速仪左右两只圆锥形杯子所受动水压力大小不同，背水杯 1 所受水压力 $P_1$ 显然小于迎水杯 2 的压力 $P_2$，所以，旋杯盘呈逆时针方向旋转。

图 3-1（c）（d）则分别是旋桨式流速仪的旋转示意图和旋桨式流速仪的实物。旋桨式流速仪的桨叶曲面凹凸形状不同，当水流冲击到桨叶上时，所受动水压力也不同，从而产生旋转力矩使桨叶转动。

上述合力作用下的运动机理比较复杂，其综合作用结果使其复杂化，很难给予具体的分析，但作用的结果却比较简单，即在一定的速度范围内，流速仪转子的转速与水流速度呈简单的近似线性关系。目前，国内外都采用传统水槽实验的方法，建立转子流速仪的转速 $n$ 与水流速度 $v$ 之间的经验公式：

$$v=Kn+C$$

按照现行的标准规定，其经验公式又可以表示为

$$v=a+bn$$

两式中，$v$——水流速度；

$K$、$b$——流速仪转子的水力螺距；

$C$、$a$——常数；

$n$——流速仪转子的转速（转率）。

两种不同的表达公式，实际是同一回事，只是表达的符号不同而已。大量试验证明，在规定的流速范围内，这个关系相当稳定，可以通过检定水槽的试验确定。利用这一关系，在野外测量中，记录转子的转速，就可计算出水流的流速。

需要指出的是，虽然上述两个公式可简单地计算出水流速度，但并不意味着 $v$、$n$ 之间存在数学上的线性关系。只能讲在一定流速范围内，$v$、$n$ 呈近似的线性关系。这两个公式仅仅是一个经验公式，只是根据流速仪检定试验得到一组实验点据，经经验处理，求得 $K$（$b$）、$C$（$a$），从而得到该经验公式。当流速超出规定范围时，此经验公式可能就不成立或者误差很大。这也就是为什么在研发转子流速仪时，会规定每种型号流速的测量范围，并设计出针对不同流速的流速仪。

国内大部分流速仪的生产厂家，只提供一个直线公式，用于在规定流速范围内的测量。个别仪器如 LS25-1 型，需要扩大低速使用范围时，会给出低速的 $v$-$n$ 曲线，通过 $n$ 在曲线上查得相应的低速。

国外某些流速仪，会另外提供 $v$-$n$ 关系表格。测得 $n$ 后，可在表格上查得 $v$。还有些型号的流速仪，会在产品中附上 2～3 种不同的直线公式，适用于不同的流速范围。

## 3.3　转子流速仪分类

转子流速仪根据转子的不同，可分为旋杯式流速仪、旋桨式流速仪和旋叶式流速仪三种。在内河流量监测中，常用的是旋杯式流速仪和旋桨式流速仪。而旋叶式流速仪，通常应用于海洋水流的流速测量，在陆地河流测量中很少使用，不在此介绍。

理想的转子流速仪，应满足下列条件：①仪器惯性力矩小，旋轴的摩阻力小，对流速的感应灵敏，结构坚固；②不易变形，旋轴不易磨损，且能防腐蚀，经久耐用；③仪器的支承及接触部分装在体壳内，能防止进水进沙，在含沙含盐的水中都能应用，结构简单，使用方便，便于拆装清洗修理，调换零件后仪器性能不变；④体积小，重量轻，便于携带，测速范围大；⑤成本低，便于推广。

目前，国内外使用的各种类型的流速仪，施测的成果都较可靠，基本上能满足

测量精度要求。但转子都有惯性作用，当经常在含沙量较大的场合中使用时，仪器转子会加速磨损，这不仅减少了仪器的使用寿命，还会使原先出厂时率定的经验公式失效。因此，所有的转子流速仪都会在使用说明书中指出，在使用了一定的时间后，或使用了一定的测量次数后，需要返厂或送仪器检定中心进行再次检定。

### 3.3.1 旋杯式流速仪

旋杯式流速仪是一种传统型、垂直轴转子式流速仪器，用于测量某一过水断面中预定测点时段历时的平均流速。测速范围为 0.015～3.5 m/s。这一类的流速仪，价格简单，拆装方便，受流向影响小，在国内得到广泛的应用。美国著名的普莱斯（Price）流速仪、日本的松井式流速仪等都是属于同一类型的流速仪。

旋杯式流速仪的旋转阻力很小，低、中速时 $v$-$n$ 直线性能很好，但高速性能比不上旋桨式流速仪。旋杯的旋转轴垂直于水流。仪器的上、下支承和信号产生部分同样有防水防沙和润滑要求。因为其旋转轴是垂直的，其上部的偏心筒等部件好像是一潜水钟，防水防沙性能比较好。但其下部的顶针式顶窝支承系统就没有防水防沙的有效措施，甚至无法保证润滑油的存在。所以旋杯式流速仪不适用于多沙水流，适于漂浮物少、含沙量较少、流速不大的一般河流、湖泊、水库中、低流速的测量。

#### 3.3.1.1 旋杯式流速仪结构示意图

随着仪器的不断改进和新型号的陆续问世，不同型号的结构也有一些不同，但大同小异。其中，明显不同的是信号和传讯部分。水流推动旋杯转动而发出的信号，也逐渐由最初的机械式接触丝的方式，改进为电磁式干簧管的方式。图 3-2 为采用干簧管作为信号发生的旋杯式流速仪示意图。

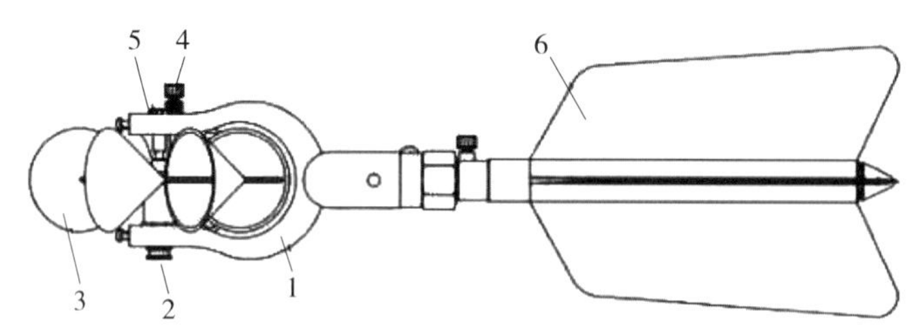


1—框架部件；2—支承部件（下支承）；3—旋杯部件；
4—干簧管部件；5—支承部件（上支承）；6—尾翼部件。

图 3-2 旋杯式流速仪示意图

#### 3.3.1.2 旋杯式流速仪的组成

旋杯式流速仪主要由转子、旋转支承、信号和传讯部分、尾翼和机身等部分组成。

转子部分：由旋杯、旋盘、旋轴、顶针及轴套座等组成，它位于仪器的头部，当水流冲击仪器时，使其转动，并通过它传递到接触部分，借此来测出水流的速度。绝大部分的旋杯式流速仪都采用 6 个旋杯的结构，来感应水流的流速。

信号和传讯部分：包括偏心轴、齿轮、接触销、接触丝或干簧管等信号发生和传讯部分。不同型号的旋杯式流速仪有不同的信号产生方式，包括机械接触丝方式、干簧管方式等几种，少部分的旋杯式流速仪还采用了磁激式霍尔器件开关信号。

尾翼：在测速工作时起到了定向和平衡作用，使仪器迎向水流。常见的尾翼是由纵横交叉的四叶片构成，纵尾翼下方有一狭长槽，在槽中附有可移动的平衡锤，用于调整仪器的重心，使仪器在水流冲击时保持平衡和水平姿态。

#### 3.3.1.3　LS68 型旋杯式流速仪

LS68 型旋杯式流速仪（图 3-3）是我国最早定型的一款旋杯式流速仪。采用机械接触丝作为流速信号发生部件，装有 6 个旋杯感应水流的冲力，带动旋轴一起转动。旋轴上部的螺杆带动齿轮转动，与齿轮连在一起的接触轮有均匀的 4 个凸起的接触销，旋轴每转 20 转，齿轮转一圈，固定的接触丝和接触轮上的 4 个凸起接触销各接触一次，使得旋轴每转 5 圈时接通电路一次，并产生 1 个接触信号。接触丝的一端与流速仪绝缘，用偏心筒上的绝缘接线柱引出，信号另一端用固定在上支承架上的接线柱引出。

图 3-3　LS68 型旋杯式流速仪

旋轴下部用钢质顶针顶窝支承，上部用轴颈轴套径向支承，顶端用钢珠限位和支承。

支承架中部有扁孔，用来使用扁形悬杆安装，悬挂流速仪。后部装有十字尾翼。

相对于干簧管来说，采用接触丝作为流速信号发生部件，是早期流行的一种方法。应用齿轮、蜗杆减速原理使得转子部件转动 5 圈、10 圈或 20 圈后，接触丝才和接触的触点接触一次。接触丝常采用导电性能较好，又比较有弹性的合金材料制造。

这种信号接触方式的优点是简单、直观、易于调节，很容易排除故障，使用很方便。接触丝可以耐受较高电压，通过较大电流，可以适用于各种不同类型和规格的计数器。即使早期常用的电铃灯光计数器，虽然通过接触丝的电流很大，但仍然可用。

接触丝接触方式的缺点是机械接触的触点没有任何保护，触点压力和相互位置常会发生变化，需要经常调整。触点暴露在空气中，有时直接与水接触，腐蚀、污物都会影响接触的可靠性，也需要经常维护。它的另一个较大的缺点是，机械接触丝的接触过程是一个接触丝与触点的滑动过程，并且有一定的历时。在这过程中，接触电阻会发生变化，有时还会发生瞬间的中断。这可能会使接触信号很不平滑，还有可能使一个信号中断而分裂为两个以上的信号脉冲。虽然，这种中断是短暂的，由人工监听的音响计数时可能不会误判为两个或两个以上的信号数，但对于电子计数器来说，就有可能发生多记录信号数。比较好的电子计数器会设计一些延时电路来解决此问题，但由于现场不同的流速仪和不同的中断情况，误判的现象仍然不能完全避免。

#### 3.3.1.4 LS78 型旋杯式流速仪

LS78 型旋杯式流速仪（图 3-4）是一种适合测量低流速的仪器。它是在 LS68 型的基础上，按照低速测量的要求研发的。采用的旋转支系统传讯部件和悬挂结构，使仪器起转阻力低，定向灵敏。

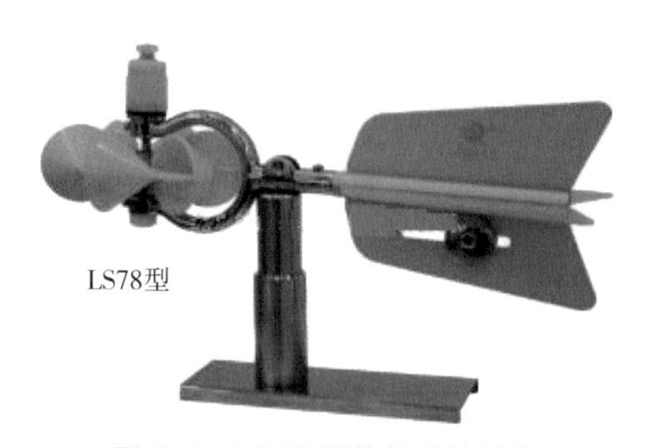


图 3-4　LS78 型旋杯式流速仪

与 LS68 型不同，LS78 型旋杯式流速仪是采用了干簧管和磁钢作为流速信号发生部件（图 3-5）。磁钢安装在旋轴上，干簧管安装在信号座的孔中。下端借助导电簧片与仪器的支承架相通，上端接绝缘的接线柱。旋杯转子旋转时，带动旋轴上的磁钢一起旋转。每转一圈，干簧管中两簧片受到磁钢的磁场激励而导通，输出一个导通信号。

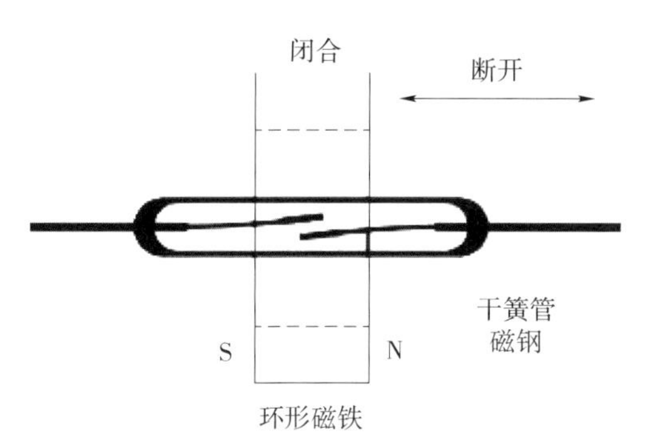

图 3-5　干簧管和磁钢输出信号示意图

干簧管（图 3-6）由一个空心玻璃管内密封一对导磁簧片（接点）组成。当磁钢靠近干簧管，在外磁场足够大时，簧片被磁化，接点处的两簧片端磁极正好相反，因而相互吸合，接点导通。当磁钢远离干簧管，外磁场撤去，簧片磁性消失或减弱，簧片的弹性使接点分离，接点断开。为防止接点氧化，接触电阻增大或接点常粘，在簧片上要镀上铑等稀有金属。

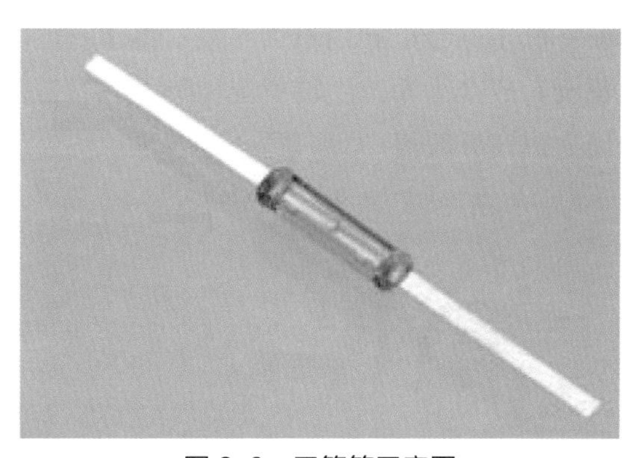
图 3-6　干簧管示意图

通常会采用永磁磁钢，与干簧管配合一起产生导通信号。

这种信号发生装置去掉了减速传动部件，并用磁场激励的方式使接点导通。这使得仪器整机结构大为简化，内摩擦的阻力减少，工作中接点也无须调整，使用十分方便。

LS78 型旋杯式流速仪旋轴的上下支承部分都采用钢质顶尖和锥形刚玉顶窝支承，减少旋转阻力，灵敏度提高，使测量低流速的可能性增加。LS78 型的旋杯部件采用了工程塑料，入水后转动惯性很小，也有利于灵敏度的提高。

LS78 型的支承架和尾翼与 LS68 型相仿，但增加了装有球轴承的转轴和接尾杆，使该流速仪可以在极低流速时，仍能基本对准流向。

用干簧管和磁钢作为信号接点的优点是接点密封、不易氧化、没有磨损、接触可靠。信号波形光滑，有利于信号的接收和处理，对于电子计数器尤为合适。它的缺点是对磁钢与干簧管的配合性能要求高，磁钢的磁能、稳定性、干簧管的疲劳、两者配合距离的变化都会影响到信号的可靠性。用干簧管和磁钢发送信号的流速仪，其信号频率都比较高。除了低流速仪外，其信号频率都只能用自动计数器记录，不能用人工计数。

#### 3.3.1.5 其他型号旋杯式流速仪

随着电子技术的不断发展，不同型号的旋杯式流速仪也在不断地投入市场。主要的目的：①更为适应不同环境和条件下的测流需要，特别是考虑应对适应不同流速和适应不同含沙量的需求；②选用性能更好、可靠性更高的信号发生器件；③采用不同的发信频率，适应不同的流速测量范围，例如 20 转 1 信号、5 转 1 信号、1 转 5 信号或 1 转 10 信号等。

为了减少转子旋转阻力，提高在浅水和低流速条件下的测流性能，LS45 型旋杯式流速仪（图 3-7）采用了电桥原理，感应因旋杯转动而引起的水电阻变化。还有些产品会采用霍尔器件产生信号，利用磁钢对霍尔器件的感应（霍尔效应）产生电信号。这两种方式都没有或几乎不产生转子旋转阻力，但是都要用多根信号线接出信号，还要配用专用流速仪计数器。

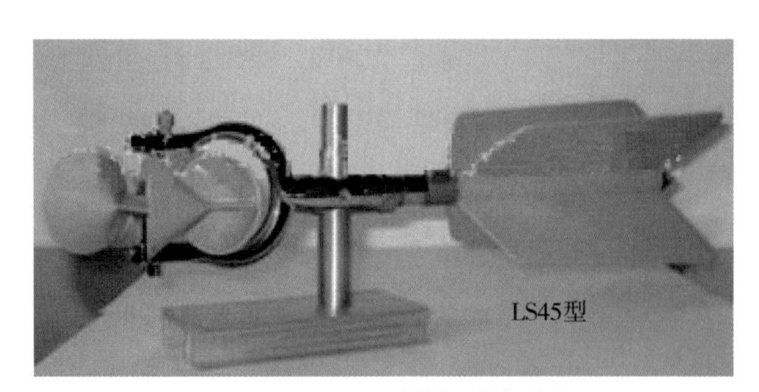


图 3-7 LS45 型旋杯式流速仪

### 3.3.2 旋桨式流速仪

与旋杯式流速仪一样，旋桨式流速仪也是用于测量某一过水断面中预定测点时段历时的平均流速。不同的是，旋桨式流速仪是一种水平轴转子式测速仪器，测速的范围更大，可达 0.03～15 m/s，这类流速仪的特点是，体积小，造型轻巧，结构紧凑、精密，携带、使用方便。在国内是主要的测速仪器，已得到广泛的应用。在欧洲和俄罗斯等国家使用更普遍。

### 3.3.2.1　旋桨式流速仪结构和示意图

自 1956 年我国研制出第一台旋桨式流速仪以来，也不断改进和陆续开发了不同型号和不同测量范围、测量性能的新型旋桨式流速仪。与旋杯式流速仪一样，信号和传讯部分也经历了从采用接触丝的发信方式过渡到采用干簧管和磁钢的新型发信方式。图 3-8 为旋桨式流速仪示意图。

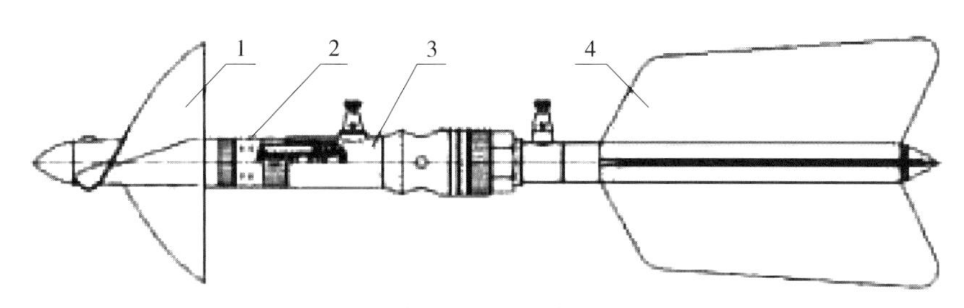


1—旋桨；2—旋转部件；3—身架；4—尾翼。

图 3-8　旋桨式流速仪示意图

### 3.3.2.2　旋桨式流速仪的组成

旋桨式流速仪主要由旋桨转子的桨叶、转轴部件、信号和传讯部分、尾翼和机身等部分组成。

转子部分：由旋转的桨叶、旋桨轴、轴承、轴套座、接触销和接触轮等组成，它位于仪器的头部，当水流冲击桨叶时，使其转动，并通过它传递到接触部分（可以是接触丝或干簧管），借此来测出水流的速度。绝大部分的旋桨式流速仪都采用了 2 个或 3 个桨叶的结构来感应水流的流速。

信号和传讯部分：包括偏心轴、齿轮、接触销、接触丝或干簧管等信号发生和传信部分。不同型号的旋桨式流速仪有不同的信号产生方式，包括机械接触丝方式、干簧管方式等几种。

尾翼：在测速工作时起到了定向和平衡作用，使仪器迎向水流。常见的尾翼是由纵横交叉的四叶片构成，纵尾翼下方有一狭长槽。在槽中附有可移动的平衡锤，用于调整仪器的重心，使仪器在水流冲击时保持平衡和水平姿态。另一部分的旋桨式流速仪，尾翼只是单片尾翼，不能安装可以移动的平衡锤（如 LS25-1 型旋桨式流速仪）。

### 3.3.2.3　LS25 系列旋桨式流速仪

LS25 系列旋桨式流速仪有多个型号，其中使用最普遍的有 LS25-1 型旋桨式流速仪和 LS25-3A 型旋桨式流速仪，如图 3-9 和图 3-10 所示。

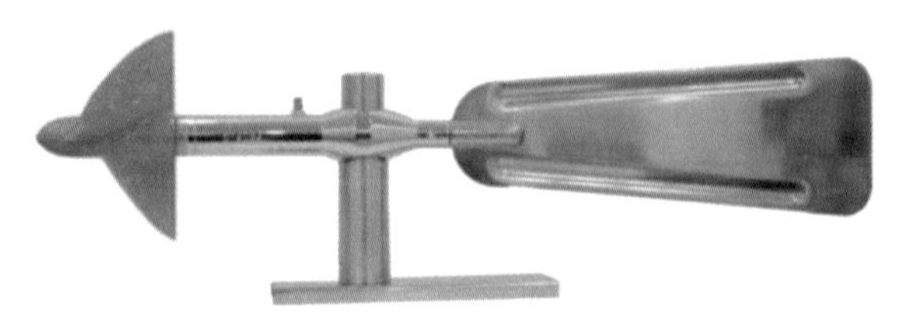

图 3-9　LS25-1 型旋桨式流速仪

图 3-10　LS25-3A 型旋桨式流速仪

（1）LS25-1 型旋桨式流速仪

LS25-1 型旋桨式流速仪早在 1956 年就已经问世。它的信号发生部件采用了接触丝的方式；单片尾翼，没有平衡锤功能调整平衡姿态。

在测量时，水流冲击旋桨，旋桨支承在两个球轴承上，绕固定的旋桨轴转动。轴套、反牙螺丝套等零件和旋桨一起转动，带动压合在轴套内的螺丝套一起旋转。螺丝套内部加工有内螺丝，带动安装在旋轴上的齿轮转动。其传动比是旋桨和轴套一起转动 20 圈，齿轮转 1 圈。在齿轮圆周上有一接触销，齿轮每转一圈，此接触销和接触丝接触一次。接触丝与仪器本身绝缘，通过同样与仪器本身绝缘的接线柱甲接出。另一接线柱乙与仪器自身连接。这样，就达到了旋桨每转 20 圈，接线柱甲、乙导通 1 次的目的。如果将齿轮上的接触销增加到 2 根或 4 根（均匀分布），就代表着旋桨每转 10 圈或 5 圈产生一次接触信号。

流速仪身架中部有一竖孔，用以悬挂或固定流速仪。其后部安装有单片垂直尾翼。LS25-1 型旋桨式流速仪一般固定安装使用，它自己不能俯仰迎合水流，使用转轴时可以水平左右旋转，但旋转灵敏度较差。

早期生产的旋桨是铜铝合金材料，后期改为 PC 材料（聚碳酸酯）的旋桨。

（2）LS25-3A 型旋桨式流速仪

LS25-3A 型旋桨式流速仪的部分技术指标优于 LS25-1 型旋桨式流速仪。

该仪器的特点是在继承 LS25-1 型流速仪优点的基础上做了进一步的改进，使其结构紧凑，转动灵活，测速范围扩大，防水防沙性能较好。

从桨叶转动到接触丝的接触信号产生，其传动结构与 LS25-1 型流速仪基本相同，但 LS25-3A 型的旋转密封结构较好，旋转支承结构也较为合理，所以，能在较高含沙量和较高流速的河流中测量水流的流速。

流速仪身架上只有一个接线柱，中部有一竖孔，用于悬挂和固定流速仪，后部装有四片的十字尾翼。使用转轴和非固定安装时，可以水平和俯仰对准流向，但由于身架悬挂孔和安装方法的限制，该流速仪本身难以灵敏地迎合水流流向。

#### 3.3.2.4　LS20B 型旋桨式流速仪

LS20B 型旋桨式流速仪是一种大量程的测速流速仪，如图 3-11 所示。

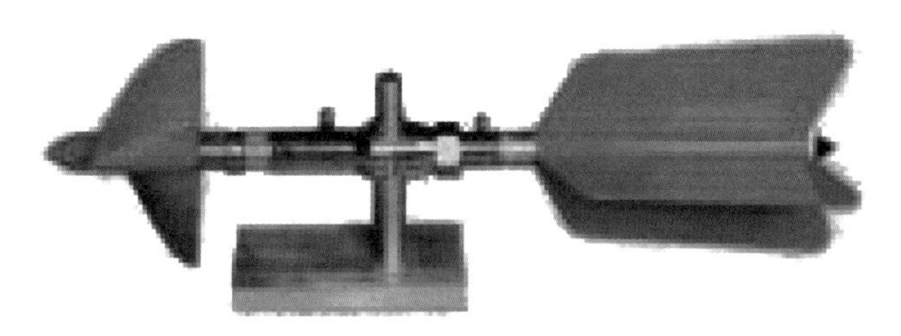

图 3-11　LS20B 型旋桨式流速仪

LS20B 型流速仪结构合理，采用性能更好的干簧管作为信号发生部件。仪器的密封性能很好，可以用于高含沙量的高速水流测量。

旋桨转动带动旋转套部件转动，在旋转套部件的后端装有对称的两块（或一块）磁钢，水流冲击使旋桨每转一圈，磁钢的磁极经过一次水平安装的干簧管端部，使干簧管导通两次（或一次）。干簧管的一端与流速仪绝缘，连接到身架上的接线插头。干簧管的另一端与流速仪身架相连，直接通过安装、悬挂流速仪的金属悬杆、悬索连到流速仪信号接收处理设备。所以，该流速仪只有一个信号接出插座。

流速仪身架中部有一垂直孔，孔径为 20 mm，用以安装和悬挂流速仪。后部装有四片的十字尾翼。使用转轴和非固定安装时，可以水平和俯仰对准流向。

改进后的 LS20B 型旋桨式流速仪，旋桨一转只产生一个信号，提高了信号发生的可靠性。

与 LS20B 型同时研制的还有 LS20A 型旋桨式流速仪。主要区别是 LS20A 型的旋桨每转 20 转才产生一个信号，信号由接触丝接触产生。

## 3.4　转子流速仪主要技术参数

不同类型和不同型号的转子流速仪，主要技术参数有一些差异。应根据所采用流速仪的使用说明书给予确定。但仍然有以下几个共有和需要关注的技术参数：

（1）测速范围，视不同型号，在 0.015～15 m/s；

（2）工作水深，通常有盲区最小水深的限制和最大耐压的水深限制；

（3）起转速度，克服转子静摩擦力，最小的水流速度，视不同的型号而异；

（4）输出信号，取决于采用的发信器件，接触丝、干簧管或其他器件；

（5）信号数转子转数，是 $n$ 转 1 信号，或 1 转 $n$ 信号；

（6）连续工作时间；

（7）转子的水力螺距（$K$ 或 $b$），取决于不同的类型和不同的型号；

（8）常数（$C$ 或 $a$），取决于不同的类型和不同的型号；

（9）工作水体环境，水温、悬移质含沙量等环境范围；

（10）贮存环境，温度、湿度等。

## 3.5 转子流速仪配套设施

转子流速仪是用于测量水下某一个固定位置点的测点流速。转子流速仪本身并不具备固定位置的功能，必须依靠其他的配套设施来完成。这些配套设施包括能固定流速仪的测杆、悬索、悬杆、铅鱼、绞车、缆道、缆车，以及将流速仪发出的转数信号记录并计算为流速的计数器等。

### 3.5.1 测杆

测杆用于测流。可固定转子流速仪的测杆，适用于浅水河流或渠道中，一般在涉水测量或船测时使用。考虑到既要尽可能轻巧，而又有一定的刚度、强度并又能耐腐蚀、磨损，因此，测杆的杆身会选择玻璃钢、高强度塑料、铝合金及不锈钢管型材料制成，或采用具有防腐蚀镀层的钢管或铜管等材料制成。

如图 3-12 所示，将流速仪连同尾翼一起安装在测杆上，有利于测速时自动对准流向。但如果测杆接触到河底并相对固定时，或者在流速很低时，也可以不带尾翼，直接用流速仪的固定螺钉固定在测杆上。

测杆可以固定在水中某一基础支架上，利用支架稳定地固定在某一位置工作。测杆也可以安装在某一测流设施上，控制测杆升降，安装在测杆上的流速仪可以稳定地停在需要测速的位置上。这种可以控制升降的测杆可安装在专用测桥、缆车以及较小的缆道等多种测流装置上。

测杆通常可以分为手持式操纵和电动机械操纵两大基本类型。

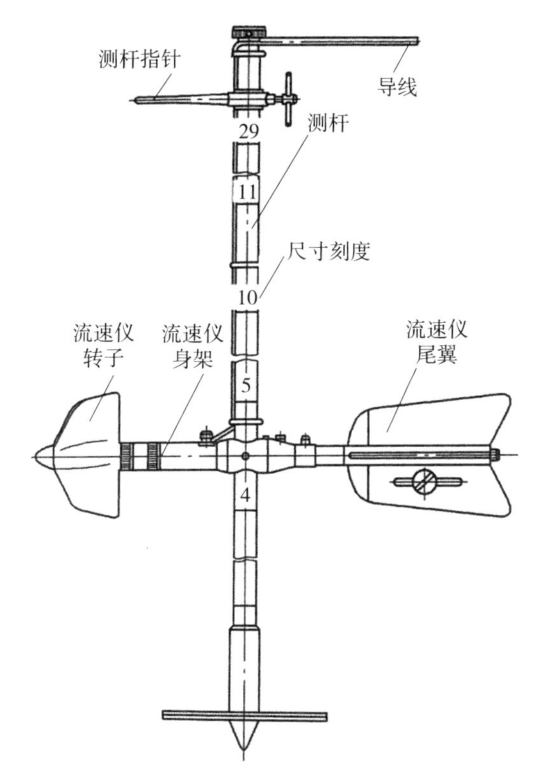


图 3-12　带流速仪的测杆

### 3.5.1.1　手持操纵测杆

手持操纵测杆又可分为以下三种型式：

（1）通用式测杆：一般在水深不超过 3 m，流速不超过 2 m/s 时使用。它既可以单独用于测深，也可以用于辅助测流。其基本构成一般有杆身部分、定位部分（分带杆尖和不带杆尖两种）、信号转换插座部分、方向标部分和联接衬芯及缓冲器等。

（2）单一测深式测杆：一般在水深不超过 6 m，流速不超过 2 m/s 时使用，其基本构成一般有杆身部分、定位部分（分带杆尖和不带杆尖两种）等。

（3）涉水式测杆：一般适用于涉水测量的浅水河流，其基本构成一般与通用式或单一测深式相同。

### 3.5.1.2　电动机械操纵测杆

电动机械操纵测杆可分为长测杆、半测杆和无偏角缆道用测杆三种型式，一般都在水深不超过 6 m，流速不超过 2 m/s 时使用。其基本构成一般有杆身部分、接杆部分和联接螺栓等。

#### 3.5.1.3 测杆技术要求

根据不同的用途，测杆系列对测杆的直径和长度有一定的要求。对于手持操纵的测杆，直径一般会选择 10～25 mm，长度会选择 0.5～3.0 m。对于电动机械操作的测杆，选择的直径可以扩大到 25～60 mm。但这时候，杆底近仪器端，必须另外加接一直径小于 27 mm、长度不小于 300 mm 的接杆。

对测杆的技术要求是：

（1）测杆重量应尽可能轻巧，以利操作。

（2）测杆应具有一定的刚度和强度，使测杆具有一定的直线度，以经得起水流的冲击而无明显的弯曲或抖动。

（3）测杆不应由于本身的阻挡产生明显的壅水现象。有条件时，测杆的入水部分或近仪器段应考虑采用流线型截面管杆。

（4）测杆材料表面应能耐腐蚀、抗磨损，宜采用玻璃钢、高强度塑料、铝合金及不锈钢型材料制成，或采用具有防腐蚀涂层的钢管或铜管等材料制成。

（5）测杆应具有防止内部积水的结构措施。

（6）必要时，测杆底端一般应可通过附加措施联接固定采样器。

（7）手持测杆的杆身一般应有明显的刻线标度，供测量水深及确定仪器的测点位置。对于通用式涉水测杆，允许最小间隔为 10 mm、20 mm，对于长测杆，刻度分划的允许最小间隔为 20 mm、50 mm。刻度标记无论是否湿水，均应明显、清晰，同时要求可从任何角度进行观测。一般测杆的刻度标记宜涂有颜色。

（8）手持操纵测杆下端一般应有一定面积的底盘和坚硬的杆尖，以保证在各种河床质条件下能正确、稳固地定位。手持操纵测杆的定位部分，对用于平硬渠底测深的手持测杆，要求不带杆尖，即底盘独立安装于测杆底端，以避免杆尖带来的读数误差，此时仍应满足定位要求。

底盘尺寸应与测杆直径大小相适应，一般按 50∶1 的面积比相匹配。底盘阻水应小，以利提放，一般采用在底盘上打几个过水孔的方法来实现。

（9）通用式测杆顶端一般应有信号转接插座装置，以供辅助测流使用。上部应装有可上下滑动的方向标，以利测量人员测流时对仪器进行定向。下部一般应有防止仪器滑落打坏转子的缓冲圈，缓冲圈可用塑料或硬橡胶等制成。通用式测杆的总长与所测水深接近时，允许增加分节联接的节数，以便操作或手持。

### 3.5.2 悬索

当河流较深时，是不适合将流速仪安装在测杆上进行测流的。这时候就需要采用悬索 + 铅鱼固定流速仪的方式，也就是转轴悬索悬吊的方式。

流速不大时，流速仪自动对准水流的转动力矩较小，安装在转轴上可以减少流速仪的转动力矩，容易对准水流方向，如图 3-13 所示。

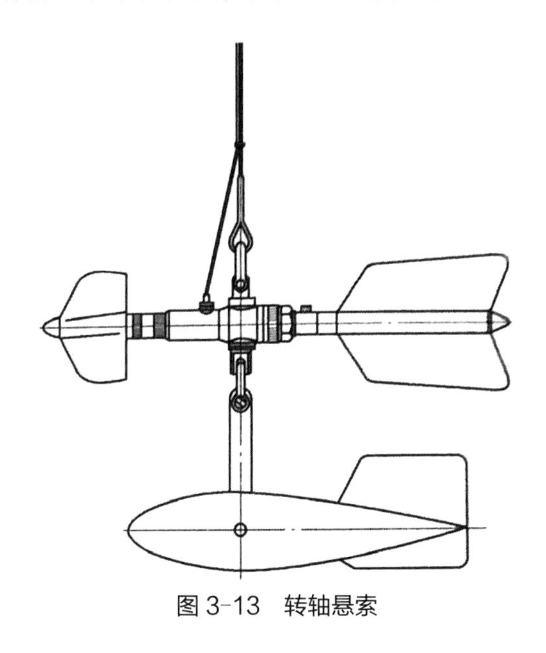

图 3-13　转轴悬索

转轴下方挂有测流铅鱼，上部与悬索连接处使用绳钩，方便装卸。这种安装方式可用于船测、桥测、缆道的测流。

采用悬索悬吊的方式放置流速仪，应尽可能地使仪器呈水平的姿态，并使仪器平行于测点当时的流向。为了做到这一点，一方面可以在悬索下端利用带有转轴的绳钩（用于旋桨式流速仪），或利用联杆（用于旋杯式流速仪）悬挂铅鱼。另一方面流速仪需装上尾翼，当采用旋杯式流速仪时，还应用平衡锤把仪器调平。

悬索下方悬挂的铅鱼，一般可以采用重量较轻的型号，但主要取决于河流的流速。当流速增大时，可考虑增加铅鱼的重量，以悬索与垂直方向的偏角不大于 10°为限。

### 3.5.3　悬杆

对于深水且流速中等时的测流，可以采用悬杆 + 悬索的方式固定流速仪。将流速仪安装在专用的悬杆上，悬杆上、下两端用绳钩分别与悬索和铅鱼相连，如图 3-14 所示。

采用这种悬挂方式，可以使流速仪在悬杆上保持一定的水平、垂直（俯仰）姿态，自动对准流向。

有些型号的流速仪，例如 LS25-1 型旋桨式流速仪，没有垂直（俯仰）自动对准流向的转动功能，水平对准流向同时靠铅鱼的尾翼来完成自动的定向。

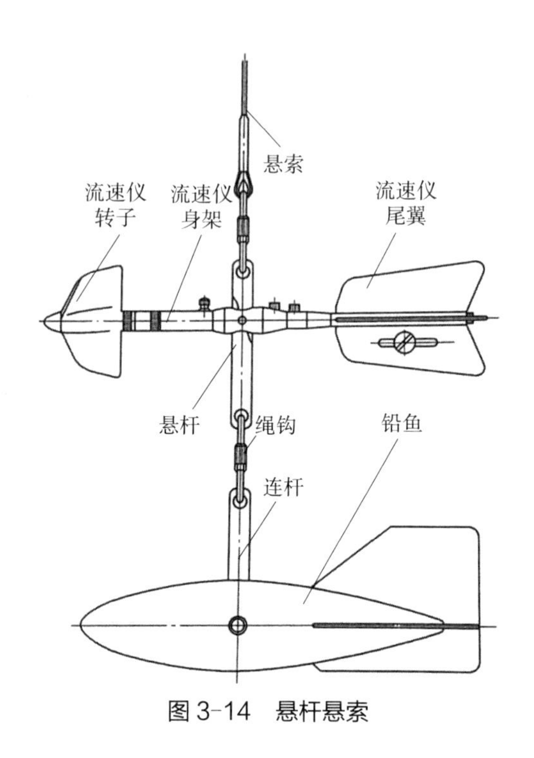


图 3-14　悬杆悬索

对于旋杯式流速仪来说，在水平面上可以不完全对准流向，所以，它的定向要求与旋桨式流速仪有所不同，但悬挂方法基本一致。这种悬杆的安装方法，可以用于船测、桥测、缆道的测流，所用的铅鱼重量一般不超过 100 kg。

## 3.5.4　铅鱼

铅鱼是一种用金属铅或铅铁混合铸造成的具有一定重量和细长比、外形呈流线型的流量测量辅助设施，如图 3-15 所示。

图 3-15　铅鱼

铅鱼的结构以流线型鱼身为主体，在鱼身的背部和头部装有悬挂结构和流速仪悬杆，并与纵、横尾及信号源等组成铅鱼部件。

为了方便安装和固定转子流速仪，在铅鱼的头部前上方固定有流速仪安装立柱，立柱上用专用接头部件安装流速仪，如图 3-16 所示。该方法适用于高速测量，也可以配备较重型号的铅鱼。有的铅鱼可以达到几百千克，多用悬索来悬吊。而这种悬挂的方式，拆装流速仪非常方便，是缆道测流和测船测流应用最多的方式。

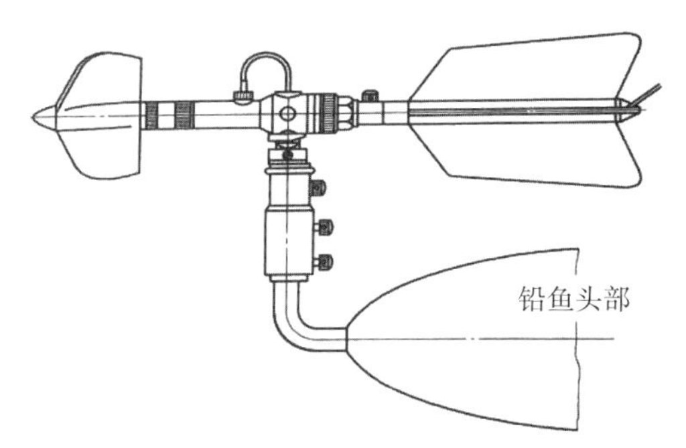


图 3-16　固定在铅鱼头部的流速仪

由于铅鱼较重，尾翼也较大，所以在测流时，铅鱼尾翼的自动对准水流作用是转子流速仪的主要定向原理。

根据测流的需要，配备的铅鱼可以采用不同的类型和型号，与流速、水深等河流条件相匹配。对于各类铅鱼总体的技术要求如下：

（1）铅鱼的外形流线体要求完整光滑，水体绕流质点沿铅鱼表面，不能出现明显的附面层分离与尾部端涡流。

（2）铅鱼在安装附件时，应注意不能使整机阻力增大。整机阻力系数应控制在 0.4～0.5 之间。

（3）在使用范围内，铅鱼放置在任意测点位置时，在水中都能保持平衡和迎合流向。铅鱼的纵尾应使铅鱼与水流方向的夹角不大于 5°，下纵尾的高度应低于铅鱼底部，使铅鱼在接触水面时，及时起到定向作用。

（4）铅鱼应采用单点悬吊。在多漂浮物的河流，200 kg 以上的铅鱼可用双点悬吊。对于 100 kg 以上的重型铅鱼，在安装转子流速仪的悬杆时，流速仪应固定在铅鱼的正前方。仪器至铅鱼头部的水平和垂直距离，在深水河流时为铅鱼最大直径的 2 倍；在浅水河流时为铅鱼最大直径的 1～1.5 倍。

（5）凡是利用缆道悬吊较重铅鱼并兼测水深的，应考虑设置相应的水面、河底信号器。测深信号在使用范围内应简单可靠。

（6）信号源与电源应简单、准确、可靠。有密封要求的元器件应放置在专用密封容器内。密封容器耐压不低于 $2 \times 10^5$ Pa。

（7）为提高缆道测流信号传输效率，在铅鱼与悬索之间应配备绝缘装置。

（8）铅鱼表面应做处理。鱼身部分沿铅鱼水平轴线的横断面方向涂 5～10 cm

宽的红白相间油漆，作为安全警戒标志。铅鱼尾翼不允许涂漆，一律作表面镀锌处理。

### 3.5.5 绞车

绞车是一种在进行水下水文要素测量时，为把仪器送到预定测点位置的专用悬吊装置。所有的绞车，应包含可以对悬索的行程进行计数的装置。

根据在不同地点、不同方式的应用，绞车可以分为船用绞车、缆道绞车、桥测绞车三种。根据起吊悬索的驱动动力来划分，又可以分为手摇绞车、电动绞车、液压绞车三种。

绞车的基本结构部分一般应包括底盘部分、传动部分、支架部分等。配套设备器件包括记录仪、悬吊部分、传感计数装置、水下仪器、铅鱼、电池、铠装电缆及钢丝索等。

（1）船用绞车：用于测船是以人力或电力驱动进行水文要素测量的绞车。

（2）缆道绞车：用于缆道上宜以电力驱动为主要动力，能做水平、垂直移动进行水文要素测量的绞车。

（3）桥测绞车（图 3-17）：用于桥梁上以人力或电力驱动，沿桥栏做垂直升降进行水文要素测量的绞车。

（4）手摇绞车（图 3-18）：以人力手摇为动力的绞车。

（5）电动绞车：以交流或直流电动机为动力的绞车。

（6）液压绞车：以液体压力势能为动力，可无级调速的绞车。

图 3-17　桥测绞车

图 3-18　手摇绞车

在采用转子流速仪进行流速测量中，各种类型的绞车是一个普遍使用的辅助设施。绞车的设计必须按照安全、适用、合理、经济的原则，能够做到布局紧凑、结构牢靠、操作集中、使用维修方便。

各类绞车的具体型式及绞车的最大额定负载，如表 3-2 所示。

表 3-2　各类绞车的型式及最大额定负载

| 绞车品种 | 型式 | | 基本型号 | 额定负载 /kN |
|---|---|---|---|---|
| 船用水文绞车 | 手摇 | | EHS | 0.15，0.25，0.50，0.75，1.00 |
| | 电动 | 交流 | EHD1 | 0.75，1.00，2.00，3.00 |
| | | 直流 | EHD2 | 0.75，1.00，2.00 |
| | 液压 | | EHY | 1.50，3.00 |
| 缆道水文绞车 | 手摇 | | ELS | 0.50，1.00 |
| | 电动 | 交流 | ELD1 | 1.00，2.00，3.00，4.00，5.00，7.50 |
| | | 直流 | ELD2 | 1.00，2.00，3.00 |
| | 液压 | | ELY | 1.00，2.00，3.00 |
| 桥测水文绞车 | 手摇 | | EQS | 0.08，0.15，0.30 |
| | 电动 | 交流 | EQD1 | 0.50，0.75，1.00，1.50 |
| | | 直流 | EQD2 | 0.50，0.75，1.00 |
| | 液压 | | EQY | 1.50，2.50 |

## 3.5.6　缆道

缆道是一种将测量流速的流速仪或采集水样的采样器，运送到测量断面内任一指定起点和垂线测点位置，以进行测量作业而架设的可水平和铅直方向移动的测量专用跨河索道系统。根据其悬吊设备不同，缆道又可分为悬索缆道（也称铅鱼缆道）、悬杆缆道、缆车缆道（也称吊箱缆道）、浮标（投放）缆道和吊船缆道等。根据缆道采用的动力系统，又分为电动缆道和手动缆道两种。根据缆道操作系统的自动化程度又分为人工操作缆道、自动缆道和半自动缆道。根据缆道跨数多少可分为单跨缆道和多跨缆道。

悬索缆道（图 3-19）是应用最普遍的一种缆道，其悬吊设备一般会选用铅鱼。因此，悬索缆道也称为铅鱼缆道。铅鱼缆道根据是否采用拉偏索又分为无拉偏式和拉偏式两种。

图 3-19　悬索缆道

采用悬索缆道配合转子流速仪测流，具有测量速度快，安全可靠，适应水深、流速范围广，便于实现测量的自动化或半自动化，测量占用人员最少等优点。

一般水面宽小于 500 m，流速较大的测站，可选用悬索缆道。在流速较大，河床变化大，且常年水深不大于 12 m，可采用拉偏式缆道，拉偏缆道铅鱼重量与测量范围的水深、流速有关。

缆道是一种安装在固定位置，投入较大的一种跨河设施。需要专门的管理、维护和保养，更适用于有固定测站的水文站。对于环保系统的流量监测，在目前没有专门的流量站和固定的测流断面的情况下，规模推广的价值不大。但有固定水站的地方，若有必要，可以安装简易的缆道系统，方便频繁的测流或采集水样。

## 3.5.7 计数器

在水下工作的转子流速仪，感应水流冲击发出的转数信号，需要通过计数器系统传到水面以上的控制平台上。这种信号的传输，可以采取有线的传输方式，也可以采用无线的传输方式。

无线测流法是采用在水下发射脉冲信号，通过钢丝悬索和水体构成的回路进行传输，并在水面上安设接收装置和计数器进行记录。

接收流速仪信号的接收装置，有简单信号器、数字计数器、计时计数器、直读流速显示仪等。

### 3.5.7.1 人工计数器

人工计数器是采用人工直接记录流速仪发出的信号数，包括音响计数器、灯光计数器等。

早期的音响器是一个小电铃，后来逐步发展为采用电子装置的半导体音响器。绝大部分是采用干电池供电，与流速仪用导线相连。当流速仪的信号导通时，音响器发出声音，有些音响计数器还附上灯光的指示发光，进行人工的计数。音响器需要与计时器件配合，通常会采用停表（秒表）的方式来记录测量的历时，以便计算出该历时内的平均流速。

由于人工计数辨别能力很强，对流速仪信号的导通接触质量要求不高，可以用于大部分的流速仪。人工计数器＋停表这种方式，已经使用了很多年，仍然在使用。虽然这种方式比较简单而且原始，却是转子流速仪最常用的配套器件。

但是，人工计数的记录速度会受到人们的听力限制，频率不能超过 1 次 /s。另外，这种最简单的计数器基本上都用于有线信号的传输，不能用于自动化测速，正在被自动化程度较高的计数器代替。

图 3-20 智能计数器

### 3.5.7.2 流速测算仪

现在比较流行的是各种不同类型和型号的电子式自动流速仪计数器。不仅可以用于记录流速仪发出的信号，记录、设置测量的历时，还可以计算出流速、流量并显示计算结果和存储数据。图 3-20 所示是某种类型的智能计数器。图 3-21 所示是一款通用型计数器的电路方框图。

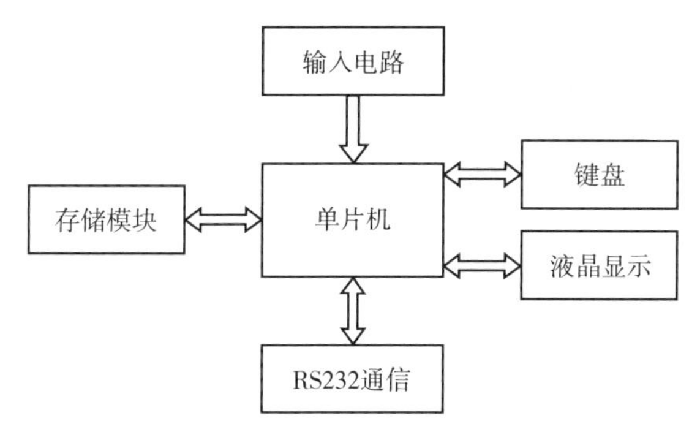

图 3-21　电子计数器电路框图

一款性能好、通用型、智能式的流速仪计数器，应该能够适用于接收各种不同接触丝式转子流速仪的信号，也能适用于接收干簧管式转子流速仪的信号。在给定的测量历时内，自动计算出该时段内平均流速，并具有数据储存和通信输出功能。

对此类流速仪计数器的总体要求是，结构简单、耗电低、功能齐全、自动化程度高、稳定可靠、适用性强，适用于接收各种转子流速仪传感器所产生的交流信号和直流信号，具有存储功能和数字信号的输出功能。

## 3.6　转子流速仪流量监测

### 3.6.1　测量前的准备工作

测量前的准备工作包括对测量断面水情的了解、制订流量测量的方案、对测量仪器的选型和检查、对测量辅助设施的选择和检查等。

#### 3.6.1.1　对测量断面的踏勘

对测量断面的踏勘是很重要的一步；也可以在测量前，预先进行踏勘或调查。对断面水流的情况有一个初步的了解，才能针对测量河流的条件，做好其他方面，例如仪器的选型、辅助设施的选择等准备工作，以及对测量方案的正确制订。

踏勘和调查的内容包括河流特性的勘察、流量监测河段的调查、测量断面的调查三大部分。

（1）河流特性的勘察

对于河流特性的勘察，若有可能，可以了解河流所属流域的地理情况，水文地质情况、交通通信条件等。

而重点勘察的是河流上下游的河势，了解河床的组成、断面形状、冲淤情况、河道变化等。调查上下游是否有支流的流入或流出，了解河道弯曲和顺直段长度、河床水草生长的季节和范围、冰封和流冰时间等。

（2）流量监测河段的调查

在选定的流量监测河段，只要上下游没有分流的情况下，通过河段断面的流量是相同的。所以，在选定的河段之间，选择最合适的测量断面就显得很重要。如何选择合适的测量断面，将在第 6 章中详细介绍。

对于选定的测量断面，在测量前，需要了解断面的水面宽、水深、流速的数量级、含沙量的大小、水位变幅的快慢等水情环境。

（3）测量断面的调查

对于采用转子流速仪的流量测量，在测量的准备工作中，还有很重要的一点是制订测量的方案，包括需要布设多少条测量垂线、每条垂线上测量多少点的点流速等。

对于曾经测量过的断面，应找到以前的实测资料，包括大断面图、断面平均流速、河宽、断面面积、特征值（最大流速、最大水深等）。结合当前的具体水情，制订具体的方案，确定布设的垂线数和各垂线的测点数。有关具体的垂线数和测点数确定的原则，详见第 6 章。

对于新的测量断面，有需要的话，预先进行断面测量，获得水道断面的资料。根据测量结果制订具体的测流方案。

#### 3.6.1.2 仪器的选型、装配和检查

（1）根据调查的具体条件，选择合适的转子流速仪类型和型号，例如是选择旋杯式流速仪还是旋桨式流速仪，选择适用于高流速的流速仪还是低流速的流速仪等。

（2）通常转子流速仪在每次使用完毕，都会拆卸并安装在仪器箱内。所以，每次使用前，应按照使用说明书的要求装成整机。装机时要按要求加入规定的仪表油，所用的润滑油为 8 号仪表油（GB 487）。如果流速仪较脏或较长时间没有使用，应先用汽油清洗干净。

（3）检查和调节旋转部件的旋转轴向间隙和灵敏度，是保证仪器正常使用的一个关键步骤。旋杯式流速仪的旋转轴是垂直的，它的旋轴在垂直上下方向上应该有一定的间隙。旋桨式流速仪的旋转轴是水平的，它的旋转轴在水平方向同样也应该留有一定的间隙。这些间隙对保证流速仪转子的旋转灵敏度非常重要。间隙太小，流速仪的转子转动不灵敏，测出的流速会偏小。间隙太大，转子转动不平稳，会引起冲击，影响流速测量的准确性，也容易损坏转子的支承系统。另外，对于旋桨式

流速仪来说，过大的间隙会降低旋转系统的密封性，引起水、沙的进入，使流速仪不能正常工作。

不同类型的流速仪对间隙的要求是不同的。一般来说，旋杯式流速仪要求旋轴的轴线间隙为 0.02～0.05 mm。旋桨式流速仪要求旋转部件和固定部件之间的间隙为 0.3～0.4 mm。旋桨在安装后，允许的前后窜动间隙为 0.03～0.05 mm。

（4）对转子旋转灵敏度的检查方法，可以分为经验法（吹气法）、旋转试验法、阻力矩测量法三种。

1）经验法（吹气法）：手持流速仪用嘴对准流速仪的桨叶或旋杯的杯口，稳定均匀地吹气，使仪器的转子缓慢地转动，吹的位置要固定。根据吹气量的大小和转子转动状况，凭经验来判断流速仪的灵敏度。这种检查的方法简易方便，是流速仪检查普遍采纳的一种方法。检查方法和判断完全依靠个人经验，定量的准确性较差。但在实际应用中，却是判断流速仪灵敏度的最主要甚至是唯一的方法。

2）旋转试验法：是国际标准 ISO 2537《转子流速仪》规定并推荐使用的一个方法。其方法是将流速仪设置在正常工作状态，转子不受气流影响，用手平稳而迅速地转动转子，使转子尽可能地快速转动。然后测量转子到完全停下所需要的时间，同时观察转子的转慢和停下的过程。此过程应该是逐渐的，不应有突然转慢现象。用此旋转时间可以判断流速仪的旋转阻力矩。国外有些流速仪会提供最小旋转时间的参考值，测得的旋转时间要求大于提供的最小旋转时间值。此方法多应用于旋杯式流速仪。

3）阻力矩测量法：此方法比较适用于旋桨式流速仪，可以用各种力矩测量方法测试旋桨的旋转阻力矩。有一些专用设备可以对这个阻力矩进行测量。这种方法比较专业，并不适用于现场的测试。

#### 3.6.1.3　测量辅助设施的选择和检查

辅助设施的选择和检查，包括确定采用固定流速仪的器件是测杆、悬索、悬杆、铅鱼、绞车、缆道还是缆车等，配套采用的是什么型号的计数器等。应该检查各自设施的连接是否可靠和安全。

采用何种悬挂设施的类型，根据断面现场的环境条件，以及现场现有的设施而决定。具体选择的依据，可参考本章第 3.5 节介绍的各设施特点和应用的环境条件。

流速仪信号的检查很重要。流速仪在下水前要检查其信号的产生是否正常。如果是采用有线的传输方法，可以将流速仪用导线连到流速仪计数器，转动转子，观察信号的产生和计数器的记录显示或灯光、音响反应。如果是采用无线的传输方法，需要将流速仪放入水中进行这项检查。这项检查可以同时检查计数器的工作状况和各环节的连接状况。较全面的检查应观测流速仪信号的长短，信号长度用流速仪转子的转动角度表示。例如对于 LS25-1 型旋桨式流速仪，采用接触丝的接触产生信号，它的信号长度为旋桨旋转 2～3 周。对于 LS78 型旋杯式流速仪，采用干簧管导通产生信号，它的信号长度为旋杯旋转 90°～120°。信号过长或过短都不好；虽然不影响流速仪的使用，但要做相应的调整，这种调整并不是很容易的事情。

## 3.6.2 转子流速仪测流方法

### 3.6.2.1 测流人员配备

测流人员的配备是根据采用什么样的过河设施，转子流速仪采用哪一种悬挂设施等来决定。

采用缆道测流，可以只配备两人完成。一人控制和操作缆道，将流速仪定位在预定的垂线位置和测点位置；另一人负责流速仪的测量和记录。在极端的条件下，甚至一人可以完成。

采用测船或桥测测流，需要至少三人完成。一人负责控制和操作测船，将流速仪定位在预定的垂线位置；另一人负责控制和操作船用绞车（或桥用绞车等），将固定流速仪的悬杆（或悬索、铅鱼等）放入水中，并将流速仪固定在测点位置；第三人负责流速仪的测量和记录。

对于浅水时的涉水测量，需要两人完成。一人负责将测杆放置在预定垂线位置，将流速仪固定在测点位置，另一人负责流速仪的测量和记录。

### 3.6.2.2 测流方法

转子流速仪是用流速面积法测定流量的。整个测流过程包括测量测点流速、水深、起点距。其中测点流速必须是实测的数据，而水深和起点距可以实测，也可以按照预定的方案，在规定的垂线位置，借用以前的大断面资料，获得水深和起点距的数据。

测点流速：按照测流断面当时的实际流速、水深、含沙量确定采用什么类型和什么型号的转子流速仪。相对来说，旋桨式流速仪适用范围广，使用更普遍。

水深：测量水深的方法应跟随当时的水深、流速大小、精度要求等的不同而决定。采用以下器具测深时，每条垂线应连续测量两次，取平均值。两次测深的偏差一般不超过 1%～3%，当河底不平整或有波浪时不超过 3%～5%。

（1）测深杆——适用于水深小于 5～6 m，流速小于 3.0 m/s。测深杆测深是一种精度较高的测深方法，当流速水深较小时，应尽量采用。

（2）测深锤——当水深、流速较大时，可以用测深锤测深。测深锤重量一般为 5～10 kg，随水深和流速大小而定。

（3）测深铅鱼——在水深流急的河道，采用铅鱼测深。铅鱼重量一般为 10～50 kg 或更重。它悬吊在专门的绞车上，水深读数可以在绞车的计数器上读取。铅鱼的重量和钢丝悬索的直径视水深、流速的大小而定。国际标准曾建议采用近似公式：G=5 *vh* 来确定铅鱼的重量。

式中，*G*——铅鱼重量；

*v*——水流的平均流速；

*h*——水深。

图 3-22 所示，是转子流速仪测流的方法和流量计算的方法。国际上流行的采用流速面积法测流的计算方法有部分平均法和部分中间法。我国现行测验规范规定的是采用部分平均法的计算方法，而按照美国的测验规范，则采用了部分中间法来计算流量。

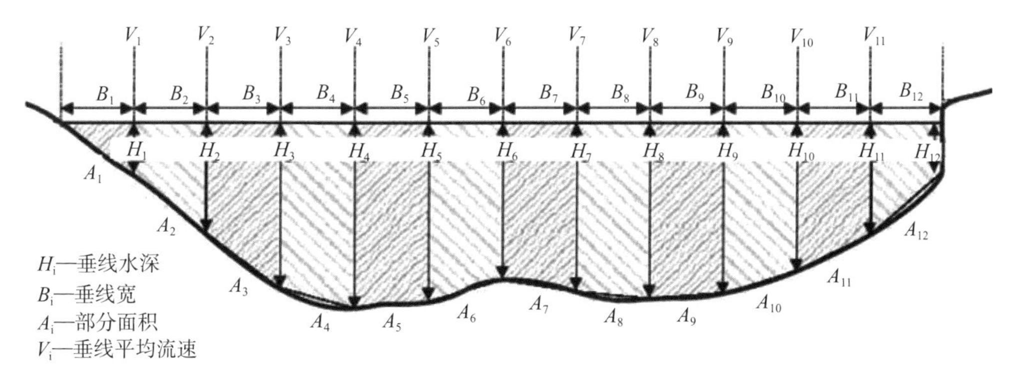


图 3-22　部分平均法流量计算方法

虽然两种计算方法不同，但具体的测量方法和步骤却完全相同。而且两种计算方法的计算结果，虽然有所差异，但相互之间的差异不会超过总流量的 5%，在流量测量的允许误差范围之内。

部分平均法的计算方法是按照测量的垂线，将总流量分成中间各部分流量和两个岸边部分流量。

中间各部分流量 = 部分面积 × 部分面积内的平均流速；

部分面积 = 垂线间距离 ×（本垂线水深 + 下一条垂线水深）/2；

部分平均流速 =（本垂线平均流速 + 下一条垂线平均流速）/2；

两个岸边流量 = 岸边面积 × 岸边平均流速；

岸边面积 = 水面边与垂线之间的距离 ×（水边水深 + 垂线水深）/2；

岸边平均流速 = 第一条（或 最后一条）垂线平均流速 × 岸边系数；

（斜岸的岸边系数 =0.7，陡岸的岸边系数 =0.9）；

总流量 = 中间各部分流量 + 两个岸边流量。

#### 3.6.2.3 测流步骤

无论采用哪一种渡河方式，如船测、桥测、缆道测量等，只要是使用转子流速仪的流速面积法进行流量测量，其测流的步骤是相同的，测量可以从任意一岸开始，但需要在记载表中注明是从左岸开始，还是从右岸开始（注：人面向下游，左手边的河岸为左岸，右手边的河岸为右岸）。

测量步骤如下：

（1）在渡河设施和流速仪安装完毕后，首先到河边观测水位。打开实测流量记载表，记录测量断面名、渡河设备名、使用流速仪的类型和型号、测量开始时间、测量开始水位、测量人员等有关信息。

（2）沿着测量的断面线，将流速仪移动到第一条垂线位置，并将流速仪放置在预先方案的测点位置，测量并记录第一条垂线的起点距。

（3）打开计数器，开始测量。在规定的测量历时下（按照测验规范，在一般情况下，测量历时为 100 s），记录实测的转子数，并实时计算（或自动计算）该测点的流速。

（4）若该垂线是采用二点法或三点法的，则分别将流速仪放置在指定的位置，重复上述的测量步骤。

（5）将流速仪移动到第二条垂线，重复上述（3）、（4）的步骤，进行测流，直至最后一条垂线。

（6）到达对岸，测量和记录起点距，记录该时刻的水位和测量的结束时间。返回测量的起点，计算断面总流量，完成记载表上所有需要填写的内容。

### 3.6.3 转子流速仪测流成果分析

每次测流后，应随时进行检查分析，当发现测量工作中有差错时，应查清原因，在现场纠正或补救。也应结合历次流量的测量成果，进行综合的检查分析。

#### 3.6.3.1 单次流量测量成果检查分析

单次流量测量成果的检查分析内容包括：

（1）测点流速、垂线流速、水深和起点距测量记录的检查分析

应在现场对每一条垂线的测量和计算结果，结合断面的特性、河流水情和测量现场的具体情况按下列要求进行。

1）点绘垂线流速分布曲线图，检查分析其分布的合理性。当发现有反常现象

时，应检查原因，有明显的测量错误时，应进行复测。

2）点绘垂线平均流速、流速横向分布图和水道断面图，对照检查分析垂线平均流速和流速横向分布的合理性。当发现有反常现象时，应检查原因，有明显的测量错误时，应进行复测。

3）采用固定垂线测速的断面，当受测量条件限制，现场点绘分析图有困难，或因水位急剧涨落需缩短测流时间时，可在事先绘制好的流速、水深测量成果对照检查表上，现场填入垂线水深、测点流速、垂线平均流速的实测成果，与相邻垂线及上一测次的实测成果对照检查。

（2）流量测量成果的合理性检查分析

流量测量成果应在每次测流结束的当日进行流量的计算、校核，并应按下列要求进行合理性检查分析。

1）点绘水位或其他水力因素与流量、水位与面积、水位与流速关系曲线图，检查分析其变化趋势和三个关系曲线相应关系的合理性。

2）采用实测流量过程线进行资料整编的断面，可点绘水位、流速、面积和流量过程线图，对照检查各要素变化过程的合理性。

3）冰期测流，可点绘冰期流量改正系统过程线图表或水浸冰厚及气温的过程线图，检查冰期流量的合理性。

4）当发现流量测点反常时，应检查分析反常的原因，对无法进行改正而又具有控制性的测次，宜到现场对河段情况进行勘察，并及时增补测次验证。

（3）流量测次布置的合理性检查分析

流量测次布置合理性检查分析，应在每次测流结束后，将流量测点点绘在逐时水位过程线图的相应位置上。采用落差法整编推流的断面，应同时将理论测点点绘在落差过程线图上。结合流量测点在水文或水力因素与流量关系曲线图上的分布情况，进行对照检查。当发现测次布置不能满足资料整编定线要求时，应及时增加测次，或调整下一测次的测量时机。

#### 3.6.3.2　流量测量成果的综合检查分析

在进行单次流量测量成果检查分析的基础上，还应结合该断面历次的流量测量成果进行综合的检查分析。

（1）对于河床稳定的测流断面

河床比较稳定的断面，应隔一定时期对该断面的控制特性进行分析。分析的内容包括：

1）点绘水位或水力因素与流量关系曲线图，将当年与前一年的上述曲线点绘在一张图上，进行对照比较。从水位或水力因素与流量关系的偏离变化趋势，了解断面控制的变动转移情况，并分析其原因。

2）点绘水位与流量测点偏离曲线百分数的关系图，从流量测点的偏离情况和趋势，了解断面控制的转移变化情况，并分析其原因。

3）点绘流量测点正、负偏离百分数的关系图，了解断面控制随时间变化的情况，并分析其原因。

4）将指定的流量值按多年的实测相应水位依次序连绘曲线，从与指定流量对应的水位（同流量水位）曲线的下降或上升趋势中，了解断面控制发生转移变化的情况，并分析其原因。

（2）对于河床不稳定的测流断面

河床不稳定的断面，每隔一定年份，应对测流断面的冲淤与水力因素及河势的关系进行分析。

（3）垂线流速分布的综合分析

对于固定的断面可采用多点法资料，分析其垂线流速分布型式。当断面上各条垂线的流速分布型式基本相似时，可点绘一条标准垂线流速分布曲线；当断面上各个部分的垂线流速分布型式不完全相同时，可分别点绘 2～3 条分布曲线。对于水位变幅较大的断面，当在不同水位级垂线流速分布型式不同时，应对不同水位级点绘分布曲线。并可采用曲线拟合得出的流速分布公式，分析各种相对水深处测点流速与垂线平均流速的关系。

## 3.6.4 转子流速仪检查和养护、比测、检定

转子流速仪是一种机械式的仪器。转子工作时转动引起的摩擦，随着使用时间的增加，会慢慢磨损。虽然每一台流速仪在出厂时，会对转速与流速的关系进行标定，并给出每台仪器的水力螺距 $K$（$b$）和常数 $C$（$a$），供用户在计算流速时应用。但使用了一段时间后，磨损使仪器的检定公式发生改变，如不定时加以检定，会影响流量成果的精度。

### 3.6.4.1 转子流速仪的检查和养护

转子流速仪的检查包括使用前检查和测量后检查两个方面，以及平时的保养。

（1）测量前检查：转子流速仪在装配和使用前，应首先检查仪器各部件是否有污损，或者产生变形的情况。如果有污损，需进行清洗后再装配。若有变形，应更换完好的仪器。装配后，应检查仪器转子的灵敏度。可以按照本章 3.6.1.2 中描述的经验法，通过人工的吹气来检查灵敏度是否符合测量的要求。还应检查仪器的接触丝或干簧管产生信号的可靠性。

（2）测量完成后的检查：测量完成后，可用清水冲洗流速仪，去除仪器表面的污物和水中留在仪器表面上的泥沙。检查仪器是否有被碰撞或变形的情况。

（3）流速仪的保养

1）流速仪在每次使用后，应立即按使用说明书规定的方法拆洗干净，并加仪器润滑油。

2）流速仪装入仪器箱内时，转子部分应悬空搁置。

3）长期储藏备用的流速仪，易锈部件必须涂黄油保护。

4）仪器箱应放于干燥通风处，并应远离高温和腐蚀性的物质。仪器箱上不应堆放重物。

5）仪器所有的零部件、附件和工具，应随用随放回原处。

6）仪器说明和检定图表、公式等应妥善保存。

（4）转子流速仪的清洗加油

1）用干燥的毛巾擦干流速仪外表的水。如果流速仪上有泥沙或污物，先用清水洗净。

2）按要求拆开流速仪，放置于妥善位置。

3）用汽油清洗各部件，按规定要求使用 120 号或 200 号溶剂汽油进行清洗。用两个汽油盒分装汽油，分别进行粗洗和精洗，清洗流速仪各转动部件，尤其注意清洗轴承部分。如果内部零件中有较多泥沙，也可先用清水冲洗后，再用汽油清洗。

4）清洗后适当晾干汽油，再按要求装好流速仪，在安装过程中要按规定加注仪器油（8 号仪表油）。

5）将流速仪按规定装入仪器箱内。

#### 3.6.4.2　转子流速仪的比测

转子的磨损是一个渐变过程，有必要与备用的流速仪进行定期的比测，以保证仪器的测量精度。

转子流速仪的比测，应遵循以下规定：

（1）转子流速仪在规定的使用期内，应定期与备用流速仪进行比测。比测次数，可根据流速仪的性能、使用时间的长短及使用期间流速和含沙量的大小情况而定。当流速仪在实际使用 50～80 h 后，应比测一次。

使用经验表明：在多沙河流中使用的转子式流速仪，一般测速 50 h 后比测一次为宜，而对于在少沙河流中使用的转子式流速仪，可掌握在实际测速 80 h 后比测一次为宜。这里的实际测流时间是指在野外使用的时间，也就是仪器放入水中进行测量的累计时间。

（2）比测宜在水流平稳的时期和流速脉动较小、流向一致的地点进行。

（3）常用流速仪与备用流速仪应在同一测点深度上同时测速，为了让两架流速仪在同一测点深度上同时测速，一般采用特制的“U”形比测架来固定仪器。比测时“U”形比测架的两端分别安装这两架流速仪。仪器之间的净距应不少于 0.5 m。因为太近时，两仪器之间可能互相干扰；太远时，两测点之间流速的差异将不可忽略。在比测过程中，应变换比测仪器的位置。一般情况下，比测时可在比测一半的测点后，交换两比测流速仪的位置，再比测另一半的测点，以避免产生系统误差。

（4）比测点应注意不宜靠近河底、岸边或水流紊动强度较大的地点。

（5）不宜将旋桨式流速仪与旋杯式流速仪，分别作为两个比测仪器进行比测。

（6）每次比测应包括较大的和较小的流速，且分配均匀的 30 个以上测点。当比测结果偏差不超过 3%（比测条件差的不超过 5%），且系统误差能控制在 ±1% 范围内时，常用流速仪可继续使用。超过上述偏差应停止使用，并查明原因，分析该比测偏差对已测资料的影响。

（7）没有条件比测的仪器，在使用 1～2 年后，必须重新送仪器检验部门进行检定。当发现流速仪运转不正常或有其他问题时，应停止使用。超过检定日期 2～3 年以上的流速仪，虽未使用，也应检验。

#### 3.6.4.3 转子流速仪的检定

按国际和国内标准规定，转子流速仪在使用 1 年或连续工作 300 h（两者取其时间间隔较短者），需在检定水槽进行重新检定。对于使用很少的流速仪，可以 2 年进行 1 次检定。在使用中，如果发生较大的超范围使用和使用后发现仪器有影响测速准确度的问题，也应保持原状，进行一次重新检定。

# 第 4 章

# 声学多普勒流速仪流量监测

DI-SI ZHANG
SHENGXUE DUOPULE LIUSUYI
LIULIANG JIANCE

快速、高效、准确地开展天然河流的流量监测，已经成为生态水资源保护、开发、利用，以及突发事件处理和监测的基本要求。而天然河流水流流态的不稳定性和水流环境的复杂性，也是流量监测中所面临的难题。在实际的施测和应用中，迫切需要有一款使用更方便、测量精度更高、测量历时更短的仪器。而在目前阶段，声学多普勒流速仪就是一类国际上公认的最先进和理想的仪器，被认为是河流流量测量领域的一次革命。

利用声学多普勒原理发明的各类声学多普勒流速仪，于 20 世纪 80 年代陆续投入市场，我国也在 1990 年以后开始从国外引进和试用。由于诸多的优点，该类仪器被迅速推广和应用。目前，在全国范围内，已经有数千台（套）正在使用中。

声学多普勒流速仪有不同的类型和型号，适应于不同的情况。有测量水流的剖面流速的，也有测量水流中的点流速。通常我们习惯地将采用多普勒原理生产的流速仪，统称为 ADCP（Acoustic Doppler Current Profiler，声学多普勒流速剖面仪）。

## 4.1　多普勒测量原理

所有的 ADCP 都会有至少一组的超声波换能器（探头），大部分是一种收发兼容的换能器，即：既可以发射超声波，同时也可以接收超声波。换能器在水中发射某一固定频率的超声波信号，然后聆听（接收）水中悬浮颗粒物反射或散射回来的超声波信号。这些颗粒物可以是泥沙、杂物，也可以是细小的气泡等。假定，随着水流一起流动的悬浮颗粒物与水体流速相同，当颗粒物的移动方向接近换能器时，换能器聆听到的回波频率会比发射波频率高；当颗粒物的移动方向背离换能器时，换能器聆听到的回波频率则会比发射波频率低。这种多普勒效应的现象被称为声学多普勒频移。

超声波发射频率与回波频率之差，也就是多普勒频移，可以用下列公式表示：

$$F_{\mathrm{d}} = 2F_{\mathrm{s}}\frac{V}{C}$$

式中，$F_{\mathrm{d}}$——声学多普勒频移，Hz；

$F_{\mathrm{s}}$——发射超声波的频率，Hz；

$V$——换能器与颗粒物之间的相对速度，m/s；

$C$——超声波在水中的传播速度，m/s。

公式中的系数 2，是因为 ADCP 既反射超声波，又接收超声波的回波，是发射体与反射体之间距离的 2 倍，因此多普勒频移需加倍。

从上述公式中可以看到：多普勒频移（$F_{\mathrm{d}}$）可以通过仪器发射的超声波频率与接收反射回来的超声波频率比较而获得；仪器换能器的发射频率（$F_{\mathrm{s}}$）是固定而已

知的；超声波在水中的传播速度（$C$）也是已知的，这样，通过仪器的内置电子计算程序，就可以得到所需要的换能器与颗粒物之间的相对速度（$V$），如果 ADCP 安装在固定平台上固定不动，这个相对速度也就是水流的绝对速度。当 ADCP 安装在移动的测船（移动平台）上，测量的相对速度，必须扣除船速（平台的移动速度）后，才是水流的绝对速度。

如图 4-1 所示，在实际应用中，仪器的中轴线会采用与水流垂直的方向发射超声波，从水面向河底发射，或者将仪器安装在岸边指向对岸水平方向发射超声波。在这种情况下，由于超声波的声束与水流没有相对运动，则不会产生多普勒频移。所以，所有的 ADCP，其换能器（组）总是安装成与 ADCP 轴线成一定的倾斜角（图 4-1），每个换能器测量到的流速是水流沿着该声束方向的速度，按倾斜的角度，将分量流速换算为水流方向的流速。

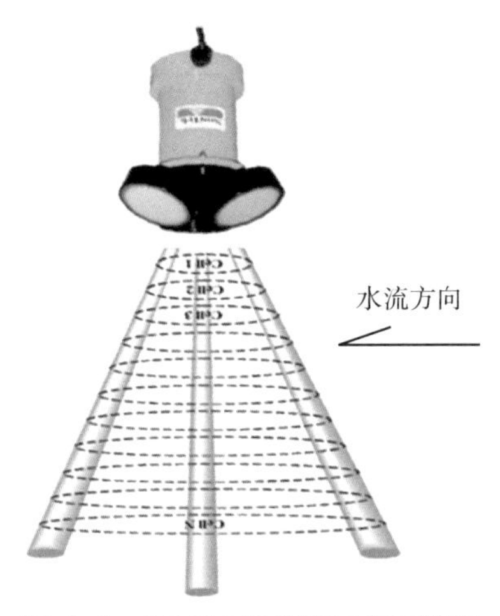


图 4-1　ADCP 换能器工作示意图

超声波在水中传播速度（$C$）会受到水温和盐度等因素的影响。从上述的公式中可知：同样的水流速度，会因为水中的温度或盐度的改变，造成超声波在水中传播速度（$C$）的变化，从而产生不同的多普勒频移，最终影响到流速的测量精度。所以，所有的 ADCP 仪器都会安装有温度传感器，在测量流速的同时，也同步测量水温，并用以补偿水温引起的多普勒频移误差。在测量软件中，还会有一项设置，用于输入该断面在测量时段的盐度值，修正超声波在水中的传播速度，起到补偿的作用。

超声波传播的距离，或者说仪器的测量范围，与发射的超声波频率有关。同样的发射功率，对于不同的超声波工作频率，其可以传播的距离也不同。发射频率越高，传播距离就越短。工作频率高的优势在于测量的精度相对更高。

此外，超声波的传播距离还与水中的悬浮颗粒的含量和浓度有关，通常称为“含沙量”。超声波在水中传播，需要依靠“含沙量”来反射或散射超声波信号。但是，含沙量也会吸收超声波的能量。随着传播距离的增加，能量会越来越小，直至反射的超声波信号很弱。当超声波信号电平与仪器的本底噪声电平相当时，回波信号“淹没”在本底噪声之中。换能器分辨不出和接收不到反射信号，从而达到了测量距离的极限。需要注意的是，含沙量仅仅吸收声能，影响仪器的测量范围，但并不改变超声波的传播速度和多普勒频移，所以，它并不会影响测量的精度。

## 4.2　多普勒流速仪的分类

所有的多普勒流速仪本质上只是测量水中的流速，然后配合自身可测量面积（水深和水平距离）的功能，或采用其他的辅助设备获得断面的面积，从而计算出河流测量断面的流量。

按照不同的应用，可以将多普勒流速仪分成三类：

（1）走航式多普勒流速剖面仪

如图 4-2（a）所示，仪器安装在活动或移动平台（如测量船上），垂直向下发射超声波，从一岸沿测量的断面线横跨到对岸。仪器定时发射超声波，走航测量垂直剖面的流速、测量水面到河底的垂直水深、测量横跨断面的船速以及从一岸面向另一岸走过的距离（河宽）；直至走航到对岸，即可给出断面的流量、河床形状的水深、测量水道的断面图、断面面积以及断面在各点的瞬时流速等数据。

如图 4-2（b）所示，走航式多普勒流速仪适用于流动的流量巡测方式，也适用于固定断面流量的日常监测，以及突发事件测流。这种走航方式的声学多普勒流速剖面仪，使用起来相当灵活和方便，测量历时相对比较短，测量精度也很高。仪器没有机械磨损，本身不需要率定，也不需要校正。

（a）安装在测量船上的ADCP

（b）走航式ADCP主机

图 4-2　走航式 ADCP

（2）在线式多普勒流速剖面仪

仪器固定安装在岸边［图 4-3（a）］，面向对岸，水平发射超声波；或者固定安装在河底，面向水面，垂直向上发射超声波。按照测量要求编制的程序，定时自动发送超声波；测量水平某一层（剖面）的平均流速（也称为指标流速，或称为代表流速），或测量垂直方向（剖面）的垂线平均流速。无论是水平安装［图 4-3（b）］或者座底安装［图 4-3（c）］的多普勒流速剖面仪，在测速的同时，都会有一个专用的测深探头，测量该时刻的水深（水位）。断面形状预先设置在仪器的软件中，在获得指标流速和水位后，仪器即可给出断面的流量、断面面积、水深（水位）、断面平均流速等数据。

（a）安装在岸边的ADCP

（b）在线式水平安装ADCP

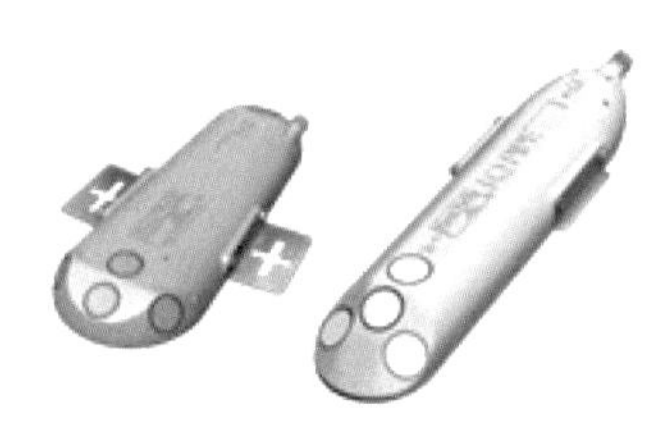
（c）在线式座底安装ADCP

图 4-3　在线式 ADCP

在线式多普勒流速仪适用于安装在固定的断面，实现流量实时在线监测，这是此款仪器的最大优点，也是其他方法不能实现的。在线式多普勒流速仪同样适用于常规测验困难、受工程影响的测流断面。由于在线式多普勒流速仪是测量某一部分的指标流速，所以，需要通过率定的方法，找到指标流速与断面平均流速的回归关系，才能正式投入运行。

（3）便携式多普勒流速仪

这一类流速仪与上述的两类不同，采用了收发分置的换能器，测量的是离开发射换能器一定距离的某一点的点流速。按照流速面积法传统的测量方法，在断面线布设若干条测量垂线，在每条垂线测量一点或几点位置的流速，测量垂线水深和垂线之间的距离，即可得到流量的数据。

便携式多普勒流速仪［图 4-4（a）］通常是用于浅水的河道［图 4-4（b）］，弥补上述两类仪器受到河流水浅而不能使用的限制。适用于枯期河道、湿地、突发事件时流量快速测量等的需求，仪器轻便、灵活，使用方便而直观，自带的手部显示器，可直接显示流量的成果。

（a）便携式ADCP

（b）浅水河道ADCP测流

图 4-4　便携式 ADCP

## 4.3　走航式多普勒流速仪流量监测

走航式多普勒流速仪自发明以来，已经有 30 多年的历史，其测量的技术也在不断进步和日益完善，从最初的应用于海洋流速流向的测量，逐步应用于河流流量的测量，并得到了大规模的应用，测量精度也有了很大的提高。随着技术的发展和新技术的出现，当前已有许多新颖的产品型号问世，例如美国 SonTek 公司研发的 M9 走航式多普勒流速仪，综合 20 多年，世界上所有走航式 ADCP 的优缺点，采用全新电子电路的软件和硬件，专为河流流量测验设计。多频、智能的设计和制造理念已经成了当前 ADCP 的发展标杆。

### 4.3.1　走航式 ADCP 流量测量的工作原理

#### 4.3.1.1　测流工作原理

如图 4-5 所示，装载着走航式 ADCP 的测量船，从一岸横跨断面，航行到对岸。航行过程中，收发兼容的换能器垂直向下发射波束（称为“水跟踪”），并由水体中的颗粒物反射接收超声波，当移动中的换能器与水流之间有相对运动时，就会产生多普勒频移，从而计算出测船与水流相对流速 $U_m$。

但是，相对流速并不是我们所需要的，我们需要的是水流相对于大地的速度，也就是水流的绝对速度 $U_V$。将“水跟踪”测量的相对速度 $U_m$ 减去船速 $U_b$（测船的移动速度）即可得到绝对速度 $U_V$。当然，这应该是包含着方向的“矢量减”。

$$\overrightarrow{U_V} = \overrightarrow{U_m} - \overrightarrow{U_b}$$

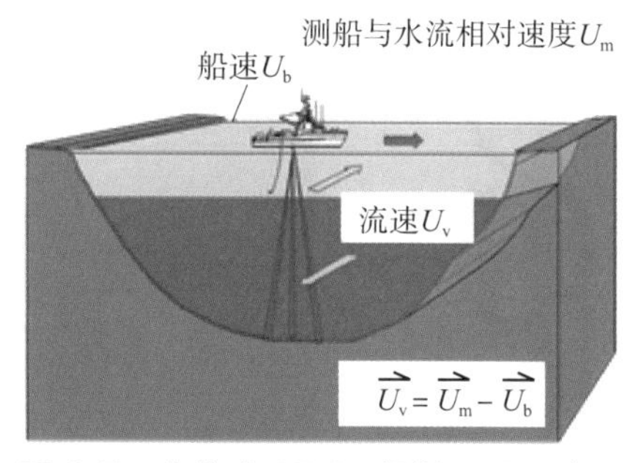


图 4-5　走航式 ADCP 测流原理示意图

式中，$U_V$——水流相对于大地的绝对速度，即流速，m/s；

$U_m$——仪器（测船）与水流的相对速度，m/s；

$U_b$——仪器（测船）相对于大地的绝对速度，即船速，m/s。

为了测量船速，所有的走航式 ADCP 都会采用一种发射“底跟踪”的方法来获得船速。“底跟踪”是指 ADCP 的换能器在发射“水跟踪”测量流速的同时，还另外发射一个超声波的波束，通过接收和处理由河底回波信号跟踪河底的运动。如果河底没有移动的推移质，“底跟踪”所测量的速度即是船速。但是，如果河流中的含沙量比较大，随着时间的推移，泥沙会慢慢沉淀在河底。当水流的流速增大到一定的程度，这些“松垮”的泥沙就会被近河底的水流推动而向前移动，形成推移质。底部的流速越大，推移质的移动速度也越大。这时候用“底跟踪”方法测量的船速 $U_b$ 就不再是测船相对于大地的绝对速度，而是测船与推移质之间的相对速度，从而造成了整个的流速测量误差。而且，往往会使测量的流速偏小。在这种情况下，不能再采用底跟踪测量船速的方法，而需要采用另一种方法，即利用全球卫星导航系统（例如北斗、GPS 等）测量船速。北斗、GPS 可以用于定位，也可以用于测量物体的移动速度。由航迹上任意两点的 GPS 坐标值，可以得到两点间的位移，再除以相对应的时间，即可得到船速。为了达到测量船速所需要的精度，需要采用 DGPS（差分 GPS）以上精度的卫星导航系统。

一般来说，用 GPS 方法测船速，其测量精度会低于采用底跟踪测量方法的精度。因此，在河床底部没有走沙（或称“走底”）的情况下，通常，走航式 ADCP 会采用底跟踪的方法来测量船速。

为了能测量到水流的三维流速，通常走航式 ADCP 会有三个以上的换能器，每个换能器轴线即为一个声束坐标。每个换能器测量的流速是水流沿其声束坐标方向的速度。三个（或四个）换能器轴线组成一组相互独立的空间声束坐标系。另外，ADCP 自身定义有直角坐标系：$X-Y-Z$。$Z$ 方向与 ADCP 轴线方向一致。

ADCP 首先测出沿每一声束坐标的流速，然后经过坐标转换为 $X-Y-Z$ 坐标系下的三维流速。然而 $X-Y-Z$ 是 ADCP 自定义的局部坐标系。走航式 ADCP 在横跨断面的测量过程中，随着仪器向前移动，仪器的方向（艏向）也会随着变化；也就是是 $X$–$Y$–$Z$ 坐标系会随着艏向变化而改变了 $X$ 轴的方位，仪器无法判断 $X$ 方向的流速是指哪个方位的流速。因此，所有的走航式 ADCP，都会利用内置（或外置）罗盘和倾斜仪提供的方向和倾斜数据，将 $X$–$Y$–$Z$ 坐标下的流速转换为地球坐标系 $E$–$N$–$U$ 下的流速，这样，仪器就可以得到固定坐标系下的三维流速了。

走航式 ADCP 在横跨断面进行测量流速的同时，还可以利用“水跟踪”或专用的垂直波束测量水深。利用“底跟踪”或 GPS 测量横跨断面的距离。如图 4–6 所示，将测量的断面分成很多的微小块（单元），由小块水深乘以小块的距离就是每个小块的面积，再乘以该小块实测的流速，就可得到该微小块的流量。当作业船沿断面从河道的某一侧横跨至另一侧时，即可由仪器的操作软件，给出河流的流量。附加还可以给出断面河床的形状、河道的水面宽、断面面积、断面平均流速等有关数据。

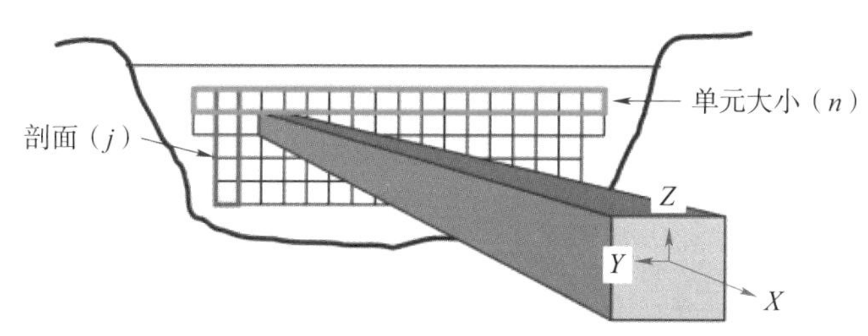


图 4–6 走航式 ADCP 测量横跨断面流量示意图

#### 4.3.1.2 含沙量的影响

利用声学多普勒原理，仪器换能器发射的超声波信号是依靠水中的悬浮颗粒反射和散射，返回到换能器接收，根据多普勒频移而计算得到水中各测量单元的流速。换句话说，如果水中没有任何悬浮颗粒的话，例如在流动的纯水中，水中没有可以给信号反射的悬浮颗粒，ADCP 是不能用于测量流速的。但是，含沙量在反射超声波信号的同时，也吸收了超声波的能量，导致测量范围的降低。

高含沙量的另一个重要影响是，可能使底跟踪和水跟踪测量失效。走航式 ADCP 是根据回波信号强度沿水深深度变化曲线在河底被强反射显示突出的峰值来识别河底。由于河底沉积物介质密度较高，当水体中含沙量较低时，突出河底处的回波强度会大大高于水体中颗粒的回波强度。然而当水体中含沙量高到一定程度时，水体中颗粒的回波强度会增大到与河底处的回波强度相接近。这时回波强度沿深度变化曲线在河底处不出现突起的峰值，ADCP 不能从该曲线上识别河底，造成底跟踪信号不能判别，即“底跟踪”失效。

高含沙量的影响程度与 ADCP 的系统工作频率有很大的关系。仪器换能器的工作频率越高，超声波穿透能力越差，信号的衰减也越快，导致对含沙量这个参数越敏感；而系统工作频率越低，超声波穿透能力越强，对含沙量这个参数则越不敏感。因此，对于含沙量高的河流，应选用工作频率较低的 ADCP。需要注意的是，工作频率较低的 ADCP，其系统的分辨率较低（即测量单元会变大），水面以下不能测量到数据的盲区也会较大，不适合用于较浅河流的测量。

通常，生产 ADCP 的厂家无法提供底跟踪对于水深测量有效范围与含沙量之间关系的资料。根据经验，当含沙量为 3～5 $kg/m^3$ 时，ADCP 正常进行测量的最大水深为厂家标称技术指标的 1/3～1/2。

如果含沙量太高以至于 ADCP 不能正常进行底跟踪和水跟踪测量时，可能需要采用 DGPS（差分 GPS）测量船速，采用测深仪测量水深。有的厂家生产一种多频智能的走航式 ADCP，自带一个工作频率较低的垂直波束换能器，专门用于测量水深，既满足高含沙量测量水深的要求，也提高了 ADCP 测量水深的精度。

#### 4.3.1.3 走航式 ADCP 与转子流速仪的差异

从理论上讲，走航式 ADCP 的流量测量原理与传统转子流速仪的流速面积法流量测量原理相同（包括采用的测船、桥测、缆道测流和涉水测量等）。走航式 ADCP 与转子流速仪的测量过程，都是将测流断面分成若干个部分断面，在每个部分断面内测量垂线上一点或多点流速并测量水深，从而得到部分断面面积内的平均流速和流量。将所有的部分断面面积的部分流量叠加而得到全断面的流量。

然而传统转子流速仪流速面积法计算流量的方法，与走航式 ADCP 对全断面的流量计算方法相比，仍有如下不同之处：

（1）转子流速仪流速面积法的测量过程是一个静态的测量方法，在测量点流速时，流速仪是放置在固定位置，并持续测量历时 100 s，将该 100 s 的平均流速作为该测点测量历时的平均流速。而走航式 ADCP 采用的是走航过程中连续地测量断面内几乎所有点的瞬时流速，是一种动态的测量方法，即走航式 ADCP 是随测船运动过程中进行测量。从这一点来说，与转子流速仪的动船测量方式（包括积深法和积宽法）有点相似。

（2）由于整个测量过程时间较长，通常转子流速仪测量布设的垂线不可能将断面分得很细，每条垂线上测量的测点流速也不会很多。而走航式 ADCP，由于采样频率很高（一般是每秒钟采集显示一条垂线剖面，同时测量各单元流速），可以将部分断面划分得很细，垂线流速测点（单元）也可以很多。

（3）转子流速仪的流速面积法，要求测流断面垂直于河岸。而走航式 ADCP 由于在测量时不仅可以测量水流的速度，还可以测量流向、测船的船速和船向；所以测船航行的轨迹可以是斜线或曲线。仪器的计算程序可以将斜线或曲线投影到垂直于河岸的断面，自动修正投影后的垂直于断面的流速分量和垂直于河岸的断面面积等。

（4）转子流速仪流速面积法中，总流量 = 两个岸边的部分流量 + 中间各部分流量，是三个部分的流量之和。两岸部分的面积是水边与第一条垂线（或最后一条垂线）之间的水域面积；两岸部分的平均流速是第一条垂线（或最后一条垂线）的平均流速乘以岸边系数；两岸的部分流量是水边面积乘以水边平均流速。对于采用部分平均法的计算方法，中间各部分的流量是两条垂线之间的面积乘以两条垂线平均流速之和除以 2 而得。

而走航式 ADCP 中，总流量 = 两个岸边部分流量 + 水面和河底估算部分流量 + 中间实测面积部分流量，是五个部分的流量之和。两岸的部分流量计算方法与转子流速仪的计算方法相同。水面和河底估算部分流量是将垂线实测的各单元流速，按照垂线流速分布规律（曼宁公式）建立数学模型，延伸推算出水面和河底附近测量盲区内的流速，再乘以两个测量剖面（垂线）之间的盲区面积而得。中间实测面积部分流量是实测的流速、水深、两个剖面（垂线）之间的实测面积，再由软件计算而得部分流量，并相加成断面总流量。

## 4.3.2　走航式 ADCP 的配置

走航式 ADCP 系统最基本的配置包括仪器的主机 + 电缆线 + 电源 + 计算机（或平板电脑，或手机）。主机内部主要包括多个波束的换能器、电子部件、罗盘、倾斜计、温度传感器等。目前，国际上常用的走航式 ADCP 如图 4-7 所示。

（a）多频智能走航ADCP

（b）相控阵走航ADCP

（c）双频走航ADCP

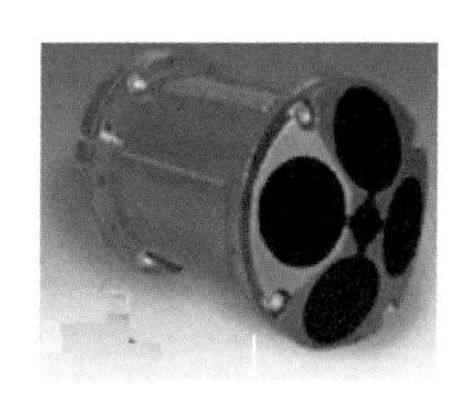

（d）多型号走航ADCP

图 4-7　国际常用的走航式 ADCP

换能器垂直向下浸没在水面下，仪器可安装在测船的船舷边，或安装在浮体平台中，以保证仪器可以平稳地横跨测量断面。

在大江大河的断面流量测量，为了稳固和安全起见，通常会采用大型的铁质测船。但是，大型铁船会影响走航式 ADCP 中的磁罗盘的正常运行，如果仍然需要采用内置的磁罗盘，安装仪器的位置应远离船舷，仪器支架与船舷之间的距离宜大于 2 m。另一个方法就是采用外置的电罗经，或者 GPS 罗盘，取代内置的磁罗盘。这种方法已经在许多大型铁船的测流中得到了应用。

在中小河流中测流，会选用浮动的载体，例如无动力的单体船 [ 图 4-8（a）] 或三体船 [ 图 4-8（b）]，由其他船只或在跨桥上拖曳，横跨断面。也可选用带动力的遥控船 [ 图 4-8（c）]。目前，常用浮动船体类型和形式，如图 4-8 所示。

（a）无动力单体船

（b）无动力三体船

（c）带动力的遥控船

图 4-8　常用浮动船体类型

为了使用上更方便和更易操作，在基本配置的基础上，可以增加无线电台，让主机与计算机之间摆脱有线电缆线的连接。这样，计算机的操作人员可以不用跟着船体，而留在岸边安全地操作。其中，由 SonTek 公司研发的新颖、轻便的单体船 [ 图 4-8（a）]，使用非常简单。采用嵌入式的安装方式，没有螺丝等固定的部件，安装时不需要任何的工具帮助。无论是低流速还是高流速，单体船的船体都非常稳定。特别是高流速时，船头不会沉下，可以使用的最大流速为 5 m/s。船体带有缓冲和防止船速突变的设计，保证 ADCP 测量过程中，不会因船速和船向激变，内置罗盘无法快速响应，而引起测量精度的下降。

在有推移质流动的走沙（走底）河床断面测量时，在基本配置的基础上，还需增加 DGPS（差分 GPS），或 RTK GPS，以取代仪器自带的底跟踪来测量船速。如果安装在大型铁船的船舷边，还可以增加电罗经或 GPS 罗盘，以取代仪器自带的磁罗盘，这样可以防止罗盘受到铁磁物体的影响，导致流向测量的失灵和流量的测量误差。

### 4.3.3　走航式 ADCP 主要技术参数

对于走航式 ADCP，根据测量河流具体的条件而选择合适的型号。一般可选择多频、智能的 ADCP，适用的范围更大，性能更好。通常需要关注和选择的，主要有以下几个共性的技术参数：

（1）工作频率；

（2）换能器配置；

（3）流速剖面测量范围（垂直距离）；

（4）流速测量范围；

（5）水深测量范围；

（6）测速分辨率；

（7）测速准确度；

（8）剖面单元数量；

（9）剖面单元尺寸；

（10）电台通信距离；

（11）GPS 选项 / 准确度。

衡量走航式 ADCP 的性能，除了其技术参数之外，换能器发射和接收超声波信号的工作模式，也是很重要的一个指标。

通常，走航式 ADCP 的工作模式，或者说 ADCP 超声波信号发射和处理的工作方法，可以分为三类：

（1）窄带工作模式（又称脉冲非相干工作模式）

窄带工作模式时，对于每一次流速的测量，换能器会发射一个单独的、相对较长的脉冲波，然后接收超声波被水体中颗粒物反射的回波信号，并由波谱分析确定回波频率，从而计算出多普勒频移和流速。这种工作模式的优点是流速剖面范围较大，它的缺点是流速测量偏差较大。因此，流速测量的空间或时间分辨率较低。

（2）脉冲相干工作模式

脉冲相干工作模式时，对于每一个流速的测量，换能器会发射一对较短的脉冲波。换能器先发射第一个脉冲，待换能器接收到这个超声波的回波信号后立即发射第二个脉冲。ADCP 测量两个回波之间的相位差，并根据这个相位差计算流速。这种工作模式的优点是流速测量偏差小。这个优点可以用来提高流速测量的空间或时间分辨率。它的缺点是测量剖面范围小，测量的流速量程相对也比较小。

（3）宽度工作模式

宽度工作模式时，对于每一个流速的测量，换能器会发射两组或多组脉冲波序列。每个脉冲波序列由许多子脉冲（称为编码单元）组成。ADCP 计算回波序列自相关函数并确定相位差，根据相位差计算流速。宽度工作模式的性能介于窄带模式与脉冲相干模式之间。它兼顾了两者的优点，其流速测量的偏差较小，因而其空间或时间分辨率可以较高。它的缺点是剖面测量范围比同频率的窄带模式小。

早期生产的走航式 ADCP，会根据不同的测量要求，设计不同型号和不同工作模式的 ADCP，供用户选择。但随着电子技术的发展，有的生产厂家在综合三种工作模式的基础上，研发了一款多频智能的走航式 ADCP，在一台仪器中，可以随意地在三种不同的工作模式之间转换。该仪器可以根据流速、水深的大小变化，自动选择最佳的工作模式，使仪器始终处于最佳的工作状态和发挥其最佳的技术性能。同时，在一台仪器中，配置了三种不同工作频率的换能器。二组不同频率的换能器专门用于测量流速和船速，以适应于河流水深的变化。在浅水的河段区域自动选用高频换能器发射超声波测流，以减少测量的盲区和提高浅水的测量精度；在深水的河段区域又会自动选用低频换能器发射超声波测流，以提高仪器测量深水的测量范围。另一种工作频率更低的换能器专门用于测量水深，相当于一台超声波测深仪，以提高水深的测量范围和测量精度，也就是提高了流量的测量精度。

### 4.3.4 走航式 ADCP 测量方法

在本节中，主要叙述在野外现场如何进行测量前的准备工作，以及如何进行流量的测量。此外，还会介绍走航式 ADCP 的另一种测量方法——定点测量方式。

#### 4.3.4.1 测量前的准备工作

测量前的准备工作，包括测量前对所有仪器系统的硬件检查、通信检查、软件和系统测试、罗盘校正、走沙河床的检查、GPS 检查、有关的工作参数设置等。

（1）硬件检查

根据本次测量所需要的硬件配置，包括主机、电缆线、无线电台、GPS、电源、计算机等，逐步进行检查。主机的检查，重点是检查换能器是否有外观的损伤。电缆线的检查，重点是电缆线是否破损、接口面是否干净、可靠。电源的容量、电压的检查是否符合要求。计算机重点检查操作系统和测流软件是否正常，电源是否充足等。检查安装 ADCP 的固定支架，或者安装的浮动平台（如单体船、三体船或遥控船）是否正常，并组装准备放入水中。

（2）通信检查

主机与计算机之间的通信，通常有两种方式：① 通过电缆线的有线直接连接方法。这种方式的检查，主要是检查电缆线的连接是否可靠；② 通过电台（或蓝牙）的无线连接方法。测量前应检查电台（或蓝牙）的硬件连接，以及电台（或蓝牙）通讯的效果是否符合要求。预估主机横跨断面测量过程中，主机端电台与计算机端电台之间是否可视范围、直线距离中间是否有遮挡物。预估横跨断面的距离是否在电台（或蓝牙）正常运行允许的工作范围之内。通信是否畅通，是测量是否有效的关键因素之一。测量过程中，通信一旦中断，计算机中工作的测量软件接收不到测量的数据，可能最终导致测量的失败。

（3）软件和系统测试

按照测量所需要的配置，在连接所有的硬件后，打开计算机的测量软件。通常，应用软件都会自带一个系统的测试程序。按照程序的提示，进行系统的测试。一般会对主机内的罗盘、温度传感器、内存、仪器的供电电压等参数进行测试，以确保系统可以正常地测量。

系统测试完毕，软件会生成一个测试报告并保存，供存档和日后的检查。

（4）罗盘校正

主机内置的磁罗盘是关系到测量的流向是否准确，并直接影响流量的准确程度。在测量过程中，磁罗盘可能会受到周围外部磁场的干扰。罗盘校正可用来补偿该测量地点的磁场对仪器内罗盘的影响。靠近主机的电机或者铁质的安装支架可能比仪器测量断面距离 200 m 外的铁桥造成的影响会更大。这就是为什么在做罗盘校正前，要确认仪器的周围没有任何的影响的磁性物体，包括电动马达等，甚至戴在手上的手表、口袋里的手机、钥匙等小物体都应该远离仪器。

做罗盘校正，可以将 ADCP 完整旋转两个圆周，在旋转的过程中，尽可能地摇动主机，并改变罗盘的纵摇和横摇的姿态。摇动的幅度近似于实际测量中仪器晃动的幅度，摇动的频率在每次 2 秒钟左右。一般每旋转一周约保持一分钟的时间，罗盘校正总共需要 2 分钟的时间。

通常测量软件会有一个罗盘校正的辅助功能。开启这个功能，按上述要求完成罗盘校正后，软件会给出罗盘校正的评价。如果提示有问题时，找出问题所在并处理，然后可以重新再进行一次罗盘校正。

需要注意的是，罗盘校正完成后，会把罗盘在每个方向的校正偏差，保存在主机内部的固件中。在测量过程中，会把每个方向的偏差角度补偿到实测的流向中。所以，做罗盘校正的地点选择应能反映测量现场的状况，并且在测量过程中周围不能有异常的磁场或磁性物体。罗盘校正应按照正确的方法进行，不正确的罗盘校正反而会将错误的信息保存在固件中，对流向进行错误的纠偏，造成整个测量的误差。有一句话说“做一次不正确的罗盘校正，还不如不做”，是有道理的。

（5）走沙河床的检查

是否需要采用 GPS 以取代仪器内置的底跟踪功能来获得船速，取决于河床是否有走沙（河床底部泥沙的推移质运动，或称为“走底”）现象存在。所以，按照声学多普勒测验规范的规定，在使用走航式 ADCP 进行流量监测前，需要判断河床是否会走沙。通常有两种方法来判断。一种方法是，采用测量的方法，即：将流速仪静止放在河道中泓附近的位置，约 5 分钟的时间，用测量软件查看测船航行的轨迹。如果河床底部的泥沙没有推移质运动现象，软件显示的轨迹，应该是在原点附近晃动（在有流速的情况下，测船很难保证静止不动，在原点晃动是正常的）。如果 5 分钟后，发现轨迹是在向上游方向移动，那说明推移质在移动。这是因为，仪器相对大地基本固定不动，而推移质受水流的推动，在向下游移动；从软件上看测船航行的轨迹，相对来说是在向上游移动。轨迹移动的长度越长，则走沙的速度就越大。另一种方法是，根据现场河床特性、流速大小，含沙量多少（水流的浑浊度）进行经验的判断。相比之下，第一种方法更科学和更准确，有实测的数据支持。而第二种方法只是凭经验进行预判，可以以此来决定是否需要进行一次走沙河床的测试。有的走航式 ADCP（如 SonTek 公司生产的 M9），自带一种“环形测试方法”功能，不仅可以判断是否是走沙河床，还能测量出走沙速度，并用软件对实测流速补偿，纠正走沙引起的流量偏差。

（6）GPS 检查

对于走沙河床，可以根据河宽选择 DGPS（差分 GPS）或 RTK GPS 来测量船速。通常，河宽大于 50 m 的河流，可以选用测量精度达到亚米级的 DGPS。而河宽小于 50 m 的河流，为了保证测量精度，应该采用测量精度达到厘米级的 RTK GPS。当使用 GPS 时，在测量前应检查 GPS 的连接是否可靠，并检查仪器是否可以接收到 GPS 的信号。

部分仪器需要外部配备（外置）GPS。而对于比较先进的仪器，会自带内置的 DGPS 或 RTK GPS，这样测量的兼容性会更好。

（7）工作参数的设置

早期的走航式 ADCP 需要在测量前设置一些参数，以适应每个河流测量的需要。这些参数包括测量单元的大小、单元的个数、盲区的大小、最大水深、采样的工作模式、水流速度的大小等。

而目前比较先进的多频智能走航式 ADCP，在测量过程中，会根据实测的动态水深和流速，自动判断和选用最合适的采样工作模式、单元大小、单元个数、盲区大小、选用合适工作频率和采样频率等参数，使测量更为简便和精确。

### 4.3.4.2　测量方法

（1）流量测量的概述

如图 4-9 所示，一个航次的走航流量测量可以分成三个部分：开始河岸、实测走航断面、结束河岸。每航次的测量，可以从任意一个河岸开始，也就是说，开始河岸，可以是左岸，也可以是右岸。按照规定，人体面向下游时，左手边的河岸称为左岸；而右手边的河岸称为右岸。

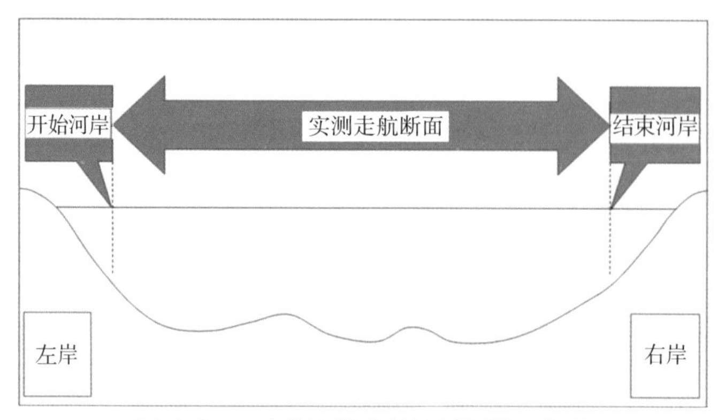


图 4-9　一个航次的走航流量测量示意图

一般来说，天然河道岸边都比较浅，由于仪器本身的测量盲区，对岸边测量开始处的水深有一定的要求，再加上测船也有一定的宽度和吃水深度，这就决定了 ADCP 的流量测量不可能从水面边 0 m 处开始，这就是“开始河岸”部分和“结束河岸”部分的由来。

实测走航断面部分还可以进一步地分成水面估算部分、中间实测部分、河底估算部分，如图 4-10 所示。仪器安装时会使换能器有一定宽度的入水深度，再加上换能器从发射超声波状态转换为接收状态，并开始有流速数据出现，需要有一定的时间，转换距离就是仪器的盲区，使得水面下有一部分区域无法测量到。这一部分的面积称为水面估算部分。同样，靠近河底的最后测量单元不完整，河底测量剖面受到波束旁瓣干扰，使靠近河底的一部分面积也无法测量到，这一部分的面积称为河底估算部分。

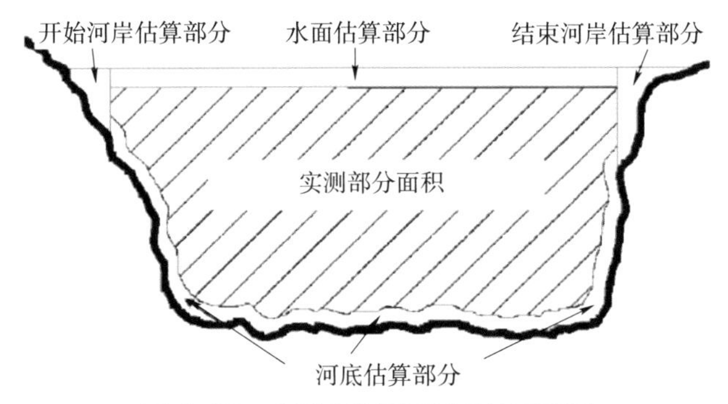


图 4-10　实测走航断面部分的示意图

因此，总流量 = 开始河岸部分 + 水面估算部分 + 实测面积部分 + 河底估算部分 + 结束河岸部分，五个部分的流量之和计算得到。其中，只有中间的实测面积部分是通过走航式 ADCP 测量得到。两个岸边部分流量是根据停在岸边时（相对静止）实测到的垂线剖面平均流速和到岸边距离与水深包围的面积，计算得到。水面和河底估算部分是采用建立垂直剖面流速分布模型（幂函数的曼宁公式）的剖面流速外延法而得到。

（2）流量测量过程

1）前期工作

在完成测量前的准备工作后，在测船侧舷或浮动平台上（如拖船、遥控船）安装仪器各部件，开启计算机与主机连接，并完成对系统测试的设置。设置的内容需要根据现场测流断面的实际环境来决定。最基本的设置包括设置测量站点的站名、测量地点、测量人员、测船类型等有关的站点信息；根据流速的大小、波浪的大小，设置换能器的入水深度；设置船迹参考是采用底跟踪还是 GPS，若采用 GPS 还需要设置当地的磁偏角数据；水深参考是采用底跟踪还是垂直波束或测深仪等有关系统的信息。早期的走航式 ADCP，还需要设置测量盲区、单元大小、单元个数、最大水深、测量工作模式等参数。在完成设置后，将浮动平台放入水中。

更详细的说明，请参见本章 4.3.4.1“测量前准备工作”中的内容。

2）开始河岸数据的采集

将测船停在开始测量的河岸处，尽可能地停住并开始采集数据。开启软件开始河岸数据采集的程序，在弹出的设置菜单中，设置开始河岸是左岸还是右岸；设置开始河岸的类型是斜岸还是陡岸；设置开始河岸离开水面边的距离（岸边距离）。推荐河岸数据，最少采集 10 个剖面数据。软件会自动根据采集的剖面数据，取平均值，乘以岸边系数作为岸边部分面积内的平均流速；根据输入距岸边的距离和确定岸边的形状（即陡岸或斜坡），计算岸边部分的面积；有了岸边部分的平均流速和岸边部分的面积，测量软件会自动计算得到开始河岸部分的流量值。

3）走航数据的采集

当开始河岸的数据采集结束后，开启软件的走航测量程序，这时候，在软件上可以看到 ADCP 测量过程中的航行轨迹，可以看到随着测量时间的增加而逐渐增加的每个测量垂线（剖面）的水深和河床的断面图，还可以看到测量过程中一些实测数值：时间历时、剖面采样数、当前剖面的垂线平均流速、当前剖面的水深、当前垂线的测量单元数、当前 ADCP 的姿态（航行艏向、仪器相对垂直位置的倾斜度）、当前剖面的船速、航行的距离、当前累积的总流量等实时数据。若安装了 GPS，可以看到 GPS 的有关数据，包括当前位置的经度和纬度、接收到的卫星数、GPS 的接收质量等。利用鼠标点击断面图垂线中的任意一点，还可以看到每个测量单元的瞬时点流速和该点位置水流的流向。

移动测船或浮动平台在横跨断面测量中，应尽可能沿着断面线航行开始走航采集数据。航行时，尽可能地保持恒定的船速和船向，尽可能使起始点与结束点位于断面线的两端。

在测量过程中，应尽可能保持船速小于或等于河流的平均流速。但在一些情况下，特别是水流的速度很小时，很难保持船速小于流速。这时若有必要可多测几个航次，以保证测量结果的可靠性和精度。特别当采用差分 GPS 测量船速时，应保持船速尽可能的低。这是因为这时由罗盘标定不准确造成的流速测量误差是累加的，并会随着船速的增加而增加。

在走航的过程中，还应时刻监查各个实测数据是否正常，若有异常的数据出现，应及时分析原因。若发现底跟踪失效或测量的流速、流量数据有问题，也应及时找到原因。必要时，可以停止测量，待找到原因并纠正，回到开始河岸的原点，重新测量。

4）结束河岸数据的采集

当航行横跨断面到达对岸时，尽可能地停止测船的移动。开启软件的结束河岸界面，进行数据采集程序。在弹出的设置菜单中，设置结束河岸的类型是斜岸还是陡岸，设置结束河岸离开水面边的距离（岸边距离）。同样，结束河岸数据需采集最少 10 个剖面数据。软件自动根据采集的剖面数据，取平均值，计算岸边部分面积内的平均流速；根据输入距岸边的距离和确定岸边的形状（即陡岸或斜坡），计算岸边部分的面积；自动计算得到结束河岸部分的流量值。

5）开始另一航次的测量

当输入结束河岸的信息后，点击软件中的结束航次的测量，这一次的测量就算完成了。调转船头，另一次的测量也可以随之开始，可以从刚才结束时的位置，立即开始新航次开始河岸的采集数据；当然也可以停止测量，关闭系统。

6）走航的航次选择

考虑到走航式 ADCP 是一种动船的测量方法，测量的是每一单元的瞬时流速。为了消除水流的脉动影响，提高测量精度，在河流水位变幅不大、流态相对稳定时，建议进行两个测回（即 4 个航次）的断面流量测量。当短时间内水位变化较大时（例如潮汐河道，或者洪水期间），可适当减少测回，一般应至少完成一个测回，特殊情况下，可只测半个测回，也就是一个航次，但应给出说明。

取四次测量的平均值作为该测量时段中间时刻的流量值。如果四次测量值中任一个数值与平均值的相对误差小于 5%，流量测量结果可以被接受。如果四次测量值中任一个数值与平均值的相对误差大于 5%，首先应分析造成该次测量误差大的原因。如果可以找到原因，该次测量结果可以去掉，再补测一次。

#### 4.3.4.3　数据的回访 / 后处理、评估和存档

所有走航式 ADCP 的测量软件，都具有数据回访和数据后处理的功能。测量结束后，应对测验情况和结果进行评价。打开软件的回访功能，对一组原始数据进行审查，比较每一个航次计算得到的流量、河宽、断面面积、断面平均流速等数据是否合理；保证数据的完整性、正确性；并以此来评价流量测量的质量。

对测量结果的评估，首先是进行平均流量实测值的总评估。评估是基于对测量情况的定性评估和对各个断面流量测量质量的定性评审。必须对测量的完整性（以实测断面总面积的百分率表示），以及整个测量时的情况作出评价。例如湍流、涡流、反向流、水面突变和仪器与含铁物体的靠近程度等情况，在一定环境下都可能影响流量和流速剖面测量的结果，故应在现场记录表的适当部分加以注明，并用来评价流量测量的质量。

应计算出流量测量的平均值，标准差及偏差系数 $C_V$。该系数是标准差与平均流量值的比值。应将偏差系数 $C_V$ 按百分数记入现场记录表的相应空格内。$C_V$ 是每组单个断面流量测量数据与平均值的偏差程度的量度，它是一个对定量评价流量测量结果有用的统计量。如果 $C_V$ 大于 5%，应重新测量和补充断面流量的测量数值。

在某些情况下，一个或多个断面流量测量数据明显地偏离平均值较大，会导致 $C_V$ 值较大。如果这种偏离的原因是明显的，在现场记录表上注明情况之后，可以将该次断面流量测量数据从平均流量的计算中去掉。如果去掉一次或多次断面流量测量值，可能需要再次补测，使至少有 4 次断面流量测量结果来计算平均流量值。如果平均流量值与水位流量曲线相应的线上流量，相对误差超过 5%，则应重新测量。

最终流量测量质量评估借助于现场记录表的相应项目来完成。评价结果是以测量的定性评估和一定量描述测量精度的偏差系数 $C_V$ 为基础的。在现场记录表填写完毕后，流量测量的全部原始数据和设置文件应复制保存作为备份，以防计算机内部硬盘突然损坏带来损失。

测量成果评估后，保存实测数据，并编制成实测流量成果汇总记载表，以供保存和上报。

#### 4.3.4.4　走航式 ADCP 流量测量精度

走航式 ADCP 流量测量精度取决于以下诸多因素：

（1）ADCP 流速测量误差（由噪声引起的随机误差以及仪器的系统误差）；

（2）ADCP 水深测量误差；

（3）船速测量误差（底跟踪测量误差或 GPS 测量误差）

（4）ADCP 测量起点和终点至岸边距离的测量误差；

（5）船速与流速的比值过大引起的误差；

（6）非实测区域（水面层上盲区、河底层下盲区、岸边区）流量推算误差；

（7）河流断面面积测量误差；

（8）水流环境，包括水流脉动或紊流、水面波浪、剪切流、河底推移质、极慢流速等，引起的误差；

（9）人为因素引起的误差。

许多试验的结果表明：如果严格按照测量的规则并排除人为因素的影响，走航式 ADCP 的重复性精度一般可达到 0.5%～2%。与传统的转子流速仪方法比测，比测精度一般为 2%～5%。这里的重复性精度是指对流量稳定的河流实施多次测量，其中任一次测量值与平均值之差和平均值之比的百分数。

$$精度（\%）=\frac{任一次测值-平均值}{平均值}$$

### 4.3.5　走航式 ADCP 的另一种测量方法——定点测量方式

#### 4.3.5.1　概述

走航式 ADCP 有很多优点，快速、灵活、准确等。但也有一些缺点，例如河床有推移质移动时，采用内置的底跟踪测量船速会引起实测流量偏小，不得不增加 GPS 附加设备；另外，在我国北方地区每年有很长一段时间，河流处于冰封期而不能采用走航的测量方式进行测流。

针对以上两种使用上的局限，一些走航式 ADCP（如美国 SonTek 公司生产的 M9），利用现有的硬件，开发了带软件的定点测量方式，解决了冰封期不能走航测流的问题，在走沙河床不能采用底跟踪而又无 GPS 的情况下，满足测流的需要。

#### 4.3.5.2　测量原理

定点测量方式遵循于 ISO 国际标准的流速面积测量技术（类似传统的机械式转子流速仪断面布设垂线的测验方法）。通常，沿着测量的断面线，布设若干条测量垂线（冰封期可在冰面上打洞），以获得更精确的垂线剖面的代表垂线平均流速和垂线水深，从而通过软件的计算功能，得到过水断面的流量。定点测量方式仍然可以获取测量断面的各垂线水流剖面的平均流速、断面面积等数据。

如图 4-11 所示，是采用定点测量方式进行流量测量的原理示意图。与转子流速仪的流速面积法一样，采用《河流流量测验规范》（GB 50179—2015）所规定的部分平均法来计算部分面积的部分流量。

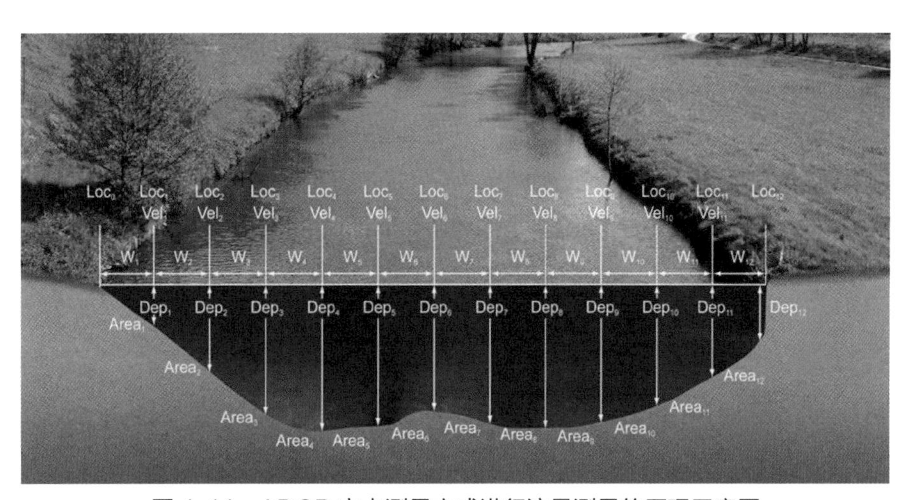


图 4-11　ADCP 定点测量方式进行流量测量的原理示意图

在测量的断面上布设若干个测量位置（测量垂线），用 ADCP 可以直接测量垂线剖面上所有点的平均流速。在每条测量垂线上，通过定点测量软件测量该垂线的水深和垂线剖面的平均流速。每条垂线的测量，持续一定的测量历时，以去除周围环境或水流流速变化等造成的脉动影响。用 GPS 或者测距仪测量垂线之间的间距。在完成最后一条垂线的测量后，软件会自动显示出断面的流量。

#### 4.3.5.3 测量方法

（1）测量前的准备工作

1）前期准备工作

与走航测量的方法相似，做好测量前的准备工作，包括测量前对所有仪器系统的硬件检查、通信检查、软件和系统测试、有关的工作参数设置等。如果是在冰封期测量，要预先在各测量垂线位置上打洞，方便 ADCP 的主机放入水中。如果是在畅流期定点测量，要检查测船或浮动平台和安装各个部件的所有准备工作。

2）断面线方位角

对于采用定点测量方式进行流量测量的准备工作中，还有一项非常重要的工作，即测定测量断面的断面线方位角。

断面线方位角，是指以磁场北为 0° 标准，沿着断面线从左岸指向右岸，仪器艏向（仪器的 $X$ 轴正方向）所显示的方向。用来判定实测垂线上流速的流向与断面线之间的夹角，只有垂直于断面线的流速分量才是真正的垂线平均流速，用来计算每个垂线部分的流量。由于河道断面位置不会改变，所以一旦测定了该断面的方位角，以后就可以一直沿用。

断面线方位角的测量，有两个方法：①如图 4-12 所示，将 ADCP 安装在浮动平台或测船上，安装仪器时，需将仪器艏向（仪器正方向）指向浮动平台的尾部。将仪器放置在流速最大的中泓处，浮动平台靠尾翼自动与水流的流向平行。接通仪器与计算机的连接，打开测量软件，可以看到仪器的艏向读数。将这个角度的读数加 90°，就是断面线方位角数值。②将仪器安装在浮动平台上，并将仪器艏向（仪器正方向）指向浮动平台的尾部。然后将浮动平台平放在河岸的任意一边（可以是左岸或右岸），放置的方向有两个要点：一是平台轴线与断面线平行；二是仪器艏

图 4-12　测定断面线方位角示意图

向必须是从左岸指向右岸。打开测量软件，可以看到仪器的艏向读数，这个角度的读数就是断面线方位角数值。

（2）流量测量过程

1）设置参数

在完成测量前的准备工作后，开启计算机与主机连接，并完成对系统测试的设置。设置的内容需要根据现场测流断面的实际环境来决定，最基本的设置包括设置测量站点的站名、测量地点、测量人员、测船类型等有关的站点信息；设置断面线的方位角；对于冰封期，可以考虑换能器放在冰层或冰花下的水中，水中换能器入水深度为 0.06 m；对于畅流期定点测量，可根据流速的大小、波浪的大小，设置换能器的入水深度；设置船迹参考可以考虑设置为系统，因为这个时候 ADCP 是固定位置测量的，不再需要底跟踪或 GPS 来测量船速。

2）开始河岸的参数输入

测量人员可以从任何一个河岸（开始河岸）开始测量，在软件中输入开始岸边的位置（左岸或右岸），水边的水深和水位高程，水边的起点距，岸边系数等参数。

3）开始第一条垂线的参数设置

将 ADCP 移至第一条垂线的位置，点击“测量”，会出现菜单，要求输入起点距、水面状态（畅流期、冰期或冰 + 冰花）。若是冰期测量，会要求输入冰厚（冰花）、换能器入水深度、测量的历时（推荐为 100 s）等参数。然后将 ADCP 的探头（换能器）浸没于水面以下，系统应该尽可能地垂直向下。对于畅流期测流，系统应该安装在浮动平台或测船上，对于冰封断面，需将仪器的主机固定在支架上，放在冰或冰花下端的水中；同时测量冰厚和冰花厚，并输入到软件相应菜单的设置参数中。

4）开始第一条垂线的数据采集

参数设置完毕，点击“确定”；ADCP 就会按照设置的测量历时，按每秒钟测量一次垂线剖面的流速。ADCP 测量的是三维的流速和水深。根据输入的断面线方位角，软件会自动计算，只有垂直于断面线（方位角）的流速分量才参与流量计算，测量过程不需要考虑水流的实际方向。测量的历时结束时，系统按照软件的程序公式计算出部分流量。软件会提示是否确认实测的数据，或者重新测量。由操作人员根据实际的情况作出选择。在点击“接受”后，第一条垂线的测量完成，自动进入第二条垂线的参数设置菜单。

5）测量更多的垂线

沿着断面线按照预先计划的垂线数，一步一步地按照上述的方法，重复进行每一条垂线的测量，直至测量到断面的最后一条垂线。

在测量的每条垂线完成后，允许添加更多的垂线，可以任意地插入一条新的测量垂线。插入的垂线及数据，软件可以自动地加以整理，并在最后包含在总的流量计算中。在测量过程中，也可以回访前几条已经测量过的垂线，以检查可能存在的疑点。

6）结束河岸和结束断面测量

在完成了最后一条垂线的测量后，点击“结束河岸”，输入结束河岸水边的起点距、水边的水深、岸边系数和水位高程等参数。点击“确定”，以结束测量，完成整个测量工作。注意，一旦测量已经结束，就不能允许再插入一条垂线继续测量。当所有的垂线和结束河岸的信息都已经输入无误，点击“结束断面测量”，软件完成总流量的计算，自动生成流量汇总报告，并在屏幕上显示。同时，软件会关闭该测量文件。若需要编辑文件，必须重新打开这个文件。

### 4.3.5.4 流量汇总报告和流量不确定度的计算

（1）流量测量汇总报告

测量结束后，可以进行数据的回访，若有必要或者发现测量中输入的设置和参数有误，可以通过后处理的方法进行修正。在对测量质量进行评估后，可以将测量成果存档，并输出流量测量的汇总报表。

流量测量汇总报告采用表格的形式，对当前的流量成果提供一个汇总的报告。打开已经完成的测量文件，点击软件上方工具栏中的“报告”选项，就可显示这份报告。

汇总报告中的内容包括测量站点的有关信息（站点名称、站点编号、测量地点、测量人员、测船类型等）、系统设置的参数值（仪器型号、仪器序列号、断面方位角、流量计算方法、测量的单位等）、流量成果（总流量、总断面面积、总河宽、断面平均流速、最大实测水深、最大实测流速、断面平均流向等）、流量的不确定度，以及每一条垂线的测量数据。

流量测量汇总报告可以直接输出成ASCII格式的汇总报告文件，也可以直接打印。

有的定点测量软件更加智能，如果已经配备GPS，还可以利用GPS的定位功能，而省去了测量每条垂线之间的间距。可以在测量过程中，随时添加更多的垂线和随时回访已经测量过的垂线，以评估之前测量过的垂线是否合理及测量质量。

（2）流量不确定度的计算

流量测量汇总报告中，还包括了对每次流量测量的不确定度的评估。不确定度的计算可以有两种不同的方法：统计学方法和ISO国际标准法。

统计学方法（以下简称统计法）的不确定度计算，是由美国地质调查局（USGS）的研究人员发明的一种方法。通常，这种方法可以提供一种最可靠的对测量质量的评估。

ISO 法是基于国际标准组织所规定的方法，提供一种用公开的、标准技术得到的结果。在某些情况下，统计法并不能提供可靠的对测量质量的评估，使得该方法在测量站点获得数据的应用受到限制。

不确定度的计算是基于一些不同的参数进行的。除了总的不确定度，不确定度的计算还得考虑每个参数所作出的贡献。

流量测流汇总报告中显示了在两种不同的不确定度计算结果，以及每个参数对整个不确定度所作的贡献。

## 4.4 在线式多普勒流速仪流量监测

在线式 ADCP，顾名思义，就是固定安装在测量断面某一个固定的位置，可以按要求自动、定时完成流量监测的一种声学多普勒流速仪。根据需要和不同的应用方法，可以固定安装在河岸，也可以安装在河底。

在线式 ADCP 的最大特点在于能够自动、实时在线测量。目前，常用的一些测验方法和测量仪器，例如传统的转子流速仪等，都无法实现在线的功能（图 4-13）。即使再先进的走航式 ADCP 也是无法做到这一点。

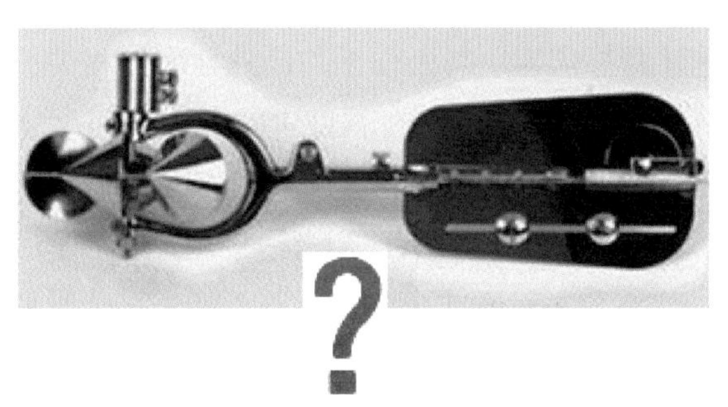


图 4-13 转子流速仪无法实现在线、自动测量的功能

### 4.4.1 在线式 ADCP 流量测量的工作原理

在线式 ADCP 安装在河岸边或河底，用于精确测量水平方向或垂直方向某一层部分剖面范围内的平均流速，同时测量该时刻的水深（水位），通过内部计算得到流量。

无论是固定安装在河岸，与岸线平行的水平式 ADCP，还是固定安装在河底，与河床平行的座底式 ADCP，仪器的轴线都是与水流的方向保持垂直的。按照多普勒测速的原理，与水流方向垂直的超声波波束，在反射返回到仪器换能器时，因为相互之间没有相对运动而不会产生多普勒频移，这样是不能用于测量流速的。与走航式 ADCP 的结构一样，所有的多普勒测速换能器必须是斜向设计（通常斜向的角度在 20～25°）。为了测量二维流速，需要两个斜向的换能器发射超声波波束，如图 4-14 所示。

图 4-14　两个斜向换能器发射超声波波束示意图

流量在线监测采用间接测量断面平均流速的方法。仪器固定安装，按照所需的间隔时间，换能器定时自动发射并接收反射的超声波，测得多普勒频移，计算水平某层的部分段或垂直某条垂线的平均流速。采用率定和比测方法（指标流速法），建立实测的代表流速（指标流速）与断面平均流速之间的相关关系。同时实时测量该时刻的水位（水深），通过预置输入在软件中的断面几何尺寸，由软件计算出断面面积。按以下的公式就可获得实时流量。

实时瞬时流量 = 断面平均流速 × 断面面积

在线式 ADCP 的安装和测量方式决定了仪器不能直接测量到断面平均流速，而只能采用间接测量的方法，即测量水平某层的部分段或垂直某条垂线部分段内的平均流速，称为代表流速，或者称为指标流速。

率定方法，是指建立代表流速与断面平均流速之间的关系。

由于在线式 ADCP 是固定安装在岸边水平发射超声波，测量水平层的部分流速，或者固定安装在河底垂直向上发射超声波，测量垂直方向河底到水面的部分流速。仪器不会因河流的水位变化而自动移动到与水位相应的相对位置。所以，在某一水位时测得的某一水位的代表流速与断面平均流速的关系公式，并不能代表所有水位时的代表流速与断面平均流速的关系公式。因此，这个率定工作，就需要在不同流速或水位情况下进行比测。

具体的率定方法是：

（1）将在线式 ADCP 设置处于连续测量的状态，即在完成一个测量历时（例如 100 s 的测量历时）得到该历时的平均流速后，继续下一次的连续测量，直至这一次的比测完成。

（2）在同一个时段内，采用走航式 ADCP 或其他的测流仪器进行断面的流量测量（同步的比测）。将实测的断面流量除以断面面积，得到该时段的断面平均流速，并作为该时段中间点时刻的断面平均流速。

（3）将同一时段在线式 ADCP 测量到的所有的部分剖面流速（指标流速）进行算术平均，作为该时段中间点时刻的指标流速。将此时刻的指标流速与同步实测、计算获得的同时刻的断面平均流速，在指标流速 – 断面平均流速的 *X*–*Y* 坐标关系图上得到一个坐标点。如图 4–15 所示，*X* 轴是用在线式 ADCP 同时刻实测的指标流速，*Y* 轴是用走航方法同时刻实测和经过计算得到的断面平均流速。图中的一个点，就是在某一级流速（水位）时，根据上述的两个流速在 *X*–*Y* 坐标中点绘的交叉点。

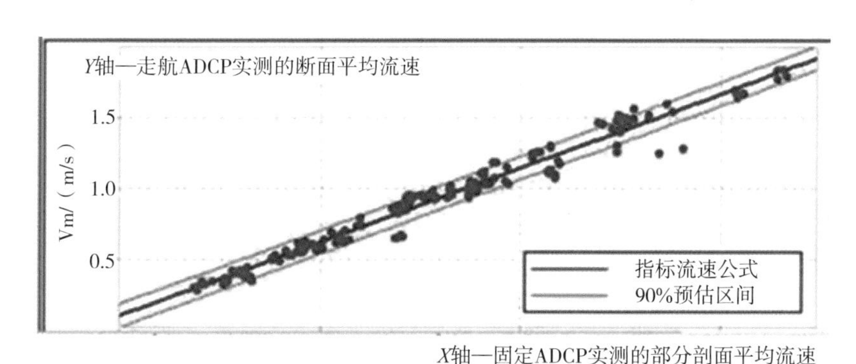


图 4–15　指标流速 – 断面平均流速关系示意图

（4）然后在河流的不同流速或不同水位的时间，重复做上面的工作，以获取 20～30 个或以上的，涵盖高、中、低不同流速的坐标点，如图 4–15 所示。用回归分析的方法，得到标定的关系回归公式。

（5）将此公式输入软件中，软件就可以将实测的指标流速转换为断面平均流速。乘以由实测水深转换的断面面积，就可以直接显示实时的真实流量了。在图 4–15 中，*X* 轴表示用在线式 ADCP 实测的部分剖面平均流速，即指标流速；*Y* 轴表示同一时刻，用其他仪器测量到的断面平均流速。这种常用的建立指标流速关系的方法是一种被称为“最小二乘法多元线性回归分析”的统计分析方法，更多时候被称为“回归分析”。它是 Excel 和 Matlab 程序以及其他程序中附带的标准统计分析工具。

图 4–16 显示了在完成比测和率定工作后，将率定标定的关系回归公式和实测的断面 – 水深表格（可转换为断面形状图），输入在线式 ADCP 测量软件中，从而

在软件中完成实测流速计算得到断面流量值。

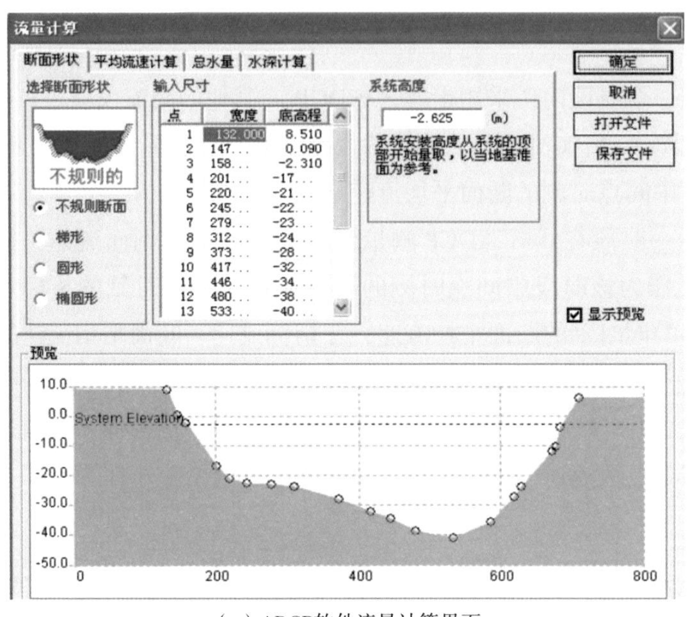


（a）ADCP软件流量计算界面

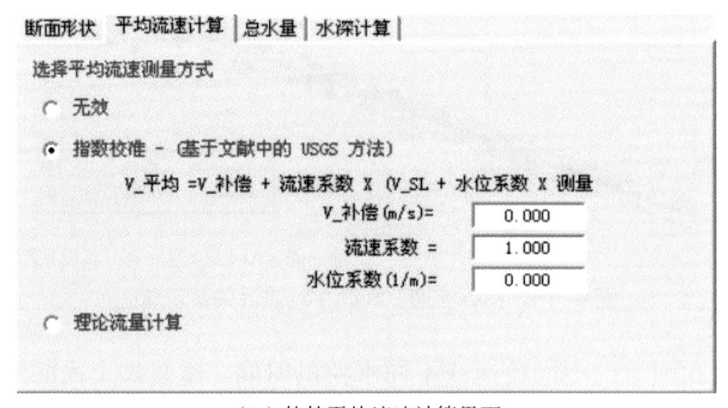


（b）软件平均流速计算界面

图 4-16　ADCP 测量软件界面示意图

## 4.4.2　在线式 ADCP 的分类

在线式 ADCP 可以分成水平式 ADCP 和座底式 ADCP 两种不同的测量方式。

### 4.4.2.1　水平式 ADCP

通常，水平式 ADCP 如图 4-17 所示，有 3 个换能器。其中，两个斜向换能器水平发射超声波，与水流方向成一定角度，用于测量水平某一层部分段的平均流速（指标流速）；另一个垂直向上发射超声波，用于测量水深（水位）。

图 4-17　水平式 ADCP

一般水平式 ADCP 安装在河岸边，可以固定在斜向的安装架上（图 4-18），也可以固定在离水边一定距离垂直桩上，为了便于维护，仪器可以固定在能够移动的滑轮支架上，这样，在维护时可以从安装架上取出。

图 4-18　安装在河岸边的水平式 ADCP

水平式 ADCP 适用于中小河流的流量在线监测。对于河宽大于 500 m 以上的大江大河，因为受仪器发射功率和河道水深的限制，不能测量到更宽范围的流速，仪器的代表性变差，而达不到所需要的测量精度。

#### 4.4.2.2　座底式 ADCP

通常，座底式 ADCP 有 3 个换能器。其中，两个换能器斜向向上发射超声波，与水流方向成一定角度，用于测量垂直方向整条垂线的平均流速（指标流速）；另一个垂直向上发射超声波，用于测量水深（水位）。

座底式 ADCP 固定安装在河床上，一般会安装在河道的中央位置（图 4-19）。为了防止底部泥沙的淤积，可以采用“高脚”安装架，让仪器与河底有一定的距离，可以制成空心支架，便于泥沙从支架边流过，不容易堆积。

座底式 ADCP 适用于河宽不大于 50 m 的小河或渠道中使用。对于规则的渠道（梯形、矩形等），可以采用理论的流量推算公式。在实测部分代表流速和水深后，直接计算出断面流量，而不需要经过率定后，再正式投产。

图 4-19　安装河床上的座底式 ADCP

最近有一款新颖智能的座底式 ADCP，如图 4-20 所示。采用了 5 个换能器的设计。其中，1 个垂直向上的换能器测量水深，4 个斜向的换能器中的 2 个换能器，测量从河底到水面垂直方向的平均流速，另 2 个换能器测量平行于断面线方向、斜向的平均流速。该仪器使采样的流速范围更广，采样的代表性更强，提高了测量的精度。

图 4-20　新型智能座底式 ADCP

### 4.4.3　在线式 ADCP 主要技术参数

对于在线式 ADCP，根据测量河流具体的条件选择合适的类型和型号。无论是水平式 ADCP 还是座底式 ADCP，通常需要关注和选择的主要有以下几个共性的技术参数：

（1）工作频率；

（2）换能器配置；

（3）流速剖面测量范围（水平距离或垂直距离）；

（4）流速测量范围；

（5）流速分辨率；

（6）流速准确度；

（7）水深测量范围；

（8）多单元流速剖面；

（9）测速超声波波束指向角；

（10）输出通信接口。

### 4.4.4　测量断面的选址和仪器的安装

在线式 ADCP 特殊的测量方式和测量原理，决定了对测量断面的选定和安装仪器的要求。

#### 4.4.4.1　测量断面的选址

测量地点和断面的选择是关系到流量计算和影响精确度的最重要因素。需要对测量地点进行一次踏勘，以确定合适的仪器安装位置。以下事项非常重要：河段上下游环境条件、水流条件、声学波束的路径和方向、仪器安装的深度，以及电源/通信电缆线的布设和传输等。

测量断面的选择，应尽可能选择顺直、稳定、水流集中、无回流、无死水的河段。避免上下游有弯曲、河宽变化大的河段。所谓顺直、稳定的河段，是指上下游顺直距离应大于 5～10 倍的河宽，特别是上游。弯曲河段，左右两岸的流速因受到向心力的影响而有差异。流速越大、弯曲程度越严重，流速差就越大。尤其是不同流速，两岸附近的流速与全断面的流速分布比例会不相同，这不但会影响如何正确选择测量的范围，还会大大影响指标流速率定的准确度。回流、死水、紊流、流速不稳定的区域是不能包含在测量单元之内的。

测量断面选址，应该尽可能远离任何水中建筑物的入口或者出口。闸门、水库附近的上下游是安装仪器的忌讳地点。这些河段是水流很不稳定的区域。无论是安装在闸门的上游还是下游，其相距的长度应大于测量河段宽度的 5～10 倍以上。另外，仪器也不可以被安装在有流入或流出的支流的上游附近。同样，断面上下游应远离任何水下建筑物，或者水面或河床底部植被的地方，这可能会导致旋涡或者改变水流的分布。

对于拟选定的测量断面，需要获得一些基本的资料。这些基本资料包括：

（1）大断面图：含水道断面和河岸水上的断面部分。水道断面可以通过走航式 ADCP 沿断面线测量一个航次得到，也可以使用测船沿断面线，用测深杆或超声波测深仪测得。

（2）河宽：需要了解在汛期的最大河宽，以及在枯期时的最小河宽。

（3）水深：需要了解洪水期间的最大水深，以及干枯期间的最小水深。

（4）水位：需要了解该河段可能达到的最高水位和最低水位，以及洪水期间可能暴涨暴落的水位变幅等。

（5）流速：需要了解该河段的最大流速和最小流速，以及河道流态变化的情况。

（6）含沙量：需要了解最大含沙量、最小含沙量，以及长年平均含沙量。

在线式 ADCP 是固定安装在某一位置，可以按照需求定时在线监测断面的流量。保证无障碍的超声波传播的通道，是能否获取有效、准确测量成果的一个关键。在超声波传播的路径上存在的任何一种障碍物，都会影响到测量流速的数据。这些障碍物不仅仅是指某些固定在水中的水工建筑物，河道的水面或河底都可能会成为“障碍物”。

换能器发射的超声波波束，类似于探照灯发射的光束，会有一定角度的圆锥形波束发散，如图 4-21 所示。虽然，所有的 ADCP 换能器在设计制造中已经非常刻意地尽可能减少这个波束宽度（或者称为波束的指向角），尽可能使波束具有指向性，使超声波能量集中于较小的方向范围内，但是由于所有的换能器（探头）都是采用压电陶瓷片材料制成，压电陶瓷片振动发出的超声波波束不可能是一条直线。按照现在的技术，能够做到最小的指向角是 1.4°。指向角可以定义为，在换能器回波能量曲线上小于能量峰值 3 dB 对应的夹角。

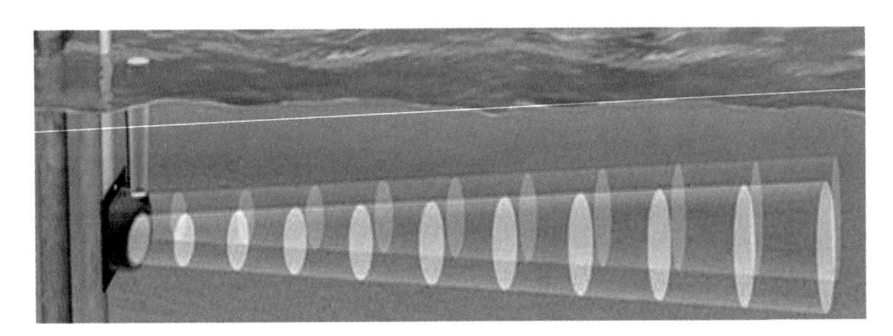

图 4-21　水平式 ADCP 圆锥形波束发散

即使水平式 ADCP 理想安装，使换能器发射超声波波束的中轴与水面绝对平行，安装位置也正好是位于断面的中部，随着发射距离范围的变大，超声波的波束边缘就有可能碰到水面或河底。一旦波束边缘到达水面或河底时，就会向河道中部折射，折射信号就会与主波信号叠加，这时候的波束信号会被“干扰和污染”，反射回换能器被接收的信号计算得到的流速就是错误的流速。这种现象限制了仪器的最大有效测量范围（图 4-22）。

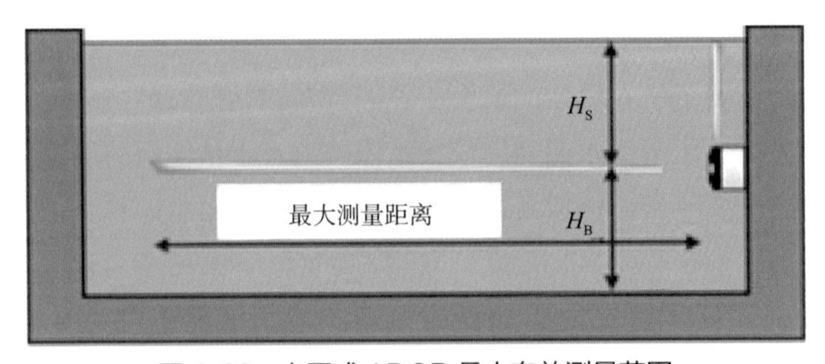


图 4-22　水平式 ADCP 最大有效测量范围

在选择水平式 ADCP 的安装断面时，必须要考虑河宽与断面水深这两个参数，或者说要想测量更大范围的水平距离，首先要考虑到河道断面的水深是否能够满足“指向角”这个条件；而且这个水深是指在最低水位时，可能达到的最大水深。

通常，我们会用河宽水深纵横比这个参数来衡量。纵横比是指最近边界的垂直距离与水平的测量距离之比。这个最近边界可以是水面或河底。要获得最大有效测量范围，必须保证有足够的水深，仪器安装位置离开水面和河底高程有一定的距离。通常，性能优异的水平式 ADCP，指向角为 1.4°～1.6°。实用的估算纵横比可以取 1：20～1：40。也就是说，如果希望测量最大水平距离为 20～40 m 部分段的平均流速，那么仪器安装的高程需要保证离水面和河底分别为 1 m。至于取 20 的比例还是取 40 的比例，则取决于安装水平姿态的精度和水流波浪起伏的程度等因素。

在断面选址时，需要根据上述的原则选择合适的断面，满足测量精度的要求。上述的测量原则，意味着并不是所有的河流断面都可以使用水平式 ADCP 实现在线流量监测。水平式 ADCP 更适用于窄深形状的断面，而不适用于宽浅形河道，也不适用于暴涨暴落、水位变幅特别大的山溪性河流。有些位于河流上游的河段，在长期没有下雨的情况下，水位很低，甚至肉眼可以看到河底；但一旦下起大雨，水位会猛涨，水很深。类似这样的河段并不适合水平式 ADCP 的使用，否则会影响测量精度。

在线式 ADCP 长年安装在野外河岸边水下或河底水中，其连接仪器的电缆线也长年暴露在岸边。在南方夏天雷暴季节，常会发生雷击。南方安装在线式 ADCP，受到雷击而损坏的案例已经不是少数。根据当地的气候特征，采取适宜的防雷击装置是一项很重要的措施。防雷装置需要保护的，包括仪器本身、仪器供电电源、信号线部分等。这些部分可在仪器与电缆线之间加插安装浪涌保护器；电缆线可以外加金属管使之可靠屏蔽接地。电缆线套在金属管内，不仅可以防雷击，也是保护电缆线不受到外力损伤的一个很好的方法。

#### 4.4.4.2　仪器的安装和调试

（1）仪器的安装

对于在线式 ADCP，通常会制作水下的安装支架用于固定仪器。因此，支架的稳定、安全、可靠，就非常重要。安装架的设计以结构简单、操作方便、升降转动灵活、安全可靠为原则。选用的制作材料应采用防锈、防腐蚀能力强、重量轻、强度大的非磁性材料。安装架安装后应能够保持牢固稳定，不会因水流的冲击等原因导致安装架的倾斜。并考虑制作仪器的保护装置，确保仪器的安全。

1）水平式 ADCP 通常是安装于河岸边。图 4-23 所示是一种沿着斜坡制作的安装架，有两根斜向的滑杆，仪器安装在另一个固定支架，可沿着滑杆上下移动，并始终保持水平姿态，方便维护时将仪器取出。在设计仪器的固定支架装置时，应考虑和预留可以调整仪器姿态的空间，便于最终水平姿态的调整。

图 4-23　沿斜坡制作的安装架

仪器固定安装，也可以简单地在靠近水边的水中安装一根垂线支架。利用抱箍支架将仪器固定在竖杆上。特别是河岸边比较浅、坡度又较小、斜向支架不合适的情况下，可以将仪器固定位置，适当地离开水边一定的距离。这种固定方式，更适用于流速比较小，不通航的河道。流速较大时，这种竖立在水中的固定桩很容易“拦住”水中流过的漂浮物，不仅影响测量的成果，还会直接威胁到固定桩的牢固和稳定。而对于通航河道，会引起安全问题。

水平式 ADCP 是水平发射超声波波束的，必须尽可能地水平安装。两个倾斜声学波束形成的测量平面应该尽可能精确地与水面平行（理想状态的倾斜度为 1°～2°）。这可以防止水平波束过早地碰到水面或者河底，导致流速数据受到干扰。同时，水平安装的姿态，也保证了测量水深的波束垂直向上发射超声波，这对保证水深数据的准确性也很重要。

水平式 ADCP 的安装还包括对连接仪器电缆线的固定和延伸到岸上室内或岸边的仪器柜中。由于仪器始终浸没在水下，电缆线与仪器接口防水性和连接的可靠性，是必须保证的两个问题。虽然仪器自带的电缆线插座和电缆线插头本身就是防水的，但是，安装时的连接过程仍然需要特别地注意。电缆线固定不被水流冲击和拖走，也是安装时特别需要注意的地方，应该有牢固稳定的保证措施。

2）水平式 ADCP 安装的高程也是非常重要的。要保证在最低水位时，仪器仍然位于水下一定的深度，并可以有效地测量到水平层的平均流速。

在现有的断面条件下，为了尽可能测量到最大代表流速的范围，可以将仪器安装高程处于中部，在最低水位时，使仪器到达水面的垂直距离与最深河底的垂直距离基本相等。

在考虑满足水深的条件后，可以按照上述的 1：20～1：40 纵横比的原则，河道水流的分布情况，以及河面宽等具体条件，确定可以有效测量到的最大水平测量范围。

3）座底式 ADCP 通常是安装在河底中央或中泓的位置，如图 4-24 所示。如果河流含沙量较大，造成淤积严重的情况下，可以考虑安装“高脚”支架，将仪器抬高。在平时的运行维护过程中，需注意淤积的程度并定期清淤。通常，采用这类仪器更适用于规则的、小于 50 m 水面宽的渠道。对于规则渠道中的流量监测，可以按照理论公式，在测量垂线平均流速和水深后，直接显示断面流量，而不再需要通过率定，取得回归公式来计算流量。

图 4-24　安装在河底的座底式 ADCP

座底式 ADCP 安装在河底中部，还需要考虑的是，如何将连接仪器的电缆线沿引到河边。通常，可以在河底挖一条小沟，将电缆线埋在河底下，以防被水流或滚动的泥石冲击和拖走。与水平式 ADCP 的电缆线和仪器的连接安装方法一样，要考虑防水和连接的可靠。

（2）仪器的调试

在线式 ADCP 在安装过程中，需要对仪器的姿态进行测试和调整。仪器安装固定后的姿态如何，直接影响仪器测量准确的程度和测量精度。

仪器姿态的调试，需要在测量软件的配合下完成。

1）水平式 ADCP 的姿态调整

水平式 ADCP 带有内置的罗盘和倾斜仪，方便仪器的姿态调整，如图 4-25 所示。正确的仪器姿态包括以下三个参数：

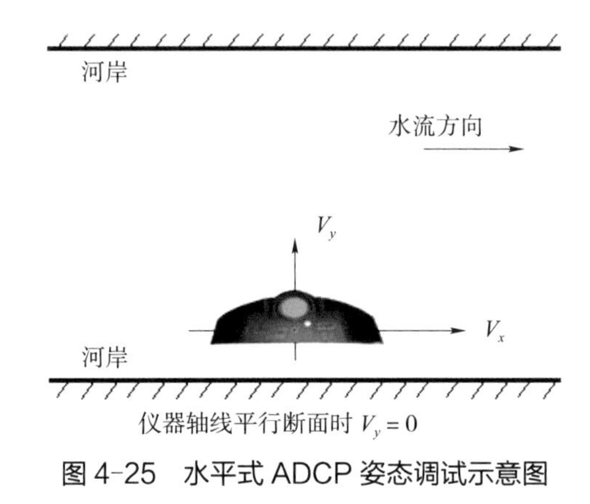


图 4-25 水平式 ADCP 姿态调试示意图

a. 艏向——仪器的 $Y$ 轴线与断面线平行（垂直于水流方向）；

b. 纵摇——仪器两个测速换能器的连线与水面平行；

c. 横摇——仪器的测深换能器垂直于水面。

（注：不同厂家，对纵摇和横摇有不同定义）。

连接仪器，开启电源，打开软件，可以看到上述艏向、纵摇和横摇这三个测试数据。

调整仪器的安装水平姿态，使两个测速换能器位于同一水平面上。尽可能使纵摇和横摇的角度趋近于 0°（不大于 2°）。

使仪器处于测量流速的状态，查看软件上显示的水流方向的流速分量 $V_x$ 和垂直于水流方向的流速分量 $V_y$。理论上如果仪器的艏向姿态正确的话，$V_y$ 应为 0。如果 $V_y$ 较大时，需要调整仪器的安装姿态，直至 $V_y$ 的数据接近 0。

2）水平式 ADCP 波束检查

水平式 ADCP 的软件中，带有“波束检查”的功能。

如图 4-26 所示，是软件中的波束检查示意图。利用这个功能可以查看仪器前方的测量范围内是否有障碍物的阻挡，以及查看超声波的波束是否会碰到水面或河底。示意图中，在正常情况下，如果前方没有障碍物存在，红色波束曲线和蓝色波束曲线的超声波能量是随着 $X$ 轴方向慢慢减小。如果在衰减过程中，红、蓝曲线有突然升高的现象，则说明超声波的测量范围内有障碍物，或者超声波碰到水面或河底的折射。这时候，仪器的有效测量范围就会到此为止。而后面测量范围的数据则是受到干扰而无效。

3）座底式 ADCP 的姿态调整和波束检查

座底式 ADCP 的姿态调整相对比较简单。对于水平的纵摇和横摇的调整，可以不用依赖内置的倾斜仪，只需要使用普通的水平仪中的气泡来调整仪器安装的倾斜度。对于仪器艏向的调整，只需要保证仪器的纵轴线与水流方向平行即可。

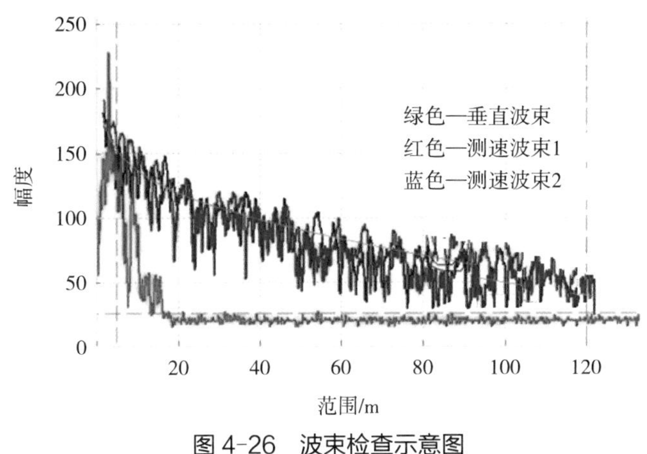


图 4-26　波束检查示意图

对于座底式 ADCP 可以用波束检查确认仪器安装位置的垂线附近，是否有任何的障碍物存在。波束检查还可以判断水深的测量是否准确，波束检查的红色曲线和蓝色曲线应该同时在某一个位置处有一个很强的升高，这个位置应该与水深的数值相同。

### 4.4.4.3　测量参数设置

根据测量的要求和测量断面的实际情况，需要预先设置的主要参数，包括：

（1）测量历时（测量时间长度）：按照流量测验规范的规定，测量点流速的测量历时应不少于 100 s。而在线式 ADCP 测量的是在一定的测量范围内所有点的平均流速，在考虑到水流脉动的综合影响，一般会建议在 100～200 s 选择。对于脉动影响很严重的河段，可能需要选择更长的测量历时，例如 300 s。

（2）测量间隔时间（前一次测量与后一个测量之间间隔的时间）：取决于河流水位变化快慢的程度，用户对实测流量的要求等因素。由于在线式 ADCP 通常是采用在线、自动测量方式，其测量的间隔可相对小一些。可采取 15 min、30 min 或 1 h 等的间隔时间。

（3）测量单元范围（单元开始位置和单元结束位置）：取决于河流的河宽、河道断面的形状和断面纵横比、河道流速分布均匀稳定的程度等因素。在选择测量单元范围的时候，可以通过软件的调试和波束检查等辅助手段选定该测量单元范围。

（4）盲区距离（测量单元开始位置与仪器之间的距离）：盲区是仪器的一个技术指标，在应用时，需要根据断面的具体情况而定，而并不是取其最小值。如果仪器安装位置附近的水流处于紊流区、死水区或回流区，应该让这些区域处于仪器的测量盲区范围内。

（5）多单元个数和多单元大小：仪器选定的测量范围只是取该范围内所有点的平均流速作为指标流速。在该测量范围（又称测量单元）可以再分成若干个单元，用以监测在该测量范围内的流速分布情况，也可以为修正或选定测量范围提供支持和判断的依据。单元个数和单元大小的选定，由河流的具体情况而定，并不是单元的个数越多越好，也不是单元的大小越小越好。

（6）仪器安装高程：取决于河道断面的具体情况，需要保证在测量范围内超声波的波束尽可能地不受到水面或河底边界的干扰。在此前提下，仪器安装位置离开水面的距离越小，指标流速的代表性就越好。

（7）率定关系公式：率定关系公式是在完成率定工作后，才能获得。也只有在确定了率定关系公式，并输入仪器的软件中，该仪器才能真正地显示出实测流量。在此之前，可以在仪器的软件中，输入虚拟假定的关系公式，软件同样可以显示出流量的数值，只是这样的流量不是真正的实测流量，而是虚流量。

### 4.4.5 在线式 ADCP 测量方式

与走航式的测量方式不同，在线式 ADCP 在测量前已经固定安装，测量方法着重于软件的使用和数据的获得。根据不同应用，有两种不同的测量方式：实时测量模式和自动测量模式。

#### 4.4.5.1 实时测量模式

实时测量模式是仪器直接与计算机连接，以测量历时（测量平均时间）为周期的，连续实时测量和持续显示实测数据的一种测量方式。这种测量方式适用于刚安装完毕进行测试时、在率定过程中、在洪水期间的监测，可以直接显示每时每刻的流量变化和当时流量的实时效果。

实时测量模式的测量方法和测量过程如下：

（1）测量前，先打开软件的波束检查功能，可以查看仪器是否进入正常的测量状态、查看测速换能器和测深换能器是否正常发射和接收超声波波束、查看超声波传播路径上是否有障碍物、查看测量范围内波束是否会碰到水面或河底等。

若是第一次安装后的测量，需要做一次压力偏移量的校准。通常，在线式 ADCP 都会有两套水深测量装置：一个是垂直方位的超声波波束测量水深；另一个是压力传感器，通过水深压力对压力传感器的作用，转换为水深。对于不透气的压力传感器，不能感应大气压力受气候影响的变化，需要经常校验，修正其压力偏移量。采用两个水深测量装置，是因为超声波测深虽然测量精度较高，但是，如果测量区域水面上堆积了漂浮物，会带来测量误差。依靠两种不同的测深装置，可以在测量过程中相互对比纠正错误。有的智能在线式 ADCP，还能在每次测量前先做一次对比校准，大大提高了水深测量的准确性和可靠性。

（2）运行软件的实时测量功能，在设置窗口中，设置本次测量的文件名和所需要的测量参数。这些设置参数包括测量历时、代表流速的测量范围（测量的起点距离和测量结束的距离）、显示多单元的个数和多单元的大小、开启显示流量功能、输入率定回归计算公式、大断面的水深－起点距关系列表、换能器的安装高程等。

（3）开始测量，软件会显示数据并输出到仪器的端口。点击“记录”按钮，实测数据会保存在仪器的存储器中。同时，软件还会显示和记录每一个测量历时内某一层的平均流速（代表流速）、平均水位（水深）、断面流量、断面面积、信号强度、温度、电池电压等参数的图表曲线和数字数据。

图 4-27 是某一款水平式 ADCP 运行软件在实时测量模式下的显示屏幕。左边是图形区，右边是数据区。

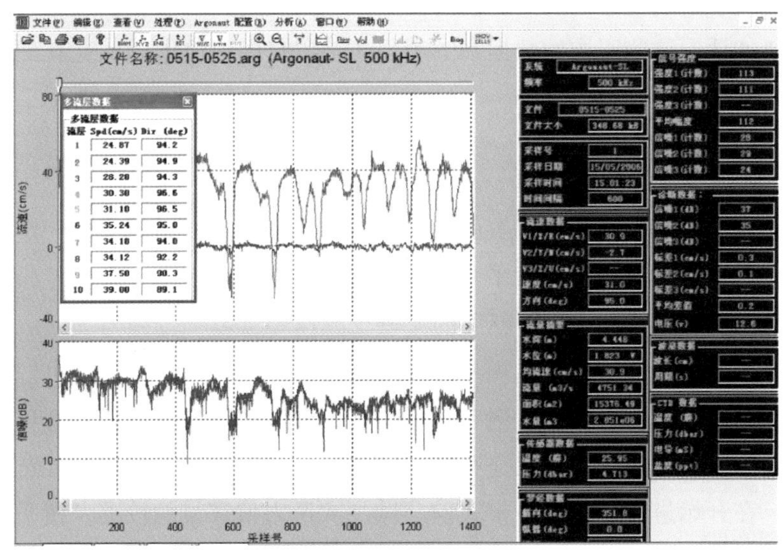


图 4-27　ADCP 软件在实时测量模式下的显示屏幕

图形区的上部，红色曲线是水流速度 $V_x$，即垂直于断面线的流速分量，这个流速分量用于计算流量；蓝色曲线是水流速度 $V_y$，平行于断面线的流速分量。$V_y$ 越倾向于 0，说明该断面的流向越稳定并垂直于断面线。

图形区的下部，红、蓝色曲线分别代表两个测速换能器超声波信号的信噪比。信噪比越大，则接收回波的信号强度越大。当信噪比小于 10，波束接收信号较弱，会影响到测量的准确度和测量精度。

图 4-27 右边的数据区中，显示了最后一次测量历时结束时实测的数据。这些数据包括文件名、文件大小、测量时间、流速数据（$V_x$ 和 $V_y$）、流向、水深、流量、断面平均流速（按照给定的率定回归公式，已经将实测的指标流速转换为断面平均流速）、断面面积、温度传感器实测的水温、压力传感器实测的水压力、仪器内置的罗盘和倾斜仪的数据（艏向、纵摇、横摇）、三个超声波换能器信号的信噪比值、

电源电压值等数据。

（4）测量完毕后，打开软件的回访功能，可以查看、分析和后处理数据。

打开测量文件，可以查看文件中所有测量时间中，每一个时间段的全部实测数据和经过计算后得到的数据。这些数据包含了在实测时能够看到的所有参数的数据。

如果在测量时启动了多单元的测量功能，在回访的数据中，还包括了可将测量范围分成更多各小单元的平均流速和流向。分析各小单元的流速和流向，可以看到随着测量距离的改变，流速变化的分布是否合理，是否有突变的现象出现等，从而可以分析和验证原先选择的测量范围是否合适，特别是在洪水期间或者在枯期阶段，是否需要修正测量的范围。

如需要的话，这些回访的数据和图表，还可以打印或输出成 ASCII 码格式的数据表格，供分析和保存。

#### 4.4.5.2　自动测量模式

自动测量模式是按照预先设置的测量历时、测量间隔时间等参数，定时自动监测、保存，并可以通过数据采集平台，进行远程控制和监视的一种测量模式。这种模式可以真正实现自动在线测量断面的流量、流速等参数。

（1）与实时测量模式一样，测量前先打开软件的波束检查功能，可以查看到是否进入正常的测量状态、仪器发射和接收超声波波束的情况；可以查看到超声波传播路径上是否有障碍物；也可以查看到测量范围内波束是否会碰到水面或河底等。

同样，在开始进入自动测量模式前，做一次压力偏移量的校准。使采用压力传感器测量的水深值与超声波测量的水深值相同。

（2）运行软件的自动测量功能，软件会按照提示的步骤，一步一步地显示出需要设置的测量参数。

图 4-28 显示了在运行自动测量模式过程，软件给出的设置步骤，用户可以按照左边的列表次序和右边菜单中仪器输入的参数，完成每一步的设置。图 4-28 中所示的界面是进行多单元（多流层）分层设置，由用户根据菜单的内容分别输入多单元的盲区大小、多单元分层的大小和多单元的个数等。在完成这一项设置后，就可以点击“下一步”进入“高级设置”。如果在设置中感到不清楚，软件还提供了“帮助”菜单，解释和提示如何正确完成各有关测试的设置内容和方法。

（3）设置的参数，包括文件名→测量开始日期→开始时间→测量历时→测量间隔时间→流速测量范围（代表流速测量单元的开始位置和结束位置）→多单元剖面参数（盲区大小、多单元个数、每个多单元大小）→断面类型选择→断面几何图形尺寸输入→仪器高程→率定关系公式（指标流速与断面平均流速的关系公式）→

显示流量和水量的选择→进入开始自动测量前的检查→检查仪器电源电池的电压、容量、电池寿命→激活记录器→检查记录器容量→按上述测量历时和测量间隔时间，计算记录器可用空间和尚可使用的天数→检查所有的系统设置→进入自动测量状态。

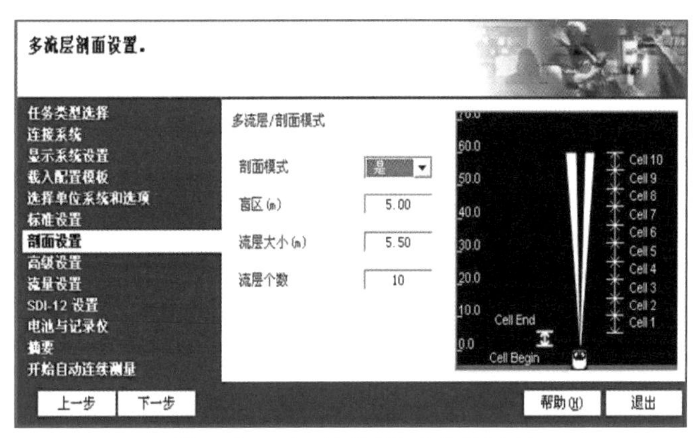

图 4-28　自动测量模式软件界面

（4）开始自动测量，软件会显示设置的全部参数，并按设置的开始时间开始测量。只要不关闭软件，在到达测量时间，并经过测量历时的时间，软件就会显示出测量的成果，包括流速、流量等所有数据。可以在这个时候，退出软件和关闭计算机，离开测量的现场。

仪器系统会自动地将在线测量的数据输出到仪器的端口，经过电缆线的有线传输，将实测数据输送到岸上的数据采集平台。通过数据采集平台，可以远程传输数据或者远程控制对仪器的操作。如果在线式 ADCP 位于水质的监测站附近，也可以将流量数据集成到自动监测水站的数据采集平台中，将流量数据同时传输到监测中心。

## 4.5　便携式多普勒流速仪流量监测

便携式 ADCP 又称为手持式 ADV（Acoustical Doppler Velocimeter，声学多普勒流速仪），特别适用于浅水条件下的流速、流量监测。对于宽浅的河道，特别在枯水期间，走航式 ADCP 或在线式 ADCP，受到浅水的限制而不能使用。在这种情况下，手持式 ADV 是另一种互补的流量测量仪器。

之所以又称为 ADV，是因为这类仪器采用收发分置的换能器，连续发射超声波，通过测量点流速（而不是测量剖面流速），进而计算出流量。这是唯一的一款可以测量 0.001 m/s 流速的仪器，测量最小只有 2 cm 水深的小溪，即使在低速和浅水的条件下，仍可获得可靠精确的准确度。手持式 ADV 自带手部，直接显示操作界面和流量成果，无须借助电脑。

## 4.5.1 便携式 ADCP 流量测量的工作原理

收发分置的手持式 ADV 与收发兼容的走航式 ADCP 一样，都是利用发射声波的频率与反射（散射）频率不同（多普勒频移）来计算流速，如图 4-29 所示。所不同的是走航式 ADCP 是利用同一个换能器（探头）发射超声波并接收回波，而手持式 ADV 则专门有连续发射超声波换能器，以及专门接收反射和散射的回波的换能器。

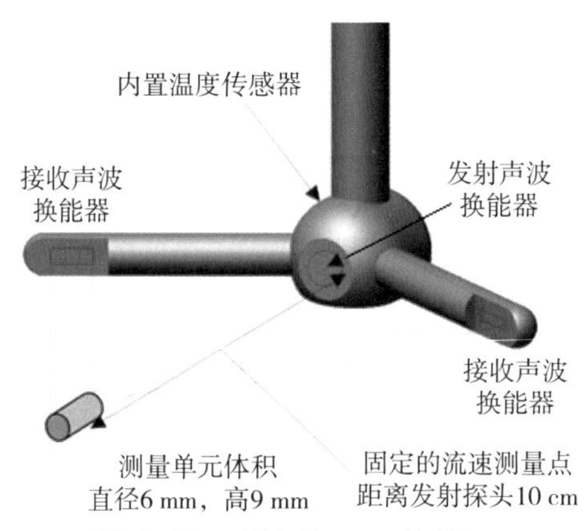


图 4-29 手持式 ADV 换能器

在河流断面线上的不同测点进行一系列的流速测量。通过这些测点的流速数据以及该测点的位置（起点距）和水深数据，计算出流量，如图 4-30 所示。

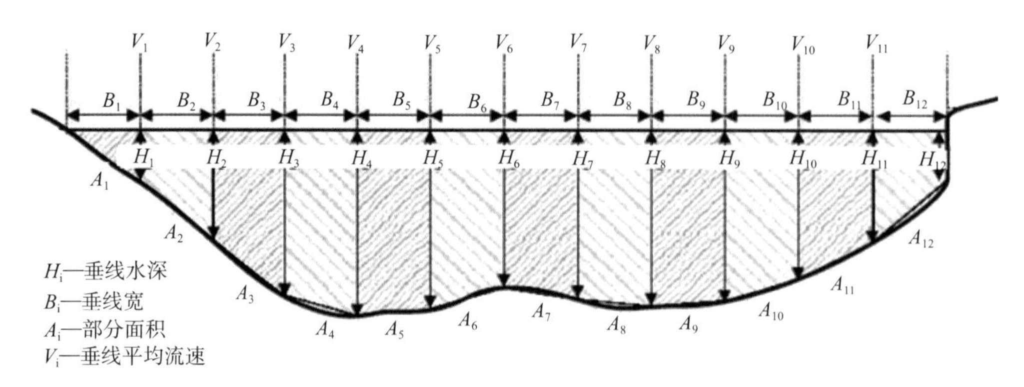


图 4-30 部分平均法流量计算方法

手持式 ADV 流量测量的工作原理，与走航式 ADCP 定点测量方式的测量原理很相似，都需要在断面线上布设若干条测量垂线。不同的是，走航式 ADCP 的换能器位于水面下，垂直向下发射声波，测量垂线剖面上每一单元的流速，直接得到垂线平均流速。而手持式 ADV 是测量垂线上一点或数点位置处的点流速。从这一点来说，与采用流速面积法的转子流速仪测流，是相同的测量方法，不同的是，两者的测量准确度和精度不同：手持式 ADV 可以自动测量水深、自动计算垂线平均流速、部分面积和部分流量；而转子流速仪则需要依靠另一台计数器和流速测算仪，或依靠人工进行手工计算流量和统计。

## 4.5.2　便携式 ADCP 主要技术参数

（1）工作频率；
（2）测速范围；
（3）测速精度；
（4）采样点位置（距离发射探头 10 cm）；
（5）可测最小水深；
（6）温度传感器（分辨率、精度）；
（7）手部显示屏；
（8）电源（电压、功耗）；
（9）物理参数（防水等级、外形尺寸、重量等）。

## 4.5.3　便携式 ADCP 测量方法

### 4.5.3.1　概述

手持式 ADV，有两种测量模式供选择，即流速测量方式和流量测量方式。流速测量方式，用于一般的流速连续测量，仪器系统对这些监测数据是不需要参与计算的，可以直接给出实测的流速数据和依靠内置的 GPS 给出实测的位置。流量测量方式用于河流或渠道的流量测量。建立在流量测量的过程，分别测量流速、水深、垂线间距离，将这些基础数据，按程序进行计算，最后给出断面的流量数据，同时也给出测量断面的位置。

通常，手持式 ADV 需要配备辅助的智能测杆，组成一个系统。测量时，测杆垂直放置，下端托盘碰到河底，如图 4-31 所示。测杆有两个用途：一是可以固定显示手部和固定测量的探头。在测量过程中，保持仪器不会晃动和旋转，并便于操作和查看数据。二是测杆上有刻度，在涉水测量时，还可以将测杆作为测深工具。直接从刻度上读出水深，利用智能测杆的副杆，不需要经过计算，可直接将探头移位固定在相对水深 0.2、0.6 或 0.8 的测点位置，满足一点法、二点法和三点法测点的定位要求。

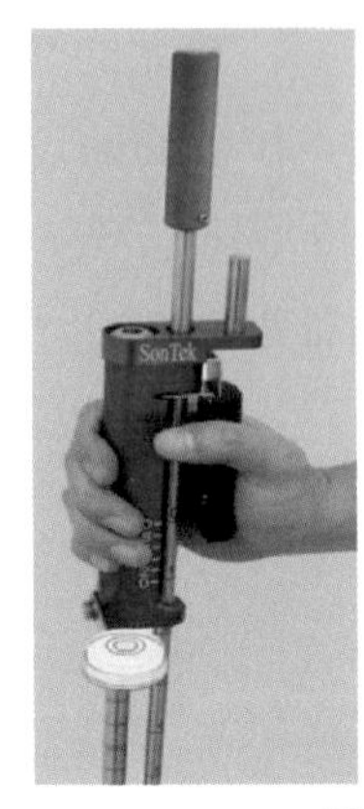

图 4-31　手持式 ADV 系统

带压力传感器的手持式 ADV 在测量流速的同时，可以自动测量水深和定位测点的位置。

### 4.5.3.2　流量测量前的准备工作

测量前的准备工作，最好是在现场岸边正式测量前完成。包括测量前对仪器和测杆的硬件检查、系统测试、测量模式设置（流速测量模式或流量测量模式）、文件名设置、有关工作参数的设置等。

（1）硬件检查

包括显示手部的开机检查、电池容量的检查、探头和电缆线检查、电缆连接是否可靠、测杆各连接螺丝是否可靠、测杆附带的水平气泡是否正常等。

（2）系统测试和设置

打开电源，在显示手部中，可以查看仪器的系统、内存、电池电压等是否正常；并对一些基本参数进行设置，这些参数包括校对系统的日期和时钟、测量模式的选择和设置、文件名的命名、测点采样历时的设置、压力传感器的自动校正、质量控制参数的设置（信噪比阈值、流速脉动尖峰阈值、流向偏角警告值、边界干扰警告值、测杆倾斜角警告值等）。

质量控制参数设置后，在测量过程中，一旦实测数据中的这些参数，超出了设置阈值，仪器就会出现警告提示。提示操作人员，当前实测过程中可能是操作原因，也可能水流本身不稳定的原因，影响测量的准确度或测量的精度。

（3）波束检查

开始数据采集前，在规定的测量区域的岸边，将探头浸没在水下进行波束检查。可以开启自动波束检查功能，以确定水流条件是否适用于流速的测量。同时，依靠波束检查功能也可以检查超声波换能器是否处于正常的工作状态。

（4）布设测绳

沿着测量断面，横跨河段，拉一根水文测绳（标识以 cm 为长度单位的测绳）固定在河段的两岸，并记录两岸水边处的刻度。也可以采用带刻度的卷尺取代测绳，用以垂线的定位和测量每条垂线的起点距（图 4-32）。

图 4-32　用卷尺定位垂线

根据河宽，确定需要测量的垂线数。通常，50 m 河宽，常规精度可布设 6～10 条线。100 m 河宽，可布设 8～15 条垂线。垂线数越多，测量精度越高。

#### 4.5.3.3　测量方法

对于流量测量，浅水河段可以采用涉水过河的测量方法，对于超过 1.2 m 水深的河段，可以借用测船，或者站在桥上进行测量。不论是采用什么样的过河方法，在测量过程中，都必须选用合适的测杆长度，以固定手部和探头。

手持式 ADV 的流量测量方法如下：

（1）可以选择任意的某一岸作为测量的开始河岸。根据水流方向，确定开始河岸是左岸或右岸（面向下游，左手边的河岸为左岸，右手边的河岸为右岸）。

（2）在开始河岸处，记下水边离测绳起始点的距离（以测绳起始点为原点 0 点，每条垂线位置到起始点的距离称为起点距），并输入显示手部中岸边位置；然后输入水边的水深（如果是斜坡的话，这个水深应该为 0，如果是陡岸，则可以用测杆测量实际的水深）；再输入岸边的类型（斜岸或陡岸）、岸边系数等参数。

（3）将安装了手部和探头的测杆，移动到预先计划的第一条垂线位置的测绳边。操作人员则站位在仪器的下游处，可避免水流流经人体的周边，对仪器测量引起的影响。仪器探头方位应保持探头的方向与断面线垂直。

（4）在手部显示的菜单中，输入该垂线的起点距、测量并输入该垂线处的水深。根据水深决定该垂线流速测量的点数。通常，小于 0.5 m 水深采用一点法（即该垂线只测量一个点的流速，测量相对于水深的 0.6 位置。规定水面的相对位置是 0.0，河底的相对位置是 1.0）；0.5～1.5 m 水深采用二点法（即该垂线测量两个点的流速，测量分别相对水深的 0.2 位置和 0.8 位置）；1.5 m 以上的水深可采用三点法（即该垂线测量三个点的流速，测量分别相对水深的 0.2 位置、0.6 位置和 0.8 位置）。

在每个测点位置点击“测量”按钮，按照测量历时的设置时间完成测点的点流速。在点流速的测量完成时，手部显示出该点的流速值、测点流向偏角、测点超声波信号的信噪比、测点水温、测量时的电池电压、测量时测杆的平均倾斜度等数据。若确认这些数据正常无误后，可进入下个测点的测量。

（5）按照上述原则，在该垂线中测量其他各点的流速。测量完毕，仪器会自动显示已经测量完成该垂线的部分断面流量。同时，还会显示出该垂线的起点距、到前一条垂线之间的距离、该垂线的水深、垂线平均流速、垂线部分面积、流速的平均信噪比、垂线的 GPS 经纬度和垂线位置。

（6）然后，重复并继续第二条垂线的测量，直至完成最后一条垂线的测量。在测量过程中，如果感到某两条垂线之间的部分流量超过规范规定的流量百分比，测量软件还允许在测量结束前，将测杆和仪器放置到需要补测的位置，进行补测垂线上各测点的流速测量。仪器的软件会在测量结束后，自动将该垂线的数据插入应该的位置，并计算这个断面的流量和其他数据。

（7）在完成所有垂线的测量后，输入至对岸水边的起点距、该水边的水深、岸边类型、岸边系数。在手部中，点击“测量结束”。经过内部程序的计算，手部显示测量的成果——流量汇总。包括流量、河宽、面积、平均水深、断面平均流速、最大 / 最小流速、垂线总数、测量开始时间 / 结束时间等数据，以及如图 4-33 所示的图形等。

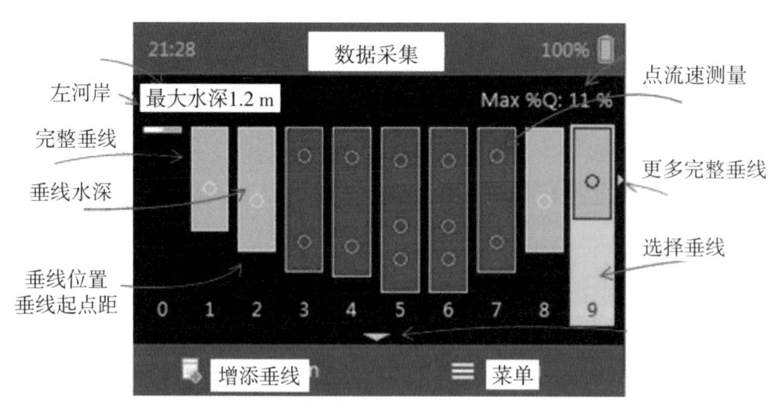


图 4-33　手持式 ADV 手部显示测量成果

#### 4.5.3.4　测量过程的质量控制

无论是流量测量模式还是流速测量模式，便携式 ADCP 自带的质量控制功能，能够确保每一次测流都可以获得可靠、准确的流量成果。在完成质量控制参数的选择和控制阈值的设置后，在整个采集数据过程中，质量控制（QC）始终在工作。在测量的不同阶段，会自动检查质量控制参数。如果任何数值超过预期的标准，就会发出一个警告。

在测量过程中，质量控制参数用于分析采集的数据。所有的质量控制参数可以根据不同的测量站点和用户的需求修改调整或者取消。这些质量控制参数包括信噪比 SNR、流速标准差、边界干扰、流速尖峰过滤、流速流向偏角、倾斜角、垂线流量占总流量的百分比、垂线水深、垂线位置等。质量控制参数所预期的标准数值，如表 4-1 所示。

表 4-1　便携式 ADCP 质量控制参数与预期值（以 FlowTracker2 为例）

| 参数 | 描述 | 预期值 |
| --- | --- | --- |
| 信噪比 SNR | 信噪比 SNR 是最重要的质量控制参数<br>· 仪器测量水中悬浮物反射声波的强度<br>· 没有足够 SNR，FT2 就不能测量流速 | 理想值＞10 dB<br>最小值≥4 dB |
| 流速标准差 | 流速标准差 $\sigma V$ 是直接测量流速数据的精度<br>· 包括了河流的紊流影响和仪器的不确定度 | 典型值＜0.01 m/s<br>紊流环境下会更高 |
| 边界干扰 | 边界 质量控制评估来自水下障碍物干扰的测量环境<br>· 一般或差的结果表示来自水下障碍物明显的干扰 | · 最好<br>· 好<br>· 一般<br>· 差 |
| 流速尖峰过滤 | 采用流速尖峰过滤，会去除掉 FT2 流速数据中的尖峰<br>· 测量时流速数据有尖峰是正常的，不必过于关注<br>· 过多的尖峰峰值表明测量环境有问题（例如水下障碍物的干扰或水中有很多的气泡等） | 典型值＜所有采集数据的 5%，一般应＜所有采集数据的 10% |
| 流速流向偏角 | 流向偏角 是指流速测量的水流方向与仪器 $X$ 轴之间的角度<br>· 仅适用于流量测量模式<br>· 好的测量站点流向偏角应该比较小<br>· 有些站点出现大的偏角也许不可避免 | 理想值＜20° |
| 倾斜角 | 倾斜角 是指测杆相对垂直线的倾斜角度<br>· 同时适用于流量测量模式和流速测量模式<br>· 一个好的测量应该是小的倾斜角<br>· 有些站点出现大的倾斜角也许不可避免 | 理想值＜5° |
| 垂线流量占总流量的百分比 | %$Q$ 是每条垂线部分流量占断面总流量的百分比<br>· 大部分测量结构都会有最大 %$Q$ 的标准 | 典型最大标准＜5%，最大＜10% |
| 垂线水深 | 水深 是指两条相邻垂线水深变化的最大百分比 | 典型最大标准＜50% |
| 垂线位置 | 位置 是指两条相邻垂线位置变化（垂线宽）的最大百分比 | 典型最大标准＜100% |

#### 4.5.3.5 数据的回访 / 后处理、评估和存档

手持式 ADV 具有数据回访的功能。测量结束后，应对测量情况和结果进行评价。打开测量的文件名，可以进入查看和回访功能，对一组原始数据进行审查，比较每一条垂线计算得到的部分流量、垂线平均流速等数据是否合理，保证数据的完整性、正确性，并以此来评价流量测量的质量。

手持式 ADV 可以通过数据线，将测量的文件下载到计算机中。打开电脑版的软件，就可以显示测量的所有数据，可以回访每条垂线测量和计算后的数据。软件还具有允许对实测数据进行编辑的功能。编辑的功能包括设置和验算流量。在进入设置参数菜单中，更改某些参数，然后再进入重新计算流量，就可以看到在不同设置情况下，计算生成新的流量值。对这样的设置更改进行评价。如果这样的更改合理，可以将这个成果保留并存储；如果这样的更改不合理，可以恢复到原始的数据。

这种可编辑功能对数据的回访和后处理有很大的实用意义。如果在现场的测量过程中，有些数据输入错误，可以通过编辑功能进行修正。这种情况时有发生，例如输入的起点距数值、输入的水深数值错误、左右岸选择时输入错误等，都可以通过这种方法给予修正。

在经过对数据的回访、后处理和分析或经过编辑之后，可以对最后的测量成果进行评估，给出测量中各种数据的不确定度计算等。

软件还可以输出测量的汇总报告，如图 4-34 所示。

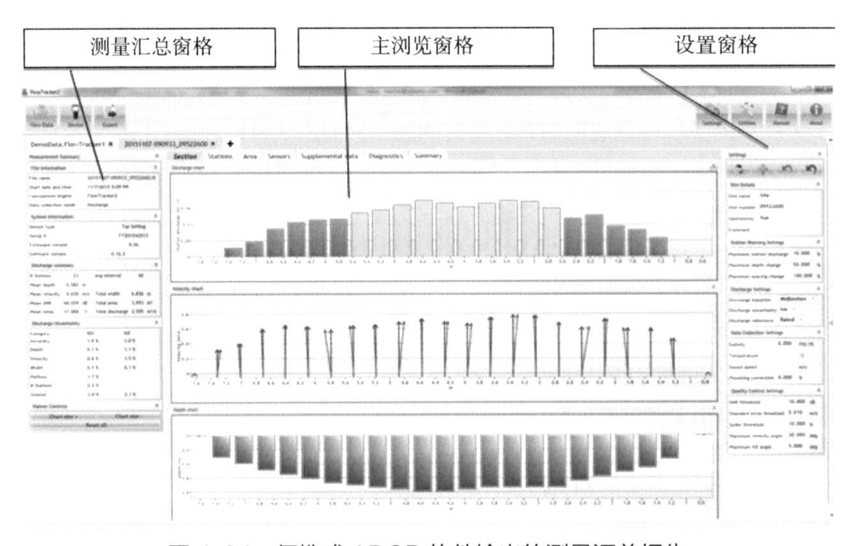


图 4-34　便携式 ADCP 软件输出的测量汇总报告

汇总报告可以直接打印成纸质文本，也可以将汇总报告转换为 PDF 格式的文件，也可以转换成 ASCII 格式的文件并输出。

# 第 5 章

# 特殊情况流量监测

DI-WU ZHANG

TESHU QINGKUANGLIULIANG JIANCE

我国幅员辽阔，地形复杂，气候条件相差很大，致使水文情况错综复杂。一般北方干旱，北方河流多沙，尤其经过黄土高原的黄河，含沙量在世界上也是罕见的；在西北和东北地区一些河流，却以冰雪融化形成洪水；南方湿润，河流常见水深流急，水量较丰富，暴雨集中，在时间、空间的分布极不均匀，洪水期间又以暴雨洪水为主。

我国水体也是多种多样，有外流河和内陆河之分，有全年畅流与冬季封冻的河流之分，也有潮水河与非潮水河之分，又有平原水网地区的独具一格，还有江河湖库、冰川、沼泽、泥石流等的存在。

天然河流的流量大小悬殊，加之自然情况极其复杂，江河流量变化的错综复杂，使得河流的流量监测多样化、复杂化，同时也给流量监测带来了许多困难。本章主要叙述在一些特殊的情况下，例如高流速洪水、低流速枯水、受潮汐影响的水流和封冰期等条件下如何应对流量的监测。

## 5.1　高流速洪水流量监测

高流速或者洪水，几乎每年都会在绝大多数的天然河流中发生。这种极端情况的发生，除了流速大、水位高，还会出现水深、流急、浪高、水位涨落急剧，有时还会伴随高含沙量、大量的漂浮物，甚至出现漫滩、决口等情况，这对于常规的流量监测带来了很大的困难，作业的危险性也增大。然而如何完成并获得有效高质量的高水位、大流量的监测数据，无论是对河道的防汛、环境保护，还是各行业的工程建设、规划设计等都有很大的影响和重要的意义。为了保证流量监测的必需精度，必须根据各断面的特性，结合测量的设备或设施对测量方案进行优选优化。

在第2章中详细介绍了流量监测的各种不同方法。对于在高流速洪水时期，最常用的方法是流速面积法。在流速面积法中，又以测量点流速的转子流速仪和以测量剖面的声学多普勒流速剖面仪ADCP最为普遍使用，并可以达到较高的测量精度。其次，是测量表面流速的电波流速仪和浮标测流法。在特定的困难条件下，采用水力学法的比降面积法进行测流，可满足一定的测流精度。

### 5.1.1　高流速洪水测流总体原则

在高流速洪水期间，特别是对于暴涨暴落的山溪性河流上测流，可遵循以下几条原则：

（1）在高流速洪水时期，如果河床变形不太激烈，且一次测流过程水位涨落差不超过规定限度，但水位涨落急剧程度使得按正常测法测次分布难以达到要求时，可以采用“连续测流法”，即在测流断面由一岸逐线测至对岸。返回后，立即依前次顺序测向对岸。这样连续轮回测至洪峰过后或至要求施测的水位变幅为止。用此法在同一条垂线上一次测深、测速的记录，在计算好几次实测流量时都能引用。

（2）河床稳定、水位与流量关系稳定、大多数垂线上的水位与垂线平均流速关系稳定的断面，如果河流水位暴涨暴落，使得用常规方法测流的一次测流水位涨落差超过平均水深的 10%～20% 时，可以采用“分线测流法”，即在洪水过程中，在固定垂线上多次测深、测速，使需要施测的水位变幅内各垂线都有均匀的实测流速为止。这样，在根据实测资料绘制的各垂线的水位与垂线平均流速关系曲线上，便可查得在实测水位变幅内任何同一水位下各垂线的平均流速，计算所需要的各级水位下的流量。

（3）当断面控制和河槽控制发生在河段的不同地址时，优先选择断面控制的河段。在几处具有相同控制特性的河段上，优先选择水深较大的窄深河段作为测流断面。这是因为窄深河段的水位流量关系灵敏度高，可减少测量误差引起的流量误差。

（4）在平原区河流上，要求河段顺直匀整，全河段应有大体一致的河宽、水深和比降，单式河槽的河床上，宜无水草丛生。

（5）在潮汐河流上，宜选择较窄、通视条件好、横断面单一、受风浪影响较小的河段。有条件的可利用桥梁、堰闸布置测流。

（6）水库湖泊堰闸的测量河段，应选在建筑物的下游，避开水流大的波动和异常紊动影响。当在下游选择困难，而建筑物上游又有较长的顺直河段时，可将测量河段选在建筑物的上游，但应符合上述（1）的要求。

（7）浮标法测流河段，顺直段的长度应大于上、下浮标断面间距的 2 倍。浮标中断面应有代表性，并无大的串沟、回流发生。各断面之间应有信号联系和较好的通视条件。

（8）量水建筑物测流法的测量河段，其顺直河段长度应大于行近河槽最大水面宽度的 5 倍。行近槽段内应水流平顺，河槽断面规则，断面内流速分布对称均匀，河床和岸边无乱石、土堆、水草等阻水物。

在确定测流河段的位置和进行断面定位布设时，除了满足以上的常规标准之外，应对流域的地质、地物、地貌、河流特性、工程措施及资源开发规划等进行一定的勘察、调查。包括：了解断面位置处河槽控制的稳定程度；了解不同水位时断面的流速分布状况；了解河流的水情情况，历年最高、最低水位情况；估算最大流量、最小流量等水文特征值；了解河床底部水草生长的季节和范围；了解封冰和流冰时间等。对相对固定测流断面的调查，会给今后的测流带来指导意义。

此外，对于相对固定的测流断面处，设立基本水尺（组）也是很有必要的。这样的水尺片（桩），既可以获得测流时的水位，又可以作为醒目的测流断面标志桩。在开始测流前，可以根据水尺片上的水位读数，对河段流速、流量变化有一个初步的认识，对实际测流同样会带来指导意义。

### 5.1.2　测量点流速的转子流速仪

#### 5.1.2.1　转子流速仪选择和配套设施

传统的机械式转子流速仪历史悠久，可以根据不同的应用，选择合适型号的转子流速仪。针对高流速和洪水时期的特点，可以选择高速的旋桨式流速仪，LS25 型旋桨式流速仪和 LS20 型旋桨式流速仪等，都可以在高流速的环境下使用。

通常，伴随高流速和洪水的发生，河流中会带来高含量的泥沙，选用旋桨式流速仪还有一个优点就是其密闭程度优于旋杯式转子流速仪。在高流速和洪水时的测流，故障率会更低些。

适用于高流速和洪水期间测流，转子流速仪的配套设施有很多种选择。具体的配套设施视采用的过河方法而决定。从测流安全角度出发，采用缆道悬索测流较为合适。采用桥测绞车测流，操作人员与水“隔离”相对更安全。若采用测船过河，则需要选择更可靠、较大型的测船，不仅要考虑到能抵御高流速的冲击，还需要考虑测船经得住小漂浮物的碰撞等。若采用缆道测流，可选用配重更大的铅鱼，以防止高流速的冲击引起悬索偏角过大。

虽然转子流速仪是最常用的一种流量监测仪器，具有较高测量的精度也是公认的；但是，相对来说，转子流速仪的测量方法决定了整个测量历时较长；对高含沙量和大面积的漂浮物，没有较强的“抗御”能力。因此，在暴涨暴落的高流速洪水期间，有的时候并不是最合适的测量方法，需要在现场针对具体的环境，判断这种流速仪的测量方法是否合适，是否需要更换其他更合适的监测仪器和方法。

#### 5.1.2.2　转子流速仪流量监测要求

高流速洪水期间，采用转子流速仪应缩短测流历时，可根据高流速的特点和断面测流现有的设施选择测流方案，并应符合以下规定：

（1）确定单次测流的总体测量历时。应将历年资料的中、高水位以上的实测资料分为几个等级，对每条测速垂线的测速点数和单个测点的测速历时，统计测速使用时间，并按照不同的配套设施分别统计每条垂线的辅助时间。然后确定最终的单次测流的总体测量历时。

（2）根据总体测量历时，推算整个测流断面需要布设多少条垂线。在特殊情况下，可采用代表线简化测流。代表线应通过历史资料精简分析确定。采用多线多点法实测资料分析的断面，代表线流速不确定度不应超过 8%；采用少线少点法实测流量资料分析的断面，代表线流速不确定度不应超过 10%。

（3）根据河道断面的具体水深，确定每条垂线的测量方法。在高流速洪水期间，推荐采用一点法或二点法，并以一点法为主。在时间紧促无法实测水深的情况下，可借用历史资料和当前的水位，套用水深值。断面面积也可借用近期施测资料。

（4）单点位置的测量历时，根据流速的大小，可采用 60～100 s，在特别暴涨暴落的情况下，在现场根据具体的流速脉动情况，还可进一步地缩小至 40～50 s。

（5）采用转子流速仪实施高流速洪水测流，应按“安全、高效、快捷”的原则，依据断面的技术条件和水情特点，制订具体的测流方案。在使用前应模拟高洪的情况，预先进行演练，验证是否可行和完整；特别需要认真检查，以确保测流过程中的安全。

（6）对于涨、落急剧的河流，高流速往往伴随着漂浮物多、断面冲淤较大。在测流的同时，应加强水位的观测，为控制单次测流由水位涨（落）率引起的流量误差不超过 3%，可从历年资料分析得到单次测流允许的水位变幅值后，单次测流限制历时应根据洪水涨（落）率，按以下公式计算：

$$T_0 = \Delta Z / \frac{\mathrm{d}z}{\mathrm{d}t}$$

式中，$T_0$——单次流量限制历时，s；

$\Delta Z$——单次流量允许的水位变幅值，m；

$\frac{\mathrm{d}z}{\mathrm{d}t}$——水位涨（落）率，m/s。

（7）在控制测量误差的同时，也应控制单次测流允许的总随机不确定度。可根据调查测流各分项随机不确定度和《河流流量测验规范》（GB 50179—2015）对各类精度的断面采用精度要求分析确定。

## 5.1.3　测量剖面的声学多普勒流速剖面仪 ADCP

### 5.1.3.1　ADCP 选择和配套设施

在高流速洪水流量监测中，有两种 ADCP 可选择：走航式 ADCP 和在线式 ADCP。走航式 ADCP 中，又有两种不同的测量方式供选择：走航测量方式和定点测量方式。

在高流速洪水期间，可考虑选择频率较低的 ADCP，或者多频智能的型号，满足水深、含沙量较大的情况。走航测量方式考虑配置 DGPS，用于因河床走沙（走底）引起的流量偏小，或者因底跟踪失效造成船速无数据，而引起的测量失败。

（1）走航式 ADCP 流量监测的最大优势在于测量精度高、测量历时短。这样两个特点，正是应对高流速洪水测量的可取之处。走航式 ADCP 在测量过程中，允许以曲线的航迹横跨断面。解决了依靠渡船过河，因受到高流速的冲击，难以做到严格沿着断面线横跨断面的问题。

走航式 ADCP 仪器本身可以测量的流速范围在 20 m/s 内，这足够满足绝大部分河流可能发生最大流速的范围。只是伴随高流速的水流、加大的水深和同时冲刷的泥沙，河流中的含沙量往往也会随之大大增加，这有可能导致测流过程中，仪器发射底跟踪的信号强度衰减，而最终使得底跟踪失效。这时候有两种测量方式可供选择：一是仍然采用走航方式测流，但需要加配 DGPS，用于取代底跟踪测量船速。受到流速的影响，测船的横跨也很难沿着断面线，走航方式测流可以以曲线形式过河，在这个时候就体现了这种方法的优势。二是采用定点测量方式，测量流速时固定垂线位置停船测速，而不需要借用底跟踪来测量船速。高流速条件下，在河中停船并不是容易做到的事情，这时可以考虑在跨桥上进行测流，既保证了定位的需要，又保证了人身的安全。

（2）在线式 ADCP 测流，可以用于高流速洪水期间的流量监测。如果用户在设计安装在线式 ADCP 时，更多的是考虑如何应对高流速洪水期间的有效监测。无论是选择安装位置、安装断面、安装高程，还是考虑高流速仪器保护设施等方面都需要从具体的水情和环境条件通盘考虑。在选择仪器的型号时，也需要考虑在高含沙量条件下，测量范围是否能够满足用户的需求，宜选择超声波工作频率较低的型号。安装支架也需考虑是否能够抗御高流速的水流或者可能被拦挡的漂浮物等对支架的冲击。

#### 5.1.3.2　ADCP 流量监测要求

采用 ADCP 在高流速洪水期间的测流，同样应该按照“安全、高效、快捷”的原则，依据断面的技术条件、当时的水情特点、ADCP 测流的优势，制订合理、高效的测流方案，有针对性地设置仪器，使得 ADCP 的测流方法很好地发挥作用。采用 ADCP 在高流速洪水期间的测流，应缩短测流历时，可根据高流速的特点和断面测流现有的设施和条件，选择测流方法，并应符合以下规定：

（1）对于走航式 ADCP，按照规范，为消除水流的脉动影响，每一次测流需要有 4 个航次（2 个测回）的实测流量数据，在允许的误差范围内，取其平均值作为一次测流的成果。然而高流速洪水期间，水位暴涨暴落的情况下，在测流方案中确定了单次测流的总体测量历时后，可以适当减少实际的测量航次，在每个测量航次时，适当提高船速，以满足测流方案中规定的测量历时。

（2）对于采用定点测量方式进行测流的 ADCP，也可以根据总体测量历时，推算整个测流断面需要布设多少条垂线。同样，也可采用代表线简化测流，采用代表线的原则同转子流速仪法。在每条垂线上的测量历时，也可以根据水情条件和总体测量历时适当给予减少，但不应小于 40 s。

（3）无论是采用走航的测量方式，还是采用定点测量方式，实施高流速洪水测流，也应按“安全、高效、快捷”的原则，依据断面的技术条件和水情特点，制订具体的测流方案。在使用前应模拟高洪的情况，预先进行演练，验证是否可行和完整；特别需要认真检查，如何确保测流过程中的安全。

（4）对于在线式 ADCP，依据水位上涨的变幅、断面的条件和水情特点，可以通过对测量历时和测量的间隔时间，这两个仪器参数予以调整。可以适当减少测量的历时，但不能小于 60 s。可以适当减少测量的间隔时间，加大测量的密度，例如在暴涨暴落、水位变幅较大时，可以考虑每 5 min，或每 10 min，实施 1 次测流。

（5）无论是增大船速减少测量历时，或者是减少测量的航次，都应注意控制测量的误差。同时，也应控制单次测流允许的总随机不确定度。可根据调查测流各分项随机不确定度和《河流流量测验规范》对各类精度的断面采用精度要求分析确定。

### 5.1.4 测量表面流速的电波流速仪

在高流速洪水期间，暴涨暴落的快速水位变幅，特别是上游下泄的连续不断漂浮物，使得以河流中水体为信号传播介质的常规转子流速仪和走航式 ADCP 等设备的测流，变得异常困难。而测量水体表面流速的、以电波流速仪为代表的各种流速仪，以水面以上的空气为信号传播介质，仪器本身不必接触水体，即可测得水面流速，进而获得断面流量。这种测流方式，发挥了该类流速仪的优点，避免了流速仪放置在水下测量流速的不安全因素，是一种很好的选择。

#### 5.1.4.1 电波流速仪选择和配套设施

（1）类似于电波流速仪、相同测量原理、用于测量水体表面流速的流速仪，包括电波流速仪、点雷达流速仪、侧扫雷达流速仪、微波流速仪、激光流速仪等。它们都是仪器斜向、面对水体表面，发射各种不同频率的电磁波，接收被水面反射和散射的波束，测得水流表面的流速，然后用实测数据或借用断面资料计算流量的一种方法。它们绝大部分是利用多普勒频差原理的测速仪器，测量水体表面一点的点流速。但与采用同样的多普勒频差工作原理、位于水中以水体为传播介质的声学多普勒流速剖面仪不同，电波流速仪位于水面的上方，以空气为介质，发射频率较高的电磁波，遇到水面反射回仪器，根据多普勒频差，计算得水面一点的瞬时流速。

（2）在诸多相同测量原理、功能相似、性能接近的测量水面点流速的仪器中，电波流速仪的使用最普遍，简单、方便、易学，比较容易推广。在选型时，可以优先考虑具有先进功能并能针对测量时周围环境产生的干扰进行纠正设置的仪器，例如可以防止和纠正干扰源引起的测速偏差的型号等。仪器的配置应具有内置俯仰角传感器，不仅可以显示俯仰角的角度，最好具有俯仰角的自动改正功能，并可以手动选择和显示水平角。这些功能对是否能够获得准确的流速数据，具有决定性的影响。

（3）仪器的测速范围也是重要的选择指标，考虑到是在高流速洪水期间测量，最大可测量范围应不小于 10 m/s。一般来说，达到这个指标并不困难。测速精度也是选择仪器的一个重要指标，通常有两种衡量标准：实测值的百分比，例如测量误差为实际读数的 5% 等；直接给予测速精度的指标，例如测速精度为 0.03 m/s 等。

（4）在高流速洪水期间，可以将一台或数台电波流速仪，按照一定的间隔距离，固定安装在桥栏边，组成在线的电波流速仪组。根据需要的时间间隔，遥控定时监测。这种方法可以大大增加测量的次数，又可以同时获得多条垂线水面点的流速，通过比测，得到精度较高的测量成果。

### 5.1.4.2　电波流速仪流量监测要求

所有以空气为传播介质，位于水面上方，发射各种频率的电磁波并接收被水面反射信号的、测量水体表面流速的电子流速仪，在高流速洪水期间测量流量的监测要求，大致相似。

（1）这类仪器在测量过程中，仪器必须处于固定状态。可以安装在固定的三脚架上实施测量，也可以手持着仪器对准水面进行测量。

（2）这类仪器每测量完成一个点的水面流速后，就需要移动到下一个点位，所以，要求仪器采用电池的供电方式。可以是一次性的干电池，也可以是可充电的电池。通常，以可充电的电池为主流，可以连续工作 8 小时以上。

（3）这类仪器在测量过程中，发射的电磁波是依靠水面的强反射或散射被仪器接收。相比于水面水颗粒的反射，仪器更容易接收水流表面的任何一种固态物体（如漂浮物等）反射的电磁波，而计算为水面流速。浮草和颗粒漂浮物可以给这类仪器提供足够的反射信号。水面波动同样可以提供很好的反射信号。波纹和横流会在各个方向上产生流速。在测量过程中，这类仪器读取所有流速信号并进行平均，最终给出基于全部反射信号的平均流速。

（4）手持这类仪器不能与水面完全平行。测量过程中，当采用固定三脚架，保持仪器位置与目标成一定角度时，将产生角度干扰的余弦误差，需要对其补偿

（图 5-1）。垂直方向上的余弦误差通过内置的垂直角传感器自动补偿。水平方向的余弦误差需要通过仪器的设置按键，选择偏角改正（图 5-2）。而且在整个测量过程中，要保持这个角度不变。仪器的指向与水流方向若不顺直便形成一个水平角。当这个角度大于 10° 时，将产生明显的余弦误差。该误差会导致虚假流速读数（显示流速会偏小很多）。

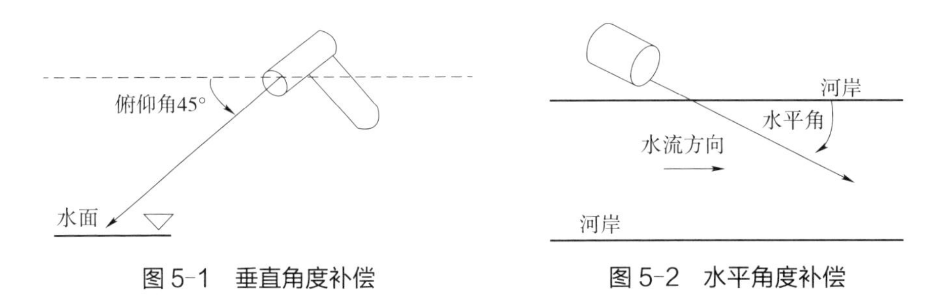


图 5-1　垂直角度补偿　　图 5-2　水平角度补偿

（5）正确的测量方法是手提仪器（或采用固定用的三脚架），借助跨桥，站在桥面上，面向下游（有的仪器也可以面向上游），仪器的发射轴线与水流方向平行，以 45° 角斜向对准水面进行测量。在选择测量位置的同时，应尽可能避开周围可能产生的电磁波干扰、避开桥梁路灯光线的干扰，以及周围环境风雨雪引起的干扰。正确的测量方法可以获得最小的测量误差。

（6）这类仪器的测流原理决定了只能够直接测量到一点或数点的流速，还需要：①事先已经率定的水面系数，才能将实测水面流速转换为断面平均流速；②事先已经有了该河道的断面资料，才能根据实测水位转换为断面面积；③在得到上述两个数据后，才能通过计算得到实时的流量数据。这些工作都是目前这类仪器不能实现的，在使用这种测流方法前，必须解决和获取。

（7）当出现溃坝、分洪、泥石流、堰塞湖等特殊水情时，应急流量监测可采用电波流速仪等适合当时测量条件和水情的测量方法。

### 5.1.5　测量表面流速的浮标测流法

浮标法测流适用于转子流速仪等入水测量流速困难（如高流速洪水期间漂浮物严重、涨落急剧等情况），或超出流速仪测速范围时的测流。在电波流速仪等电子流速仪还没有发明之前，浮标法是应对上述环境和条件下，一种最常用的测量水表面流速的测流方法，也是目前尚未配备电子流速仪情况下的一种监测方法。

#### 5.1.5.1　浮标法的选择和配套设施

浮标法是利用水面漂浮的标志物，在指定的距离内，通过记录随水流的浮标从上游到达下游指定点经过的历时，来计算流速的方法。在第 2 章中详细介绍了针对不同流速采用的不同测流法。

对暴涨、暴落且挟带大量漂浮物的洪水，可采用水面浮标法中的漂浮物浮标法或中泓漂浮物浮标法。

水面浮标法是利用漂浮于水流表层的浮标测定水面流速的方法。采用的浮标可以是人工制作，也可以在现场临时选用合适的天然漂浮物来完成测量。无论是人工制作，还是天然的漂浮物，虽然有些随意，但还是有一定的要求，特别是人工制作的浮标，在正式投入使用前，应放入水中进行试验，以确认是否有效。在选用天然漂浮物时，应选用人眼可以明显识别的标志。

中泓浮标法测流是采用中泓浮标，施测主流部分的最大流速，继而计算流量。一次测流中，应在中泓部位投放 3～5 个浮标。浮标位置邻近，运行正常，最长和最短运行历时之差不超过最短历时 10% 的浮标应有 2～3 个。否则应予以舍弃，不足部分应及时补投。

浮标位置的测定主要是测定浮标流经中断面时的起点距。通常采用平板仪、经纬仪或全站仪测角交会法测定。有条件时也可观读断面标志确定浮标起点距。仪器交会人员应在每个浮标到达中断面前，将仪器的照准仪瞄准并跟踪浮标，当收到浮标到达中断面线的信号时，及时制动仪器，记录浮标的序号和测量的角度，及时给出相应的起点距。浮标位置观测时，应在每次测流交会最后一个浮标以后，将仪器照准原后视点校核一次。当判定仪器位置未发生变动时，方可结束测量工作。

浮标法测流不同于其他的测流方法，由于需要有上断面作业的人员，也需要有中断面、下断面的监视和计时人员等，这是一种集体配合并共同完成的一项测流工作。

浮标法测流时，还需要有一些辅助设施和需要观测的项目。这些需要同步观测的项目包括：

（1）水位观测：包括基本水尺、测流断面水尺水位，可在测流开始和测流结束时各观测一次。当测流过程可能跨越洪水的峰顶或峰谷时，应在到达峰顶或峰谷时，加测水位一次，并应按均匀分布原则适当增加测次，控制洪水的变化过程。比降水位的观测，按比降观测的要求实施。

（2）风向风力观测：需要在每个浮标的运行期间同时进行。当风向风力变化较小时，可测量和记录其平均值。当变化较大时，应测记其变化范围。在用仪器观测风向风速的地点时，风向应依水流方向自右至左测记，平行于水流方向的顺风记为 0°，逆风记为 180°，垂直于水流方向来自右岸的记为 90°，来自左岸的记为 270°。当目测风向风力时，可按有关的规定测记。

（3）异常情况观测：对天气现象、漂浮物、风浪、流向、死水区域及测量河段上、下游附近的漫滩、分流、河岸决口、冰坝壅、支流、洪水等情况，均应进行观察和记录。

对比降较小的平原水网区河流，可采用中泓浮标法，先在中泓部分投放，再在两侧投放。当测流段内有独股水流时，应在每股水流投放有效浮标 3～5 个。

### 5.1.5.2　浮标法流量监测要求

在高流速洪水期间，采用浮标法进行流量测量有如下一些要求：

（1）当洪水涨、落急剧，洪峰历时短暂，在一次测流起讫时间内，水位涨落大于平均水深的 10%（水深较小涨落急剧的河流大于 20%）时，应采用水面浮标法和中泓浮标法，而不宜采用均匀浮标法。

（2）当浮标投放设备冲毁或临时发生故障，或河中漂浮物过多，投放的浮标无法识别时，可以用漂浮物作为浮标测流。

（3）当测流断面内一部分断面不能用流速仪测流，另一部分断面能用流速仪测速时，可采用浮标法和流速仪法联合测流。

（4）风速过大，对浮标运行有严重影响时，不宜采用浮标法测流。

（5）采用浮标法测流的断面，浮标的制作材料、形式、大小、入水深度等规格必须统一。浮标系数应经过试验分析，不同的测流方案应使用各自相应的试验浮标系数。当因故改用其他类型的浮标测速时，其浮标系数应另行试验分析。

（6）浮标系数应进行试验后确定，并按规定进行校测。校测的试验次数应不少于 10 次。当原采用的浮标系数与校测样本有显著差异时，应重新进行浮标系数试验，并采用新的浮标系数。

（7）需要使用测流的新设断面，自开展测流工作之日起，应同时进行浮标系数的试验，宜在 2～3 年内试验确定该断面的浮标系数。在未取得浮标系数试验数据之前，可借用本地区断面形状和水流条件相似、浮标类型相同的断面试验的浮标系数，或者根据测量河段的断面形状和水流条件，在以下范围内选用浮标系数：

1）一般情况下，湿润地区的大、中河流可取 0.85～0.90，小河流可取 0.75～0.85；干旱地区的大、中河流可取 0.80～0.85，小河流可取 0.70～0.80。

2）特殊情况下，湿润地区可取 0.90～1.00，干旱地区可取 0.65～0.70。

3）垂线流速梯度较小或水深较大的测量河段，宜取较大值，垂线流速梯度较大或水深较小的测量河段，宜取较小值。

4）当测量河段的断面控制发生重大改变时，应重新进行浮标系数试验，并采用新的浮标系数。

（8）采用浮标法测流，需要有一套完备的浮标投放设备，这些设备应构造简单、牢固、操作灵活省力并应便于连续投放和养护维修。若采用运行缆道作为投放设备时，其缆道的位置应设置在浮标上断面的上游，距离的远近，应使投放的浮标在到达上断面之前能转入正常运行，其高度应在调查最高洪水位以上。

（9）没有条件设置浮标投放设备的断面，可用测船、缆车等设备投放浮标，或利用上游的桥梁等渡河设施投放浮标。

### 5.1.6　采用水力学法的比降面积法

在暴涨、暴落的中小河流上，当限于测流历时不能采用流速仪法或浮标法，且河段水面比降较大者，可采用比降面积法。这种方法也适用于在洪水期间，其河流流量的量级超过了该断面正常测洪能力范围，而又无法用其他较精确的流速仪等方法获得该断面的流量数据。这是一种近似的计算方法。

比降面积法适用于以下几种情况：

（1）当流速仪法或水面浮标法测流确有困难的情况下，包括河床经常冲淤变化较大，但能设法取得高水位断面面积资料，满足推流精度要求的断面，此法可用于抢测高洪水位的流量。

（2）流速仪法或水面浮标法测流困难时，包括流速仪和水面浮标测流设施发生故障，不能继续使用；水面漂浮物太多，无法采用流速仪或水面浮标法施测；水位涨落急剧，流速仪或水面浮标法无法测到或测好高水位流量过程的转折点，或水位变化太快，引起过水面积、流量变化太大，不能保证所测得流量的精度。

（3）流量间测的断面。在间测期间，可用此法测量超出间测允许水位变幅以外的洪水流量。

（4）在河床、岸壁比较稳定，水位流量关系为单一或单纯受洪水涨落影响或绳套线，常年需要进行流量测量的断面。若经过 5 年以上，且精度能满足有关规定要求的断面，可使用此方法。

（5）高流速洪水期间，断面较为稳定；水面比降较大的测量河段，当客观条件十分困难或常规测量设备被洪水损毁，无法用流速仪或浮标法测流时；在规划部署高洪测量方案过程中；可采用比降面积法测流。

（6）开展巡测、间测的断面，当洪水超出允许水位变幅以外或超出测洪能力时，可采用比降面积法测流。

## 5.2　低流速枯水期间流量监测

低流速或者枯水期，在每条天然河流中几乎每年都会发生，特别是在我国北方地区，雨季过后河流的干旱非常普遍，甚至断流的情况也经常发生。这种极端情况对于常规的流量监测，同样会带来较大的困难，有一些常规测量方法都会不适用。

与高流速洪水期间的流量监测不同，在低流速枯水期测流，关注的不再是如何缩短测量历时，如何保证测量时的人身和设备的安全；而是如何确保在低流速枯水期测量到有效数据，采用何种设备才是合适的，以及如何保证测量的精度。为了保证低流速或者枯水期流量监测的精度，必须根据各断面的特性，结合测量的设备或设施，对测量方案进行优选、优化。

## 5.2.1 测量点流速的转子流速仪

### 5.2.1.1 转子流速仪选择和配套设施

在低流速枯水期间，采用转子流速仪的流速面积法进行测流是否适用，取决于仪器的两个关键技术指标是否能够满足现场河流的水情。表 5-1 显示了我国常用国产转子流速仪的主要技术指标。我们关注的是仪器适用的最小水深和仪器的测速范围。

表 5-1 我国常用国产转子式流速仪的主要技术指标

| 系列类型 | 仪器型号 | 转子直径 $D$/mm | 最小水深 $H$/mm | 起转速 $v_0$/（m/s） | 测速范围 $v$/（m/s） | 倍常数 $K$/m |
|---|---|---|---|---|---|---|
| 旋杯式 | LS68 | 128 | 0.15 | 0.08 | 0.2～3.5 | 0.670～0.690 |
| | LS78 | 128 | 0.15 | 0.018 | 0.02～0.5 | 0.760～0.800 |
| | LS45 | 60 | 0.05 | 0.015 | 0.015～0.5 | 0.432～0.468 |
| 旋桨式 | LS25-1 | 120 | 0.2 | 0.05 | 0.06～5.0 | 0.240～0.260 |
| | LS25-3 | 120 | 0.2 | 0.04 | 0.04～10.0 | 0.243～0.257 |
| | LS20B | 120 | 0.2 | 0.03 | 0.03～15.0 | 0.195～0.205 |
| | LS10 | 60 | 0.1 | 0.08 | 0.10～4.0 | 0.095～0.105 |
| | LS1206B | 60 | 0.1 | 0.05 | 0.07～7.0 | 0.115～0.125 |

从表 5-1 中可以看到，即使采用对水深要求最低的旋桨式流速仪，最小水深至少需要 0.1 m 才能满足水深要求。而采用低速性能最好的 LS45 型旋杯式流速仪，能够实测的最小流速是 0.015 m/s；但是 LS45 型旋杯式流速仪的起转流速也是 0.015 m/s，这意味着如果流速在 0.015 m/s 时，仪器刚刚能够克服转子的静摩擦，开始转动计数，这时的测量误差是非常大的。因此，上述的这些指标只是理论上的参数。在现场的实际使用，还得考虑河床的情况和低流速的流向等条件是否符合要求。所以，从实用角度考虑，这样的理论指标至少需要提高 1 倍，才能用于真正的测流现场。

在低流速条件下，选用的转子流速仪，还需要考虑是一转多信号的还是多转一信号的型号，以适应现场的水情。需要考虑的配套设施，包括信号计数器和固定流速仪的辅助设施。辅助设施的选择则需要根据现有的设备和现场的条件而定。在第 3 章中详细介绍了在不同的工况下，可以分别采用的测杆、悬索、悬杆、铅鱼、绞车、缆道、缆车等不同的辅助设施。

在浅水情况下，也可以采用涉水测量的方式。采用测杆来固定流速仪，可以较好地稳定和固定仪器，并较好地控制流速仪的方向，对浅水测流有一定的实用意义。在很浅的水流条件下，不宜采用悬杆、铅鱼、缆车和缆道等方式来固定仪器。

#### 5.2.1.2　转子流速仪流量监测要求

低流速枯水期间，除选用合适的转子流速仪种类和合适的型号、保证测量结果有效和保证测量精度之外，在流量监测时，应符合以下规定：

（1）在河流流速较低，或者遇到河道丛生水草季节或枯水季节河道水深、流速很小而使用流速仪测流时，随时清除河段内再生的水草、放排遗留的漂浮物、洪水推移的石块等，以保持测流断面及测量河段的平整。

（2）当断面内水深小于流速仪一点法测速所必需的水深或流速低于仪器的正常运转范围时，如河道不宽而整治工作量不大，为保证测深、测速精度，可整治河段、束狭或采用人工壅水措施，以达到各垂线水深满足流速仪一点法测速所需要的水深，且流速高于仪器正常运转范围的要求。

（3）河道整治包括整直河道、平整岸坡及护坡。整治长度最好不小于枯水河宽的 5～10 倍，对宽浅河流，可不小于 20 m。若整治后，仍不能保证测流精度，可将河段束狭或采用人工壅水措施。

（4）水深大流速小时，可将河段束狭。束狭的长度为其宽度的 0.5～1.5 倍。测流断面应布设在束狭河段的下游段内。

（5）水浅而流速足够大时，可建立渠化的束狭河段，并应使多数垂线上水深在 0.2 m 以上，束狭后河段的边坡可取 1：2～1：4，渠化长度应大于宽度的 4 倍。测流断面应设在渠化河段内的下游，距进水口的长度宜为渠化段全长的 0.6～0.8 倍。

（6）在流速较大和含沙量较小时，为了增加水深，还可以采用人工壅水的办法，在下游修筑透水的堆石坝，并尽可能保持坝顶高程不变。

（7）如果枯水期基本水尺水位与整治断面的流量关系较好时，为了不破坏原来良好的控制条件，整治或渠化河段最好离开基本水尺断面一段距离，也可不设立临时水尺。当基本水尺水位与整治断面的流量没有固定关系时，整治或渠化的河段应尽可能接近基本水尺断面。当不可能接近时，应在整治或渠化河段设立临时水尺，以便推算逐日流量。

（8）断面内水深太小或流速太低，不能使用流速仪测速又不能人工整治措施时，可迁移至无外水流入、内水分出的临时断面测流，并按规定设立临时水尺。

## 5.2.2　测量剖面的声学多普勒流速剖面仪 ADCP

### 5.2.2.1　ADCP 选择和配套设施

在低流速枯水期间，有三种 ADCP 可选择：走航式 ADCP、在线式 ADCP 和便携式 ADCP。走航式 ADCP 中，又有两种不同的测量方式供选择：走航测量方式和定点测量方式。

（1）走航式 ADCP

与高流速洪水期间不同，在低流速特别是浅水的情况下，对于走航式 ADCP，可考虑选择频率较高的仪器，或者多频智能的型号，以减少测量的水面盲区和较小测量单元大小的垂线剖面，以满足浅水时的测流。

在枯季浅水期间，需要考虑的是，河道断面的水深是否能够满足走航式 ADCP 测量的最小水深的要求。通常，性能较好的走航式 ADCP 能够测量流量的最小水深是 0.3 m。虽然有些仪器可以测量流速的最小水深是 0.2 m，但是要能够获得流量数据，必须要满足可以测量到至少 2 个完整单元流速的有效数据；再加上仪器在测量过程中必须要有一定深度的换能器入水深度，以至少 2 个单元，每个单元最小 0.02 m 和换能器入水深度为 0.06 m 计算，再加上仪器本身从发射超声波信号状态转换为接收状态形成的测量盲区，以及考虑到水流的波浪、水面起伏的因素，为保证获取流量数据的最小水深应该是 0.3 m。如果以常规走航式 ADCP 的技术指标来考虑，并留有一定的余量，建议最小水深宜在 0.5～0.8 m。若河道水深不均匀的断面，某部分的水深不足 0.3 m 的情况下，还可以采用走航式 ADCP 的定点测量方式。在满足水深的垂线上测量流速，并计算为断面流量。

（2）在线式 ADCP

对于在线式 ADCP，如果测量断面一般以低流速为常态的河流，在选型时，也宜选择工作频率较高的型号。对于宽浅河道，考虑更多的是水深与测量范围宽度的纵横比，是否符合仪器对测量断面定点要求。否则不仅会影响到测量的有效范围和流速的剖面，还会影响到测量的精度。

浅水、低速的河道，也可以选择安装座底式的在线 ADCP。性能较好的座底式 ADCP，其最小可测量的水深为 0.08 m，可测最大水深为 5 m。

（3）便携式 ADCP

在水深小于 1 m 的河道测流，最合适的是便携式 ADCP。在第 4 章中详细介绍了该款仪器的特点和优势。智能的便携式 ADCP 测流，通常只需要一个人就能完成，这是转子流速仪做不到的。整个测流过程，不仅大大减少了测量的劳动强度，还大大地提高了测量的可靠性和测量精度，是一款相当有推广价值的浅水流量监测仪器。

智能测杆是便携式 ADCP 测流的必配设施。带刻度的智能测杆不仅可以固定仪器测速探头和固定带显示和控制、操作功能的手部，还能测量水深和智能定位探头在垂线相对位置的测点位置。

#### 5.2.2.2　ADCP 流量监测要求

采用不同类型的 ADCP，由于不同的测流方法，也会有不同的流量监测要求。

（1）走航式 ADCP

在低流速枯水期间，用走航式 ADCP 测流，尤其是在低流速时，若采用测船渡河或桥上人工拖曳过河时，特别要控制的就是横跨断面渡河的速度。按照《声学多普勒流量测验规范》（SL 337—2006）中的规定：走航测流时，测船应沿断面航行，船艏不应大幅度摆动，测船横渡速度宜接近或略小于水流速度。船艏大幅摆动会造成流向的测量误差，同时也造成最终流量成果的误差；而过快的船速加上较慢的流速，则使得停留在每个垂线剖面的时间减少，受到水流脉动的影响，而降低了流速测量的精度。

虽然规范有了这样的规定，但是在实际测流过程中，也应根据实际情况而决定测量时的船速，对于水流比较稳定、河床比较平整、河道比较顺直的测量断面，可以适当加大船速。但最大船速宜不大于 0.3 m/s。例如，当水流速度小于 0.1 m/s 时，在实际的现场测量中，测船的横跨速度很难做到等同于流速。否则一个河宽为 200 m 的断面，单个航次就需要 2 000 s，即 33 min、0.5 h 以上。若采用 0.3 m/s 船速的话，200 m 的河宽，平均需要 11 min。这样的船速还是可以接受的。

除了控制船速之外，针对具体的测量断面，应有一个合适的仪器设置，特别是盲区、单元个数、单元大小等参数的设置。合适的设置会提高测量的精度。另外，沿着断面线走航是一个很好的措施。在低流速时还是比较容易做到和控制。虽然从工作原理上来说，走航式 ADCP 的航行轨迹允许是弯曲的，但是天然河道的河床断面线上，每一条垂线的上游水深和下游水深，由于河床不会是平整而不尽相同。尽管航迹的长度会投影到断面线而被补偿和修正，但水深大小却不会被修正，这就造成了断面面积的差异而产生误差；同时也造成测速流量成果的误差。在有可能的条件下，尽可能减少这方面的误差是很有必要的。

（2）在线式 ADCP

在低流速枯水期间，采用在线式 ADCP 应关注采样历时的设置。低流速水流通过测流断面时的脉动周期长度也会随之增加，在较小的流速情况下，可适当增加测流的采样历时，例如可提高到 150～200 s 的采样历时，作为一次测流的平均时间，以提高测流的精度。

枯水期间，由于水位的下降，需要关注的是仪器的安装高程是否合适。过度的水位下降，可能会造成水深与测量范围的纵横比不能满足测流范围的要求。极端的情况还可能使仪器换能器露出水面，而导致测流失败，甚至损坏仪器。现在智能的在线式 ADCP 具有自动判别换能器是否在水下的功能。当仪器检测到换能器已经露出水面时，会自动停止发射超声波，不仅保护了仪器，还避免了采集无效的数据。

（3）便携式 ADCP

在低流速枯水期间，便携式 ADCP 是一款合适的测流仪器。在走航式 ADCP 或者在线式 ADCP，因水深过浅而不能测流的时候，便携式 ADCP 是一款很好的取代品。特别是水深小于 1 m 的断面，更适用于涉水测量，配合智能的测杆，可获得质量更好、精度更高的流量成果。

采用便携式 ADCP 测流，只需一个人就能完成全部的测流操作。测量人员手持安装有仪器的测杆，涉水站在仪器的下游，不会影响水流的流态，保证测流的准确度。便携式 ADCP 可测量的最小流速仅为 0.001 m/s，可测量的最小水深为 0.02 m。当水深小于 0.1 m 时，可不需要借助测杆，而由测量人员直接手持探头放入水下进行测流，保持探头的垂直姿态和探头的 $X$ 方向正对下游，就可以测量出准确的、垂直于断面的流速分量，用于计算断面的流量。

正确使用便携式 ADCP 自带的质量控制功能，能够确保每一次测流都可以获得可靠、准确的流量成果。在完成质量控制参数的选择和控制的阈值设置后，在测量的不同阶段，质量控制参数都会自动检查测量的数据。任何一个采样数据值超过预期的标准，都会发出一个警告或友情提示。让测量人员来判断，是否需要重新测量或给予正确的处理。这些质量控制参数包括信噪比 SNR、流速标准差、边界干扰、流速尖峰过滤、流速流向偏角、倾斜角、垂线流量占总流量的百分比、垂线水深、垂线位置等。为了保证测量的精度，应根据现场断面的实际情况，设置必需的质量控制参数。

## 5.2.3　测量表面流速的浮标测流法

### 5.2.3.1　浮标法的选择和配套设施

在低流速枯水期间，若需要采用浮标法测流，宜选择水面浮标法中的小浮标法。

小浮标法通常是一种小型的人工浮标，用于流速仪无法处理的浅水，或者测量流速非常小的断面流量。此时，往往流速也很小，浮标重量轻，如果水的深度小，风速对测流影响较大，因此在风速较大时，不宜使用小浮标法。

小型的人工浮标，宜采用厚度 1 ～ 1.5 cm 的较粗糙的木板，做成直径为 3 ～ 5 cm 的小圆浮标。

无论是采用何种类型的浮标法，除了最基本的浮标断面之外，均需要有较多的辅助设施。在每个辅助断面，应布设投放浮标的设施和相应的投放器材。可根据断面的具体情况和现有的条件，配备必要的测量人员和计时设备等。在浮标断面应配备测量断面的设施和仪器。

#### 5.2.3.2　浮标法流量监测要求

小浮标法属于水面浮标法中的一种测流方法，其测流时的技术要求与高流速洪水期间使用的水面浮标法相似，可参照本章 5.1.5.2 的要求进行。同样需要布设上、中、下三个断面，并测量中断面的面积，作为计算流量的断面面积。同样需要在各条垂线上投放浮标。

除了测量断面外，小型的小浮标法同样需要布设两个辅助断面，在低流速的情况下，各辅助断面之间的间距可以比通常用于高流速洪水的水面浮标法的间距小得多。上、下游各设一个辅助断面，在流速特别低时，两个辅助断面的最小间距甚至可以仅为 2 m。

### 5.2.4　采用水力学法的量水建筑物测流法

在低流速枯水期间，不宜采用水力学法的比降面积法，可以采用现有的或人工建造的量水建筑物进行测流。通常，量水建筑物的测流方法都用于小河流，而又因流速太小无法用传统的转子流速仪等仪器测流时使用。由于量水建筑物大多数是按水力学的原理设计的，通常建筑尺寸都比较准确，工艺要求严格，所以即使在低流速、水深浅的河道，其测量精度还是比较高。

#### 5.2.4.1　量水建筑物测流的选择和配套设施

量水建筑物的形式很多，常见的有堰、槽两大类。测流堰包括薄壁堰、三角堰、矩形堰、宽顶堰等。测流槽包括巴歇尔槽、文德里槽、驻波水槽、自由溢流槽、孙奈利槽等。人工建造的量水建筑物中，以矩形堰（梯形堰）、巴歇尔槽等使用比较普遍。

量水建筑物的测流方法适用于小河流、浅水、低流速的环境，所以在低流速枯水期间，仍然有使用这种方法的可能性。特别是其他流速仪无法完成测流的条件下的应用。由于量水建筑物以人工建造的为主，在选择何种类型的方法，需要根据现场的水流环境和条件而定。当决定使用某种类型的测流建筑物，必须考虑其能够测得的最大和最小流量。此外，同样的流量范围，采用不同的测流建筑物，测流的精度并不完全相同。例如为了得到大变幅和小流量测流的最佳总体精度，与矩形薄壁堰或矩形全宽堰比较，如选用三角形的薄壁堰，就更为合适。而对于大变幅大流量的条件，应优先选用梯形测流槽等。

量水建筑物测流，主要是测量量水建筑物的水头（水位），根据率定系数和理论公式计算得到流量。所以，测量水位的仪器是此类方法的主要设备和配套设施。量水建筑物的测流方法不必人工守候在现场实时监测，更多的是采用在线的方式。水位的监测往往是采用自记式的水位计来自动记录水位的变化和实时的数据。若配置电子式的水位计和配套的具有流量计算功能的系统，就可以直接获得实时流量。

为了提高水位观测精度，避免水流波浪对水位观测产生的误差，自记水位计的传感器通常不会直接放入量水建筑物的水流中，而是建造一个水位测井，通过连通管的原理，将水流引入测井中，在水体相对静止的测井内进行水位观测。静水井应竖直且有足够的高度和深度，以适应水位在全变幅内可以进行测量。井底应低于量水建筑物通过水流的最低水位。井与河道由一个引水管或沟槽连通，引水管的直径尺寸不能太小，以保证井内的水位随河内水位的涨落变化而无明显的滞后现象。引水管或连通沟槽的直径尺寸也不应太大，以便抑制波浪脉动的振幅。引水管的水平位置应低于堰顶高度至少 0.1 m。

#### 5.2.4.2 量水建筑物流量监测要求

量水建筑物法，包括各种量水堰和量水槽，适用于水面不宽、水量不大、比降较大、含沙量较小的河段进行测流作业。除此之外，测流河段内有各种坝、闸、泵站等水工建筑物，且流量与有关水力因素之间存在稳定函数关系的，也可采用水工建筑物法进行测流。

同一种类型的量水堰或量水槽，下游水位或出口处的水位的泄流能力，会直接影响到流量的计算公式。自由出流和淹没出流之间的主要区别是，出口处水位或下游水位，是否会影响泄流能力。

因此，在实施测流前，首先要确认当前现场条件属于何种类型的出流状态，以此决定选用什么样的流量计算公式来计算流量。对于水流越过堰顶的量水堰来说，还应该确认堰顶的收缩情况，是属于收缩堰还是全宽堰，这同样也会影响到选用什么样的流量计算公式。可以根据堰下游的实测水头和堰上游实测水头之比（即淹没比）和根据非淹没流的界限曲线，来确定是属于自由流区还是淹没区。然后根据下列流速计算公式来计算流量。

$$Q=\varepsilon CSB\sqrt{2g}H^{3/2}$$

$$S=h_2/h_1$$

式中，$Q$——过堰流量，$m^3/s$；

$\varepsilon$——侧向收缩系数；

$C$——堰流量系数；

$S$——淹没比；

$B$——过堰水流断面的宽度，m；

$g$——重力加速度，$m/s^2$；

$H$——堰上游水头，m；

$h_1$——堰上游实测水头，m，与 $H$ 数值相同；

$h_2$——堰下游实测水头，m。

上述公式中的淹没比 $S$，即堰下游实测水头 $h_2$ 与堰上游实测水头 $h_1$ 之比；决定了量水堰出口处是自由出流（非淹没流）还是淹没出流。图 5-3 给出了非淹没流的界限。当计算值落在曲线的右上方时，为淹没出流；当计算值落在曲线的左下方时，为自由出流。对于不同的堰宽，根据观测的堰上下游水头，可绘制出不同的非淹没界限曲线。

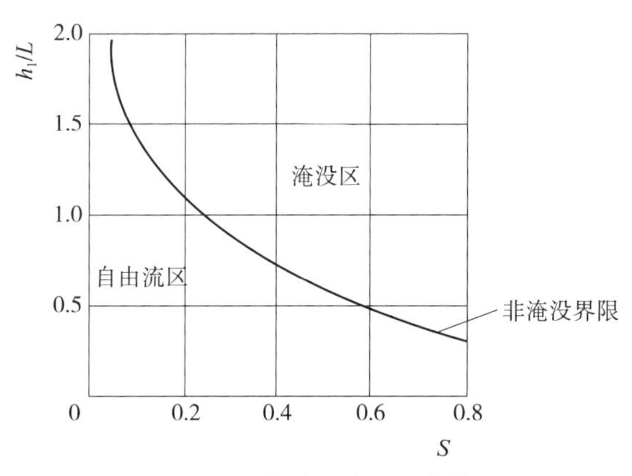


图 5-3　非淹没流界限曲线

为了提高测流精度，应尽量使测流范围内处于自由出流的状态。而对于由上下游实测水头判断的淹没比，也有一定的限制。当淹没比 $S=h_2/h_1>0.95$ 时，量水堰已失去测流作用。

采用量水堰或量水槽测流时，应尽可能保持堰、槽上游，特别是行近河槽的清洁，不应有淤泥和草木生长，达到此项要求的河槽长度范围，至少应不小于 10 倍的水面宽。自记水位计井及通向行近河槽的引水口也应保持清洁而无淤泥。

量水堰在使用期间也应注意养护，防止损坏，要有防淤、防腐、防变形、防冻和防裂等措施。堰体建筑物本身要经常校测，保持清洁，无碎石、水生植物黏附，否则应及时清洗。在清洗过程中，应注意避免损坏堰顶，保持各部位尺寸的准确和表面良好的光洁度。

静水井是流量测量精度的关键部位，其养护的要求相对较高。特别是静水井和连通管是否有污物或是否有漏水现象，需要经常检查。对自记水位计或其他用于测量水体的仪器，应定期检查以保证精度。若采用纸质的自记水位纸，在每次更换自记纸时，需要与校核水尺进行比测。比测的水位差不得大于 10 mm。若超过 10 mm 时，应及时改正。

## 5.3 潮汐流的流量监测

### 5.3.1 概述

潮汐河流的流量变化规律不同于内陆地区天然河流的流量变化规律，对潮汐河流的流量监测也有其特殊性，有必要单独进行讨论。

我国海岸线长达 14 000 多 km，拥有无数的河流，沟通着大陆与海洋。这些河流下游入海的河口段，不仅受上游河段径流的影响，还受不同程度的潮汐、潮流的影响，致使河口的水流情势发生了错综复杂的变化。为了探求这些河流水文要素变化的规律，以满足航运、码头、灌溉、环境保护、水利工程建设等各部门的需要，有必要对重要的河道断面进行潮水、河水文要素包括流量的监测。

潮汐，是发生在沿海地区的一种自然现象，是指海水在天体（主要是月球和太阳）引潮力作用下所产生的周期性升降运动。习惯上把海面垂直方向涨落称为潮汐，而海水在水平方向的流动称为潮流。人类的祖先为了表示生潮的时刻，把发生在早晨的高潮叫潮，发生在晚上的高潮叫汐，这是潮汐名称的由来。

一般情况下，海水每昼夜有两次涨落变化。潮汐的涨落现象平均以 24 小时 50 分为一周期（天文上称为 1 太阴日）。

潮汐在一个太阴日的变化周期，又可分为以下三种类型：

半日潮型：一个太阴日内出现两次高潮和两次低潮，前一次高潮和低潮的潮差与后一次高潮和低潮的潮差大致相同，涨潮过程和落潮过程的时间也几乎相等（6 小时 12.5 分）。我国渤海、东海、黄海的多数地点为半日潮型，如大沽、青岛、厦门等。

混合潮型：一月内有些日子出现两次高潮和两次低潮，但两次高潮和低潮的潮差相差较大，涨潮过程和落潮过程的时间也不等；而另一些日子则出现一次高潮和一次低潮。我国南海多数地点属混合潮型。如海南岛三亚的榆林港，15 天出现全日潮，其余日子为不规则的半日潮，潮差较大。

全日潮型：一个太阴日内只有一次高潮和一次低潮，如南海汕头、渤海秦皇岛等。南海的北部湾是世界上典型的全日潮海区。图 5-4 是三种潮汐类型的示意图。

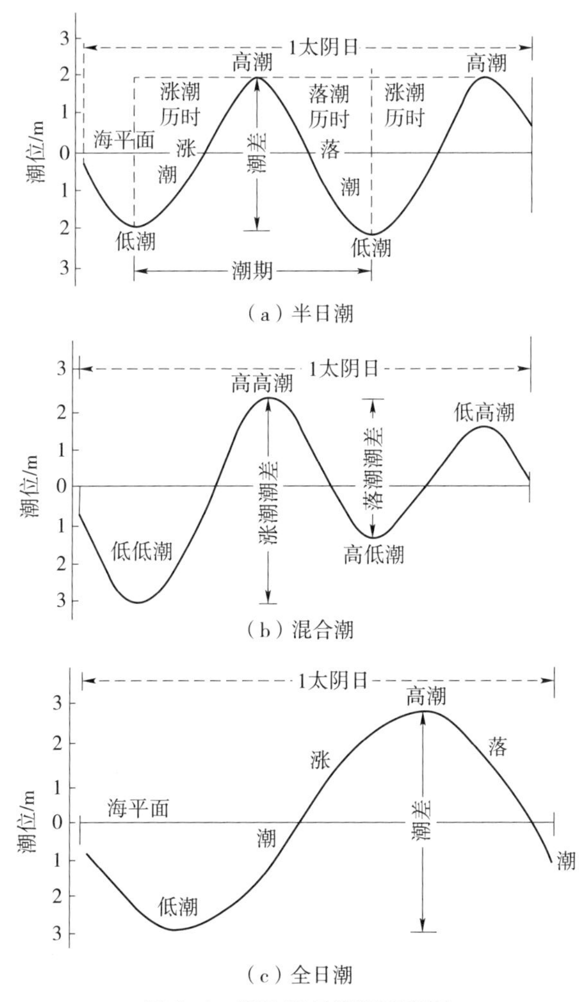


（a）半日潮

（b）混合潮

（c）全日潮

图 5-4　潮汐及其类型示意图

潮汐不仅有半日周期、全日周期的变化，还有半月周期、一月周期、年周期及多年周期的变化。它不是完全依旧重复，而是因时而变，因地而异。

不论哪种潮汐类型，在农历每月初一、十五以后两三天内，各要发生一次潮差最大的大潮，那时潮水涨得最高，落得最低。在农历每月初八、二十三以后两三天内，各有一次潮差最小的小潮，届时潮水涨得不太高，落得也不太低。

产生潮汐的原因有两种：一是由天体引力所产生的潮汐，称为天文潮汐；二是气象要素（如风、降水、气压、蒸发等）影响引起的潮汐，称为气象潮汐。后者相较于前者变化很小，几乎不能用肉眼加以判别出来。所以，潮汐现象是以天文潮汐为主。天文潮汐主要是月球和太阳的引力造成。

从“万有引力定律”可知，宇宙中一切物体之间都是互相吸引的，引力的大小同这两个物体质量的乘积成正比，同它们之间距离的平方成反比。月球对地球上不同地点引力的大小是随各点与月球中心的距离的不同而变化，引力的方向指向月球的中心。又地球不停地自转，绕太阳公转，同时还要绕地月公共质心转动而产生离心力。离心力大小相等，方向也相同。由引力和离心力两矢量和产生合力，使海水发生运动形成潮汐现象，这合力称为引潮力。在地球上，除地心没有引潮力外，其他地方都有大小不等、方向不同的引潮力，形成不同的潮汐现象。地球表面任一点，在地球自转的过程中，都经过沿月球方向的直射点 B 和对称点 D，形成引潮力向上，使海水向上运动，即涨潮。当处于与月球相垂直的位置，如 A 和 C 点，引潮力向下，造成海水下降，即落潮。因此，在一个太阴日内，垂线有两涨两落的现象，如图 5-5 所示。

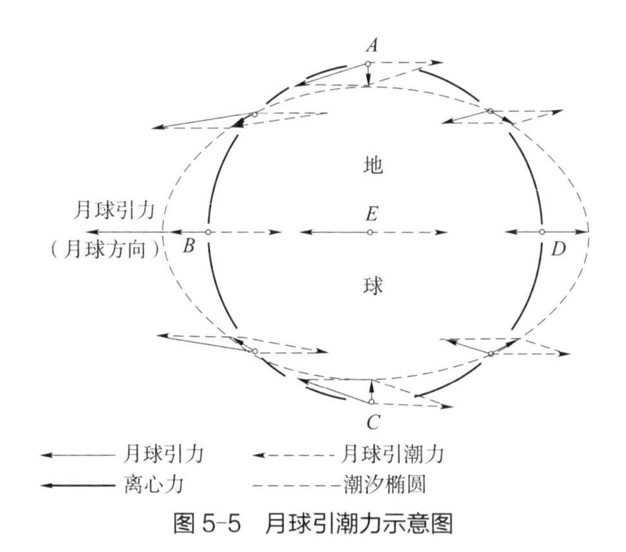


图 5-5　月球引潮力示意图

太阳质量比月球质量大 2 700 万倍，与地球的距离为月球到地球距离的 389 倍。由于引潮力的大小与天体的质量成正比，与天体中心到地球中心的距离平方成反比。因此，宇宙中天体虽然很多，但能对地球起巨大引潮力的不多。综合考虑质量和距离这两个因素可知，月球对地球的引潮力最大，约为太阳引潮力的 2.2 倍，太阳次之。

由于太阳、月球和地球三天体相对位置是随时变化的，因此，月球和太阳对地球引潮力的大小和方向也在不断的变化，所形成的潮汐大小也不同。每逢朔望日，太阳、月球和地球三者几乎成一直线，即月球和太阳的引潮力作用在同一方向的时候，海水涨得最高，落得最低，潮差最大，形成“大潮”。在上、下弦，三者位置成直角，太阳潮最大程度地削弱太阴潮，形成“小潮”，这就是潮汐半月周期变化的原因。

根据天体运动的规律及引潮力概念，同理可以说明潮汐的月周期、年周期及多年周期变化。

随着潮汐升降引起海水水平运动称为潮流。潮流也呈周期变化，且与潮汐的周期是相应的，也分半日型、全日型及混合型三种。潮流受地形的影响十分显著。由于发生潮流地点不同，潮流运动形式分为往复流和旋转流两种。在潮水河段，潮流在两个相反的方向上做直线式的往复流动。

海洋潮汐的周期变化规律接近于正弦曲线。潮水河段由于不仅受潮汐影响，同时受上游径流及风浪的影响，其潮水位变化过程就是非正弦曲线。又因为每一个地方潮水、河水及风浪三者的组合每天是不同的，所以其潮位过程线形状也各不相同。

潮水河的流量也呈周期性变化。涨潮时，潮水自海洋沿河道流向内陆，称为涨潮流；落潮时，河水由内陆流向海洋，称为落潮流。在涨落潮交替时，水流转换方向有一个较短时间水流停止流动，称为憩流。前后连续两次落潮憩流的间隔时距称为潮流期。随着潮水位、潮流速的周期性变化，在一个潮流期内，悬移质含沙量也出现两个沙峰。由此可见，潮水河的水文要素变化要比一般的河流复杂。

## 5.3.2　潮水位监测及资料订正

### 5.3.2.1　潮水位监测

与内陆的天然河流不同，沿海的潮水河或感潮河段，受到潮汐的影响，河段断面的流量每天都会呈现周期性变化，这对潮水河的流量监测带来很大的困难。与流量监测要素密切相关又不能分离的是潮水位的监测。

海洋潮水位变化近似正弦曲线，潮水进入河口后，其水位变化过程由于受到海洋潮位、河流水位及河道自然情况的影响而变得复杂。因此，潮水位观测要求，能得到潮水涨落的完整过程。

当用水尺观测时，为了掌握潮汐全部变化过程，必须日夜连续观测，根据涨落的缓急合理分布测次。一般每隔半小时到一小时观测一次，在接近高、低潮前后，每 5～15 分钟观测一次，以便测得最高、最低潮水位。受到台风或浅海分潮影响时，应适当地加密测次。在掌握该断面潮型变化规律情况下，长期日夜连续观测有困难时，也可以只在高、低潮水位附近进行观测。当采用自记水位计时，根据自记水位计的型号，如日记式、周记式等，定时地更换自记纸，同时观测校验水尺的读数，以校正自记水位计的水位读数。

### 5.3.2.2　潮水位资料订正

（1）时差订正

潮水位变化很快，必须重视时间的准确性，使观测成果不致因时间欠准而与实际情况不符，甚至造成资料不合理或找不到变化规律。所以，对于时钟误差每天允许的时差不应超过 ±5 min。若发现观测所用的钟表与准确时间的时差超过上述范围，则需要将前后两次对时范围内的潮位时间给予订正。

假定两次对时间间隔的时差为直线变化，可用直线比例分配的办法订正，其计算公式为

$$t = t_0 + \Delta t = t_0 + (t_2 - t_3)\frac{(t_0 - t_1)}{(t_3 - t_1)}$$

式中，$t$——订正后的潮水位出现时间；

$t_0$——钟表上所示潮水位出现时间；

$\Delta t$——时间订正值；

$t_1$——上次对时的准确时间；

$t_2$——本次对时的准确时间；

$t_3$——本次对时时刻，钟表上所示时间。

时差订正只是一个补救的办法，平时必须主动采取措施消除或减少钟表误差，使其经常在允许误差范围内。

（2）潮水位订正

用自记水位计进行观测的断面，每天至少校测潮水位一次。若校测时发现记录纸上的潮水位与实际观测的数值不符，应立即调整记录笔高度。若水位误差日记式超过 2 cm，周记式超过 3 cm 或超过自记纸上水位坐标的最小刻度时，应将前后两次校测时段内的高、低潮水位按直线比例分配的方法予以订正。在摘录潮水位变化过程时，还应将正点和其他转折点的水位予以订正。订正公式为

$$G = G_0 + \Delta G = G_0 + (G' - G'')\frac{(t - t_1)}{(t_2 - t_1)}$$

式中，$G$——$t$ 时的实际高（低）潮水位；

$G_0$——$t$ 时自记纸上记录的高（低）潮水位；

$\Delta G$——潮水位订正值；

$G'$——$t_2$ 时校核水尺观测的潮水位；

$G''$——$t_2$ 时自记纸上记录的潮水位；

$t$——高（低）潮出现的时间；

$t_1$——上次校测潮水位的时间；

$t_2$——本次校测潮水位的时间。

### 5.3.3　潮流量监测和计算

潮水河的流速瞬息变化，随时随地而异，其流向又不断往复转变。因此，对潮流量的监测不仅要测定某一瞬时的流量，而且要测得每个潮流期内涨、落潮不同流向的流速分布和变化过程，憩流时刻及峰谷特征，据以计算各潮流期的涨、落潮流量，净泄（进）量，以便研究、探求潮流变化规律。

由于潮水河段受到潮流、径流及风浪的交错作用，构成复杂的水文情况。因此，无论在测量仪器设备、测量方法、资料整理分析等方面，都要比无潮河流复杂和困难。又因潮流时间较长，有时要连续施测半个月以上，所以，测流准备工作必须充分。

#### 5.3.3.1　测量的时间间隔

对半月潮，平均每一潮流期约为 12 小时 25 分，为了掌握每个实测潮流期潮流的完整变化过程，施测潮流量的实际开始和结束时间，应比潮流期规定的开始和终了的时间分别提前和推后，因此，一般测一个潮流期应连续观测 13 小时以上。连续施测两个潮流期的流量变化过程称为全潮流量测量。

为了掌握潮流在一个月的周期变化，新设断面在一年中的不同时期，如枯水期、平水期、洪水期等，应连续进行半个月以上的潮流量测量。

潮水河监测所需的人力、物力很多，一般测流断面不可能长期连续地施测。新设断面在经过大规模观测，初步掌握变化特点之后，一般可采用代表潮法进行测流，即通过施测少数具有代表性的潮流期，如每月的大潮、小潮、寻常潮（介于大潮与小潮之间）进行施测，来掌握它的月、年变化特征，并推算月、年总潮量。

代表潮的选择采用经验分析法，在进行较长时期的连续施测后，将每个月的实测全月总潮流量或平均潮流量作为标准，再选各种组次的代表潮。例如选八次（二次大潮、二次小潮、四次寻常潮）、六次（大潮、小潮、寻常潮各二次）及每次施测一个或两个潮流期等不同组合办法，分别计算出各组代表潮的平均潮流量，乘以全月实有的潮流期个数，便可得到全月涨（落）潮流的总量。与全月实测的总量进行比较，若相对误差不超过 5%～10%，则可选为测量的代表潮。

#### 5.3.3.2　潮流期内流速流量测次的分布

潮流期内流速测次应根据各断面流速变化的大小缓急适当分布，以能准确掌握全潮过程中流速变化的转折点为原则。在流速变化较大或特征值（如最大流速、最小流速、憩流前、憩流后）处，测次应增加，时距应缩短。这是由于落潮憩流前后，流速变化急剧，在很短的时间内由大骤减为 0 或由 0 激增变大，而且流向改变。因此，必须加密测次才能准确地掌握其转折变化。同样，涨潮憩流前后，因流向改变也须适当加测。涨潮、落潮最大流速附近，流速变化虽然已经趋向平缓，但因它是流速变化的转折点和潮流的特征值，故也应加测。其余时间的测次可均匀分布、定时施测。而定时测次的时距和加测时距的大小对测量精度会有一定的影响，其相对误差应以图解法为标准。

在做过很多的试验和对实测数据的分析得到这样的经验：如定时测次的时距拉长到每小时一次，则必须在憩流、最大流速、高低潮的附近适当加测，其流量误差才能较小。若不加测，流量误差较大。在一般情况下，每隔一小时施测一次。在落潮憩流、涨潮憩流及涨、落潮最大流速前后，每隔半小时施测一次。在潮流较强的河段，涨潮流仍每隔一小时施测一次。在特征值出现前后，应每隔 15～30 分钟加测一次。

#### 5.3.3.3 潮流量的监测

潮水河流速、流量的瞬息变化，需要频繁的流量施测。大量的工作量和人力的投入，迫使我们需要认真考虑究竟采用何种合适的监测仪器来应对。第 2 章介绍了各种不同的流量监测方法，从最省力、省时的角度来考虑，最佳的方法应该是在线式的流量监测方法和声学多普勒流速剖面仪走航式的流量监测方法，在没有配备这些设备的情况下，也可以采用传统的转子流速仪的流速面积法来获取潮流量。

（1）采用声学多普勒 ADCP 的流量监测

1）在线式 ADCP

靠近河口的潮水河断面，更适用在线的水平式 ADCP。实测水平某一层部分水域的平均流速（即代表流速或称之为指标流速），通过率定和比测的方法，获取该代表流速与断面平均流速的关系；同时，实测水位通过仪器测量软件中预先输入的大断面形状数据获取断面面积，从而计算得到实测的瞬时潮流量。

采用在线式 ADCP 的最大优势，在于可完全自动地，根据需要设置成每 10 分钟或 15 分钟完成一次测量，而不必考虑是否处于流速的转折点或寻常点，总能满足获得特征值的需求。

对于潮水河，由于每天都会有高水位和低水位的变化，特别是在农历的月中前后，总会有一个较高的高潮位和较低的低潮位，这对于需要率定和比测后才能正式投入使用的在线式 ADCP 来说，是一个很好的条件。可以在很短的时间内完成这项工作，而不像天然河道的率定，可能需要等候洪水的来临，获得高水位的机会或需要等候枯水期获得低水位比测的时间。

采用在线式 ADCP 的缺点是，对现在的断面和安装高程等前期工作要求比较高。由于潮水河的水位变幅比较大，在枯水期上游来水较小的情况下，在落潮段的水位更低，是否能够满足在线式 ADCP 对断面水深与河宽的纵横比，决定了该监测方法是否适用。另外，在接近憩流的时段，水流的紊流和扰动情况更严重，流向也比较混乱，更增加了仪器测量的不确定度。自动测量模式不能按照现场的实际情况更换测量的间隔时间或测量单元的调整，从而降低了测量精度。

2）走航式 ADCP

相比在线式 ADCP，走航式 ADCP 对测量时段的选择更为灵活。可以根据现场的转折点时间的前后，进行流量的施测，测量的精度相对也较之更高。

按照《声学多普勒流量测验规范》，为了保证测量的精度，通常每一次测量需要有两个测回 4 个航次的测量，然后取 4 次平均值作为这一次测量的流量成果。但对于潮水河的监测，由于水位变化很快，可以放宽到取 2 个航次的测量值进行平均，作为一次流量成果。在特殊情况下，特别是在特征值的转折点时，甚至可以用 1 个航次的流量代表该次测量的流量成果。但需要在流量报告中注明这是 1 个航次的流量值，作为评估该流量测量精度的备注。

采用走航式 ADCP，可以直观地显示出整个测量断面中流速分布的情况，特别是在接近憩流时刻，可以看到垂线流速剖面的分布，甚至可以明显看到左右岸流速转向时段的流速分布。这对了解和分析该河段受潮汐影响的情况有很大的帮助。

（2）采用转子流速仪的流量监测

若采用转子流速仪的流速面积法进行潮水河的流量监测，考虑到潮流变化快的特点，需要考虑如何布设垂线测点的分布、如何选用施测的方法、如何选择测点的测速历时和如何选择测量的时间点等。

1）测速垂线的布设及测速点的分布

对于潮水河，由于流速变化很快，若在断面上布设较多的测速垂线，用一架转子流速仪依次施测所需要时间太长，往往不能准确掌握全断面流速过程的转折变化。若用多架流速仪同时施测，所需测量人员和仪器设备又很多，一般很难做到。因此，潮水河测速垂线的数目，一般为 5～7 条，对于特别狭窄的河道可酌情减少，但最少不应少于 3 条。

测速垂线分布的位置，一般可以根据河宽、水深、河道地形、流速的横向分布及河床稳定程度等予以确定。具体要求垂线分布应大致均匀，中部比两岸稍密，主槽比河滩稍密，能控制地形和流速横向分布的主要转折点。

测速点的分布一般以六点法为主，即水面、0.2 h、0.4 h、0.6 h、0.8 h、河底，测量 6 个测点的点流速。如果通过较多资料的分析，得出用三点法或二点法测速仍有足够精度，也可用三点法或二点法施测。

2）潮水河垂线流速施测的方法

潮水河流速变化比较复杂，从垂线流速分布形状看，在憩流前后一段时间内垂线上流速变化尤其复杂，如图 5-6 所示。但无论涨潮憩流或落潮憩流，都是从河底出现，即其流向转换是先从河底开始转向的。垂线上最大流速的位置随时间不断变化着，待转向相当长时间后，垂线流速分布才比较规则。从垂线流速分布图看出，最大涨、落潮流速附近变率最小。在憩流前后流速变率最大。因此，垂线上的测点数目不宜过少，施测流速时间不宜过长，而且垂线上各测点的流速必须改正为同时的流速。

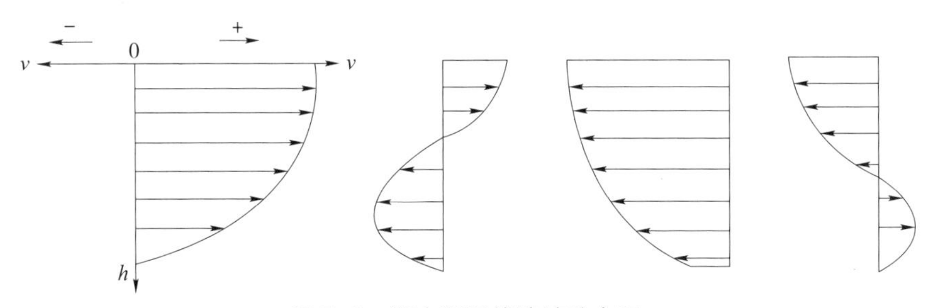


图 5-6　潮水河垂线流速分布图

垂线流速的推算数据还可以通过其他方法，例如图解法、流速过程线改正法、等深点流速平均改正法等方法获得。

以流速过程线改正法推算垂线流速的方法为例，先用 6 点法在垂线中单程测量，一般自河底向水面依次测量：河底、0.8 h、0.6 h、0.4 h、0.2 h、水面，共 6 测点的流速，并记录下每一测点的测量时间。此法各测次间的时距要短、测次要多，以便准确绘制测点流速过程线。

将每一测点的实测流速按时序点绘成流速过程线，如图 5-7 所示。根据这组曲线可查得施测潮流期内，任何时间垂线上各测点的同时流速。

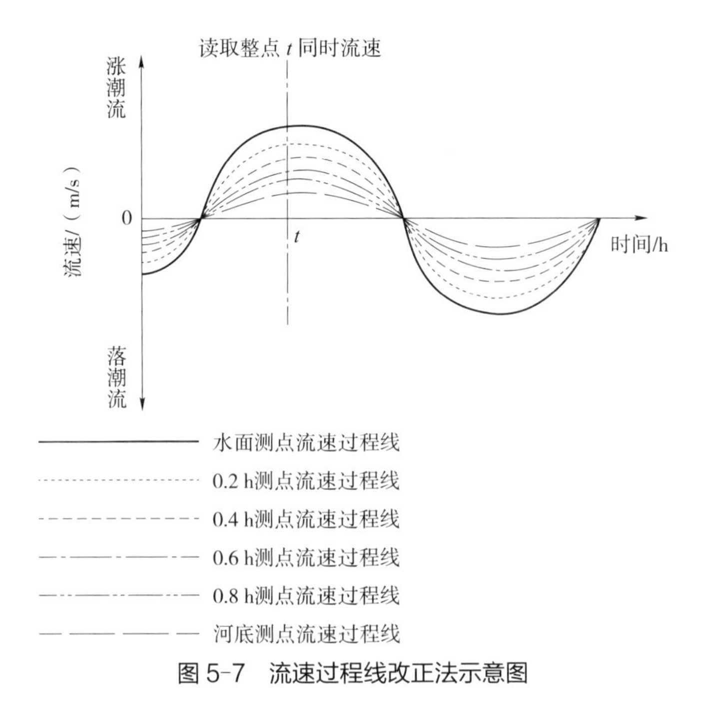


图 5-7　流速过程线改正法示意图

3）测点的测速历时

由于潮水河流速的瞬息变化，为减少流速变化所引起的误差，测点的测速历时宜短，但为了克服流速脉动对流量监测的影响，测速历时要尽可能长。因此，每个测点测试历时的选择，需要有一个平衡点。应根据潮流的强弱、流速脉动的大小、垂线上测点的多少及测流操作的难易而定，最好通过试验予以决定。大量的试验资料分析认为：

a. 在流速变率较大时（如涨、落潮憩流前后）或垂线上测点多，只有一架流速仪测量时，为了减少流速随时间变化引起的误差，测速历时可取 30～60 s。

b. 流速变率较缓，测点又少，操作迅速时，为了减少脉动的影响，则每点测速历时可取 60～90 s。

因此，对于某一个具体的潮水河断面，在未经过实地试验的情况下，可以参照上述的原则确定每个测点的测速历时。

4）断面流速的施测方法

考虑到以最短的历时完成一次流量监测，可以选用多种不同的测量方法，包括多船同时测流法、单船多线法、代表线法等。

a. 多船同时测流法

采用这种方法时，在测量断面上的每条垂线分别固定一条测船，同时测量垂线各个测点的流速，故各条垂线的平均流速均为同时实测的流速。这种方法缩短了一次测流所花费的时间，但以增加人力资源的消耗和占用多台流速仪为代价。多船同时测流的方法可以精确测量到憩流的准确时间，所以，这种方法还是被经常使用。

b. 单船多线法

全断面多条垂线的测流，只采用一条测船、一组人员及仪器设备依次施测。对河宽小，测量的垂线不多，测船移动又比较方便，流速变化缓慢的断面，可以采用这一种方法。测量的过程须用往返测量的方法，如图 5-8 所示。单船多线法又可分为以下两种方法：

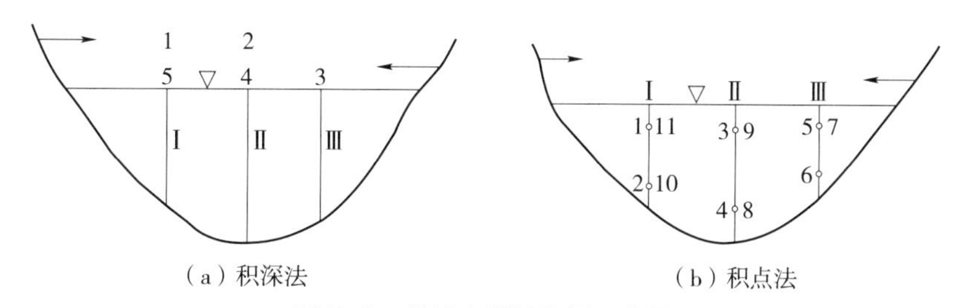


**图 5-8　单船多线法施测示意图**

一种为积深法，其方法是以第一条垂线开始以积深测流的方法，依次测量并往返完成最后一条垂线测流的时间作为该次全断面测速的平均时间。以图 5-8（a）积深法，布设 3 条垂线为例：从左岸的第Ⅰ条垂线开始积深测流，依次完成第Ⅱ条垂线测流、完成第Ⅲ条垂线测流、往返再完成第Ⅱ条垂线测流、最后完成第Ⅰ条垂线测流后结束全断面的测量，共测量了 5 条垂线的流速，并计时用于该 5 条垂线测量的总历时，计算测流平均时间。

另一种为积点法，其方法是以第一条垂线开始按积点法分别测量每一个测点的点流速，依次测量并往返完成最后一条垂线最后一个测点的点流速，测流的时间作为该次全断面测速的平均时间。以图 5-8（b）积点法，布设 3 条垂线、每条垂线采用二点法测量 2 个测点的点流速为例：从左岸的第Ⅰ条垂线开始，先完成 0.2 相对水深位置的点流速测量，再完成 0.8 相对水深位置的点流速测量，依次按照图中 1、2、3、……9、10、11 的次序，完成第Ⅱ条垂线测流、完成第Ⅲ条垂线测流、往返再完成第 II 条垂线测流、最后完成第 I 条垂线的 0.2 相对水深位置的点流速测流，结束全断面的测量，共测量了 5 条垂线的流速、11 个测点的点流速测量，并计时用于该 11 个测点的点流速测量总历时，计算测流平均时间。

c. 代表线法

代表线法是以极少数的垂线所测算的代表线流速与断面平均流速建立一定的关系，借以推求断面流量。许多潮水河的测流断面，历年进行精简垂线的试验和资料分析结果证明：一般每个断面都有可能找到与断面平均流速有较稳定良好关系的一条或两条代表测速线。例如，当断面大致平整规则，主流靠近中泓，断面流速分布与断面形状大致相应，其流速较为稳定，有可能在中泓主流处找到一根垂线作为代表线。代表线的分析方法类同无潮河的垂线精简分析，不同的是：

涨、落潮流时段平均水位不一，加上流向的改变，所以涨、落潮流的代表垂线流速与断面平均流速的关系不同，因此必须分别以涨、落潮流情况探求代表线流速与断面平均流速的关系。还应在不同季节、潮位、流速进行多次校核试验，校验和订正原来代表线与断面平均流速的关系。

潮流量测量时，一些流速变化和可能引起各种误差的因素较多，因此其精度要求比无潮河有较大幅度的放宽。分析结果有 75% 以上测次的偏差不超过 ±5%～7% 即可。

垂线精简后只有一条代表线时，可以直接固定测船进行施测。若有两条或两条以上的代表线时，可根据河宽、流速、测点数目和其他测量条件采用多船同时施测或单船多线法施测。

5）流向及憩流出现时间的施测

潮水河水流的流向会随着涨、落潮而往复变化，测量流向主要是为了区别涨潮流与落潮流，正确划分潮流期。一般可以根据涨、落潮憩流的出现时间来划分不同的潮流期。通常不必每次都进行流向的测量。当遇有个别垂线上各测点的流向与设置断面的平均流向偏差超过 10° 时，必须测量流向的偏角。

用流速仪在垂线上某一测点或全断面某条垂线等候测量涨、落潮憩流出现的时间，其位置随各断面的断面形状、水深、流速的大小变化等各有不同，最好能分别通过试验分析确定。如未经试验，则可将流速仪放在 0.4 相对水深位置附近，候测垂线上的憩流平均出现时间。候测憩流时，一般以流速仪持续 180 s 不出现信号，即视为憩流。全断面憩流平均出现时间，用单船多线法测量时，可将仪器放在岸边与中泓之间的一条垂线上候测。用多船同时候测时，即以各条垂线憩流时间的算术平均值为准。

### 5.3.3.4　潮流量和潮量的计算

潮流量计算的方法与无潮河流的计算方法类同。需要注意的是，潮水河水流的流向有顺流与逆流的变化，所以当垂线上各测点的流向顺逆不一致时，则应该采用各测点流速的代数和计算垂线平均流速，而断面流量则为断面上所有各部分流量的代数和。此外，还必须计算潮量及净进（泄）量。

潮流量的计算以每个潮流期为单位。当潮流往复变化时，计算潮流量应以憩流出现时间为分界。从落憩至涨憩之间，流量过程线与时间坐标所包围的面积，称为涨潮潮量；从涨憩至落憩，流量过程线与时间坐标所包围的面积，称为落潮潮流。如图 5-9 所示。

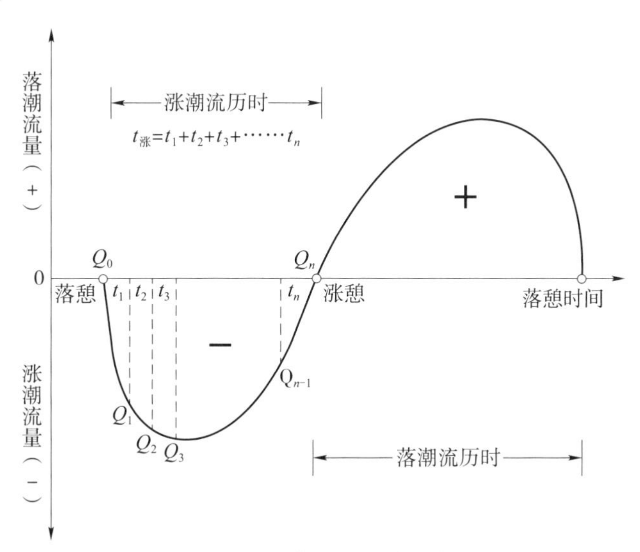


图 5-9　涨落潮量计算示意图

如图 5-9，$Q_0$、$Q_1$、$Q_2$、……$Q_n$ 为落潮憩流开始依次测得的流量，即涨潮流量；$t_1$、$t_2$、$t_3$、……$t_n$ 为两次测量时间隔的时间；则涨潮的潮量 $W'$ 为

$$W'=\frac{1}{2}(Q_0+Q_1)t_1+\frac{1}{2}(Q_1+Q_2)t_2+\cdots+\frac{1}{2}(Q_{n-1}+Q_n)t_n$$

其中：处于憩流时刻的流量为0，所以，$Q_0=0$，$Q_n=0$；上述公式简化为

$$W'=\frac{1}{2}Q_1t_1+\frac{1}{2}(Q_1+Q_2)t_2+\cdots+\frac{1}{2}Q_{n-1}t_n$$

落潮潮量的计算方法与此相同。设 $W''$ 为落潮潮量，则同一潮流期的净进（泄）量 $\Delta W$ 为

$$\Delta W=W''-W'$$

当 $\Delta W$ 为正值，表示净泄量；当 $\Delta W$ 为负值，表示净进量。

## 5.4 封冰期流量监测

### 5.4.1 概述

我国的东北部、西北部以及高纬度或高海拔地区，河流受冬季气候寒冷影响，常会结冰封冻，河流封冰期水流与畅流期有着显著的不同，凌汛等一系列特殊水流现象给河道的流量监测带来很大的困难。

冰情是指冬季河流或水库湖泊等水体水气象、水力条件等因素的变化而发生一系列复杂的结冰、封冻和解冻现象的总称。有冰情存在的时段称为冰期，河流冰期一般分为结冰、封冻、解冻三个阶段。

#### 5.4.1.1 结冰阶段

当河流中的水体温度低于0°时，水由液态凝聚为固体状态的现象称为结冰。

河流冻结过程包括薄冰、岸冰、水内冰的形成和流冰等过程。河流结冰是在动力中结冰，与湖泊结冰不同。湖水结冰仅限于水体表面，深层水体仍保持高于0℃温度。而河流由于水流的紊乱混合作用，水体失热几乎是整个水体同时进行，所以，河流不仅在水的表面形成薄冰和岸冰，而且在水内、河底形成水内冰。

薄冰是河水温度冷却至0℃时，水面形成冰晶。水中气温继续下降，初生在岸边的薄冰发展为牢固冰带称为岸冰。而发生岸冰的同时，河水内存在低于0℃的过冷却水，便在过冷却水的任何部位产生冰晶体，结成多孔而不透明的海绵状冰团，也就是水内冰。而这些水内冰、薄冰、冰花等浮于水面或水中，随水流流动而形成流冰（又称流凌）。

结冰期是指从秋末结冰现象开始，至河段结成封冻的冰层之日为止的日期。

#### 5.4.1.2 封冻阶段

河段内出现冰盖，且敞露水面面积小于河段总面积的20%时称为封冻。封冻

开始出现的日期，称为封冻日期。

河流封冻前一般先发生流冰及流冰花，由于发生流冰及流冰花的时候，有疏有密，所以，一般以疏密度来表示其流冰的数量。疏密度是指河段上，流冰或流冰花的面积与河段总面积的比值，以 0～1.0 表示。疏密度随气温、河宽、流速、地形、风向、风力而变，一般与气温变化相应。

封冻期是指河段封冻形成冰层开始，至冰层融裂、开始流冰之日为止的日期。

#### 5.4.1.3 解冻阶段

解冻期是指从春季流冰开始，至全部融冰之日为止的日期。

解冻是由于热力、水力作用而使冰层解体，解冻的具体指标是，在可见范围内已经没有了固定盖面冰层，敞露水面上、下游贯通，或河心融冰面积已大于河段总面积的 20%。河流解冻也称为开河。

### 5.4.2 封冰期的流量监测

在封冰期，河流表面被冰层覆盖，无法以正常畅流期的测流方法进行流量监测。通常，封冰期会采用钻冰孔测流的方式，将流速仪伸入冰下水中测量该垂线的水深和流速。按照流速面积法的测量方式计算断面的流量。目前，主要的测流仪器，一是采用测量点流速的转子流速仪，二是采用声学多普勒流速剖面仪的 ADCP。

#### 5.4.2.1 测量点流速的转子流速仪

当采用转子流速仪测流时，测流方法类同于畅流期的测流方法，仍然是按照规范要求布设若干条垂线，在每条垂线上选择若干个测点，测量每点的点流速。不同的是采用在垂线位置钻冰孔，将流速仪放入孔内到指定位置。若采用垂线一点法测流时，其测点的相对位置不是 0.6 位置，而是 0.5 位置。二点法测流时，测点相对位置仍然是 0.2 和 0.8，与畅流期相同。三点法测流时，其测点的相对位置不再是 0.2、0.6、0.8 位置，而是 0.15、0.5、0.85 位置。每个测点的测流历时不变，仍然推荐采用 100 s 的时间。

在封冰期测流，转子流速仪不再采用常规的悬索或悬杆的悬挂方式，一般会采用测杆固定流速仪，然后将测杆和流速仪伸入冰下水中测量水深和流速。当气温很低时，测杆和流速仪出水后表面常会结成薄冰。消除仪器表面的冰层因此成为测流过程中的必需程序。有几种常用的方法去除薄冰或减少薄冰的生成。可以在仪器入水前涂上一些煤油，在气温不是很低的情况下，有一定的防结冰效果。也可以在流速仪从水中取出后，立即放在装有河水的水桶中，可“融化”薄冰；或给流速仪罩上防冻袋等。若发现仪器结冰比较严重时，也可用热水融化。但不允许用力转动已经结冰的旋杯或旋桨机件，或打碎仪器上所结的冰。

打开冰孔测流时，应先把碎冰或流动冰花捞出，然后再放入流速仪。当测流断面内冰下冰花所占面积超过流水断面面积的25%时，尽可能把断面迁移到冰花较少的河段上。

在封冰期测流，除了需要实测水深（或借用断面的垂线水深）之外，还需要增加实测冰厚（或冰厚+冰花厚）、水面至冰底（或冰花底）的距离，并计算出水浸冰厚。水浸冰厚是指冰层钻孔后测量得到的自由水面至冰底面的竖直距离。采用专用的量冰尺或冰厚仪测量冰厚。

冰期实测流量的计算方法与畅流期的计算方法基本相同。由于一点法的测点位置与畅流期不同，所以计算的公式也不同。原先，在畅流期0.6相对位置测量的点流速可以代表该垂线的垂线平均流速，现在不再适用于冰期的流量计算方法。

具体的垂线平均流速计算公式如下所示：

一点法：$V_{\mathrm{m}}=K'V_{0.5}$

二点法：$V_{\mathrm{m}}=\frac{1}{2}(V_{0.2}+V_{0.8})$

三点法：$V_{\mathrm{m}}=\frac{1}{3}(V_{0.15}+V_{0.5}+V_{0.85})$

六点法：$V_{\mathrm{m}}=\frac{1}{10}(V_{0.0}+2V_{0.2}+2V_{0.4}+2V_{0.6}+2V_{0.8}+V_{1.0})$

式中，$V_{0.15}$、$V_{0.5}$、$V_{0.85}$——0.15、0.5、0.85有效水深的流速；

$K'$——冰期半深流速系数。

封冰期的半深流速系数$K'$，可用六点法或三点法测速资料分析确定。在没有资料时，可采用$K'$=0.88～0.95。

冰期部分面积的计算方法，按照部分平均法的规定，与畅流期的计算方法相同。即部分面积等于相邻两边垂线水深的平均值乘以两条垂线之间的间距。但是，在有水浸冰的垂线上，这个水深不是从水面到河底的实际水深，而是“有效水深”。有效水深是指从结冰的冰底（若有冰花时，为冰花底）至河底的垂直距离。

计算冰期流量时，应将断面总面积、水浸冰面积、冰花面积与水道断面面积一并算出。水浸冰面积可根据各测深垂线上的水浸冰厚及测深垂线的间距用梯形公式算出，如图5-10所示。

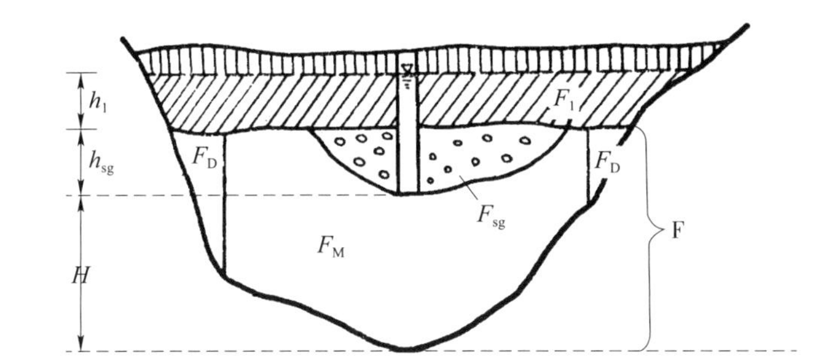


$F$—水道断面面积；$F_M$—流水断面面积；$F_D$—死水面积；$F_1$—水浸冰面积；
$F_{Sg}$—冰花面积；$h_1$ 水浸冰厚；$h_{Sg}$—冰花厚；$H$—有效水深。

图 5-10　封冰期测流断面示意图

冰期流量计算项目的定义如下：

（1）水道断面面积：冰底或冰花底与河底所包围的面积；

（2）死水面积：利用死水边上的有效水深及其至水边的间距或相邻两死水边的间距算得；

（3）断面总面积：冰孔中自由水面线与河底线所包围的面积，计算时取水道断面面积、水浸冰面积、冰花面积之和；

（4）水浸冰面积：冰孔中自由水面线与盖面冰底线所包围的面积；

（5）冰花面积：盖面冰底与冰花底面之间的面积；

（6）水面宽：水边位置可根据冰孔水位由断面图上查得；

（7）冰底宽：两岸冰底边之间的宽度；

（8）平均水深：断面总面积与水面宽的比值；

（9）平均有效水深：水道断面面积与冰底宽的比值；

（10）平均流速：由断面流量除以水道断面面积而得；

（11）最大水深：从各个实测水深中挑取的最大值；

（12）最大有效水深：从各个实测有效水深中挑取的最大值。

#### 5.4.2.2　测量剖面的声学多普勒流速剖面仪 ADCP

在封冰期，当河流表面覆盖着冰层的时候，若仍然希望采用走航方式 ADCP 的走航测流软件进行测流，则是无法实现的。但采用同样的走航式 ADCP 仪器硬件，并通过定点测量方法和运行定点测流软件，可满足封冰期河流的流量监测。

走航式 ADCP 的定点测量方法原理与传统的转子流速仪垂线积分法的测流原理相似。按照 ISO 国际标准的要求，沿河宽断面取若干垂线，在每条垂线的位置点，钻冰孔将 ADCP 垂直向下放入冰孔，定位在该垂线冰底以下的水中，测量该垂线剖面各单元的流速和水深，自动实测并计算得到该垂线的平均流速，再根据实测的水深和输入的垂线间距离，计算得到部分面积，两者相乘后显示部分流量。在测量完最后一条垂线后，输入至对岸的距离，定点测流软件自动计算和显示全断面的流量。由于在每条垂线上，只需测量 50～100 s 的时间（以消除水流的脉动影响），而且也不需要重复 2～3 个测量来回以克服水流的脉动影响，因此，这种定点测量方法大大缩短了测量时间。

若选用多频智能的型号，可以根据水深和流速自动智能选择最佳工作频率和工作模式。在测量浅水时，仪器会自动判别进入浅水工作模式，测量盲区会减少到 0.3 m 内，加大了实测区域的范围，从而提高了测量精度。浅水模式采用的“脉冲相干”技术（高清模式）使监测浅水河道的低速水流或冰层下测量冰、水边界层复杂的水流动态变化成为可能。

多频智能的小口径外形尺寸（仅 12.8 cm 的外壳直径）使得冰下测流变得更为简单和容易。不但缩短了测流的历时，也提高了测量精度，这在严寒的冬季显得尤为重要和实用。它不要求开凿直径达 40 cm 以上的冰孔（为了满足转子流速仪能够顺利放入冰层下），15 cm 的小孔足以满足需要。当流速仪从一孔移动到另一孔时，也不再需要用热水融化和冲洗掉仪器表面冰层。即使在 -15℃的低温下，仪器仍能正常工作，丝毫不影响测流的进行和测量精度（这一点，已经在我国的最北部的黑河和加拿大圣劳伦斯河实测，得以证实），大大降低了测验的劳动强度。

配备了内置 DGPS 的多频智能 ADCP 不仅提供了测量断面的位置信息，而且在测量时，不需要输入两条垂线之间的间距，仪器会根据 DGPS 提供的信息为测量的垂线定位，自动给定垂线的间距，更省力和省时。

在寒冷的封冰期选用 ADCP 测流，需要注意的是如何保证仪器正常工作时所需要的供电问题。目前，绝大部分的 ADCP 都采用了直流电供电的方式。无论是干电池、蓄电池或者锂电池，在低温环境下，电量都会大大降低，电压会下降、电池内部电阻增加使输出电流变小，导致仪器测量技术指标下降，甚至停机。实际上电池的容量受温度的影响非常大。这是因为电池内部是由一个正极，一个负极，以及在正负极之间的电解液所组成的。电池在使用并放电的时候，负极通过化学反应析出离子，通过电介质运动到达正极。这时正极处于富离子状态，负极处于贫离子状态。温度会影响电池化学反应的速度，过低的温度导致电池化学反应迟缓，从而造成放电的电流变小，直接导致电池的可用容量降低。因此很多时候会误以为电池在冬天的放电速度加快了，实际上本质是电池本身的电池容量降低了。因此，做好电池的“保暖”工作显得很重要，一些配套的设备同样需要关注这一点。

多频智能 ADCP 采用定点测流软件进行测量，不需要人工计算垂线平均流速、部分面积、部分流量以及测量完毕后的总流量。这相比采用转子流速仪的测量方法要简单、方便得多。有条件的应加以推广。

# 第 6 章

# 流量监测规定和要求

DI-LIU ZHANG

LIULIANG JIANCE GUIDING HE YAOQIU

## 6.1　测流河段选择和点位布设

测流河段的选择和点位的布设对测量的成果质量影响重大。理想的测量河段，应该符合以下几点基本的要求：

（1）河段宜顺直、稳定、水流集中、无分流、无岔流、无斜流、无回流、无死水等现象。顺直河段长度应大于洪水时主河槽宽度的 3～5 倍。宜避开有较大支流汇入或湖泊、水库等大水体产生变动回水的影响。

（2）河段应选在石梁、急滩、弯道、卡口和人工堰坝等易形成断面控制的上游河段。其中，石梁、急滩、弯道的上游河段应离开断面控制的距离为河宽的 5 倍。山溪性河流断面控制的距离可放宽至河宽的 3 倍。

（3）当断面控制和河槽控制发生在河段不同的地址时，优先选择断面控制的河段。在几处具有相同控制特性的河段上，优先选择水深较大的窄深河段作为测流断面。这是因为窄深河段的水位流量关系灵敏度高，可减少测量误差引起的流量误差。

（4）在平原区河流上，要求河段顺直匀整，全河段应有大体一致的河宽、水深和比降，单式河槽河床上宜无水草丛生。

（5）在潮汐河流上，宜选择较窄、通视条件好、横断面单一、受风浪影响较小的河段。有条件的可利用桥梁、堰闸布置测流。

（6）水库湖泊堰闸的测量河段，应选在建筑物的下游，避开水流大的波动和异常紊动影响。当在下游选择困难，而建筑物上游又有较长的顺直河段时，可将河段选在建筑物的上游，但应符合上述第一条的要求。

（7）结冰河流的测量河段，不宜选择在有冰凌堆积、冰塞、冰坝的地点。对层冰、层水的多冰层结构的河段，应经仔细寻访、勘察、选取其结冰情况较简单的河段。对特殊地形地理条件，宜选择不冻河段。

（8）浮标法测流河段，顺直段的长度应大于上、下浮标断面间距的两倍。浮标中断面应有代表性且无大的串沟、回流发生，各断面之间应有信号联系和较好的通视条件。

（9）量水建筑物测流法的测量河段，其顺直河段长度应大于行近河槽最大水面宽度的 5 倍。行近槽段内应水流平顺，河槽断面规则，断面内流速分布对称均匀，河床和岸边无乱石、土堆、水草等阻水物。

在确定测流河段的位置和进行断面定位布设时，除满足上述常规标准之外，还应对流域的地质、地物、地貌、河流特性、工程措施及资源开发规划等进行一定的勘察、调查，包括断面位置处河槽控制的稳定程度；不同水位时断面的流速分布状况；了解河流的水情情况，历年最高、最低水位情况；估算最大流量、最小流量等水文特征值；了解河床底部水草生长的季节和范围；封冰和流冰时间等。对相对固定测流断面的调查，会给今后的实际测流带来指导意义。

此外，对于相对固定的测流断面处，设立基本水尺（组）也是很有必要的。这样的水尺片（桩），既可以获得测流时的水位，又可以作为醒目的测流断面标志桩。在开始测流前，可以根据水尺片上的水位读数，对河段流速、流量变化有一个初步的认识，对实际测流同样会带来指导意义。

## 6.2 流量监测方法选择

### 6.2.1 概述

不同类型的流量监测需要根据具体的断面情况，分别选用合适的流量监测方法，选择的原则是因地制宜。在满足测量精度要求的前提下，尽可能采用巡测或自动在线、远程控制等方式，以便提高工作效率，减少人力、物力的消耗。目前，国内外都已经普遍采用了声学多普勒流速仪（ADCP）的测量方法，无论是走航式 ADCP，还是自动测量的在线式 ADCP，或者是浅水测量的便携式 ADCP，都是一种高精度、高效率、低消耗的先进流量监测方法，可以优先采用和大力推广。

在第 2 章中重点介绍了流量监测的各种方法，包括流速面积法、水力学法、化学法等。其中应用最广泛的是流速面积法。而作为巡测方式的测流，又以传统的机械式转子流速仪测量点流速和快速简便的走航式 ADCP 测量剖面流速的测量方式更为常用。

### 6.2.2 转子式流速仪

转子式流速仪是目前主要使用的点流速仪，采用流速面积法的工作原理是，在测量河段的断面线上，布设若干条垂线；在每条垂线上，测量一点或若干点的点流速，推算垂线平均流速断面流量；同时测量垂线的水深和每两条垂线之间的间距，得到部分面积；部分面积乘以垂线平均流速得到部分流量；在完成所有垂线上的流速测量，就可以计算得到断面流量，同时也相应得到断面面积和断面平均流速。由于严密和合理的工作原理，使得转子式流速仪成为了经典和传统的主导测量流速、流量仪器而经久不衰。

选择点流速仪的流速面积法监测流量，保证测量精度需要注意以下几点：

（1）测速垂线的布设

垂线布设的合理和足够多的垂线个数，是满足测量精度的保证。在我国现有的

《河流流量测验规范》（GB 50179—2015）中，对垂线的布设个数有一些原则上的规定。首先，测速垂线宜均匀分布，并能控制断面河床地形和流速沿河宽分布的主要转折点；其次，测速垂线的位置宜固定，并在主槽段的垂线分布密于河滩段；最后，可以根据高、中、低不同的水位来确定垂线的个数。

国际上一般采用多垂线少测点的方法，建议测速垂线不少于 20 条，任一部分流量不超过总流量的 10%。

在国内，会根据不同测量精度的仪器或不同测量精度的要求（如精测法、常测法、简测法）、不同的河宽和不同的断面形状（窄深型、宽浅型），建议最少的测速垂线的个数。以 50 m 河宽为例：会选择 6～10 条垂线，而 100 m 河宽，会建议选择 8～15 条垂线。而对于潮汐河道，垂线布设可适当少于无潮河流。

（2）测速垂线上测点的数目

同样，垂线上测点的数目也会影响垂线平均流速的测量精度。测点数目多少与水深、精度要求等有关。

国际上流行的垂线测点位置的分布有：一点、二点、三点、五点、六点、十一点等几种。其中，以一点法最为常用，其次是二点法和三点法。而其余多点分布的方法，只是供特殊要求（例如精测或比测时需要）使用。

在国内，按照以前的测验规范，为了达到精测法的要求，通常会采用小于 0.5 m 水深采用一点法；0.5～1.5 m 水深采用二点法；1.5 m 以上的水深可采用三点法。但目前，在常规的测量中，会考虑采用多垂线、少测点的原则，即适当增加断面测量垂线数并在每条垂线上，适当减少测点的数量。在水深小于 2 m 的情况下，仍然采用一点法，但需要进行测量成果的评估和测量误差的检验。

（3）流速测点的分布和定位

上述的测点位置是以水深的相对位置而确定，以水面为起点，即水面的相对位置是 0.0，河底的相对位置是 1.0。

在河流的畅流期，当采用一点法时，仪器测量点流速的位置为水深的 0.6 位置，即仪器距离水面 0.6 倍水深，距离河底 0.4 倍水深。当采用二点法时，仪器相对水深的位置分别是 0.2 位置和 0.8 位置。当采用三点法时，仪器相对水深的位置分别是 0.2 位置、0.6 位置和 0.8 位置。当采用五点法时，仪器相对水深的位置分别是 0.0 位置、0.2 位置、0.6 位置、0.8 位置和 1.0 位置。

在河流的冰封期，当采用一点法时，仪器测量点流速的位置为水深的 0.5 位置，即仪器距离水面 0.5 倍水深，距离河底 0.5 倍水深。当采用二点法时，仪器相对水深的位置分别是 0.2 位置和 0.8 位置。当采用三点法时，仪器相对水深的位置分别是 0.15 位置、0.5 位置和 0.85 位置。

（4）测速历时

按水力学理论，河流中的水流运动除大部分是按照层流的方式行进之外，还存在紊流的方式行进。层流的水流状态是水流呈平行流束运动，流速均匀。而紊流的水流状态则是水流中每个质点运动速度与方向，均随时间在不断地变化，而且其变化是围绕一个平均值上下跳动的。紊流最基本的特征是，即使在流量不变的情况下，水流中任一点的流速和压力也会随时间呈不规则的脉动。而流速的脉动现象，会受到河道断面形状、河道坡度、糙率、水深、弯道以及风、气压、潮汐等因素的影响。

流速的脉动影响，决定了短时间的测量历时，会引起较大的测量偶然误差。但测量历时过长，不仅不经济，而且因为水位、流量在测量历时过程中的变化而造成这个流量测量失去代表性。

经过大量的试验，经综合分析，在《河流流量测验规范》（GB 50179—2015）中规定：每一个测点的测速历时一般不短于 100 s，在特殊水情时，为缩短测流历时，或需要在一天内增加测流次数时采用简测法测流。简测法的测速历时可缩短至 50 s，但无论如何不应短于 20 s。

对于潮汐河流的测速历时，可选择 60～100 s。在等候涨、落潮憩流出现时间时，可将仪器位于 0.4 相对水深附近，当流速仪持续 180 s 不出现信号时，可视作憩流。

### 6.2.3 走航式 ADCP

与转子式流速仪相似，走航式 ADCP 也是采用流速面积法的测量方法进行流量的测量。所不同的是，走航式 ADCP 在每条垂线上测量更多的点流速（测量单元）数目，而在测量断面上测量更多的垂线个数（大多数 ADCP，是采用 1 s 显示 1 条垂线的数据，同一个测量断面，测量过程中的船速越慢，测量的垂线数越多）。无论从理论上说，还是从测量的实际效果来说，走航式 ADCP 更为先进、更为精确、更为快速、更为简便。

但也有不同之处，走航式 ADCP 是一种动船的测量方式。仪器被拖曳横跨断面过程，是处于不间断连续的测速状态。每一个测量单元的流速（点流速）几乎是瞬时流速，包含着脉动因子而引起的偶然误差。为了减少流量测量的不确定性，通常，对于流量在短时间内变化不大的河流，至少进行 4 个航次的断面流量测量，来回各 2 次（2 个测回），取 4 次流量的平均值作为实测流量值。如果 4 次测量值中任一个与平均值的相对误差小于 5%，流量测量结果可以被接受。如果 4 次测量值中一个与平均值的相对误差大于 5%，首先应分析造成该次测量误差大的原因（例如仪器安装问题、参数设置不当、河流水情涨落变化太快等），如果可以找到原因，该次测量结果可以去掉，再补测一次，如果找不到原因，应再进行另外 4 次测量，然后取 8 次测量结果的平均值，或者采用其他仪器或方法重新测量。

### 6.2.4　其他测量方法的选择

除上述的两种最常用的测量方法外，其他测流方法在第 2 章的流量监测方法中都已经分别介绍过。但不论采用什么样的方法，最主要的是根据测量现场的实际环境、条件，因地制宜地选择。

所有的测量方法都有各自的优点和适用的范围，也有不足之处或者受到使用限制的场合。例如转子流速仪和走航式 ADCP，都是以水作为测量介质，测量时仪器必须要入水，这种测量方式在遇到大洪水，特别是山溪性河流，涨水期间上游大量漂浮物随着急流下泄，会给测量带来很大的安全隐患。而这个时候，如果选用非接触式的浮标测流法，或者采用电波流速仪测量流量就更为实际。

同样，在枯期浅水条件下，有的河流平均水深都不会达到 0.5 m 的情况下，转子流速仪和走航式 ADCP 就会因水深过浅而不能使用，采用便携式 ADCP 就很合适。

因此，根据现场的条件、环境，选择合适方法是很重要的。

在《河流流量测验规范》（GB 50179—2015）中有着具体的规定，可以以此作为一种标准。

与水文部门最大不同处，是环境监测部门没有固定的测站，因此，不能建立缆道或悬索等过河设施，没有固定的水尺桩定时测量水位等。但有一些已建成的固定位置的水站，如果条件允许的话，可以考虑安装在线测量的固定式 ADCP，结合水质参数的监测数据，汇总一起远程传到监测中心。

## 6.3　流量监测精度要求

天然河流的流量会随时间而变，这种动态变化，造成了难以在相同条件下进行多次测量而获得相同的数值。也就是说，几乎不可能重复前一刻的流量值，或者说我们永远不知道某一时刻的真值。

精度是表示观测值与真值的接近程度。没有与真值的比较，也就很难获得测量的精度。所以，往往会将测量精度从另一角度来衡量，通过评价测量误差大小的量来确定，测量精度与误差大小相对应，即误差大，精度低；误差小，精度高。

为便于对不同类型的测流断面或测站进行流量测量误差控制，在《河流流量测验规范》（GB 50179—2015）中，按流量测量的精度，将测量断面或测站分为三类，即一类精度的测站、二类精度的测站、三类精度的测站。测流断面或测站精度类别根据其控制面积、资料用途、服务需求、测量条件等因素确定。

## 6.3.1 不同精度的监测方法

不同精度的测流断面或测站，在流量测量过程中，会采用不同的测量方法。通常分为精测法、常测法、简测法。

### 6.3.1.1 精测法

精测法是在较多的垂线和测点处，用精密的方法测速，以研究各级水位下测流断面的水力条件、流速分布等特点，为以后的精简测流工作提供依据。

新设的测流断面，只要条件允许，在最初的一两年中，应用精测法测到尽可能高的水位，并测得 30 次以上、均匀分布于各级水位的精测法流量资料，以便进行由精测法转化为常测法、简测法的分析工作。

精简分析成果经有关部门批准后，精测法除在超出精简分析的水位变幅时应用外，在已改用常测法、简测法的水位变幅内，通常只做校核测量之用。一般要求每年在高、中、低水位各校测一次。

### 6.3.1.2 常测法

常测法是在保证一定精度的前提下，经过精简分析，或直接用较少的垂线、测点测速。

（1）有精测资料的时期或测站，以精测资料为基础，进行精简测速垂线和测点的分析，如果精简后算得流量与精测流量相比，其误差值符合表 6-1 规定时，即可用精简后较少的垂线、测点测速，并作为经常性的测速方法。

表 6-1　常测法的误差限界

| 累积频率达 75% 以上的误差 | 累积频率达 95% 以上的误差 | 系统性误差 |
|---|---|---|
| 不超过 ±3% | 不超过 ±5% | 不超过 ±1%，如超过时需做改正 |

（2）没有条件使用精测法测速的时期或测站，可采用垂线、测点分开进行精简的方法（即用若干多线少点资料做精简垂线分析，用若干单线多点资料做精简测点分析），只要线、点分别精简后的综合误差符合表 6-1 规定时，也可在精简后的垂线、测点测速，并可视为经常性的测流方法。

（3）如按上述规定进行仍有困难时，允许不经过精简分析，直接用较少的垂线、测点，作为经常性的测流方法。但应尽可能用各种途径检验这种测流方法的精度。

#### 6.3.1.3　简测法

简测法是为适应特殊水情，在保证一定精度前提下，经过精简分析用尽可能少的垂线、测点测速。

（1）有精测资料的时期或测站，如选用尽可能少的垂线、测点，算出的流速平均值（单位流速），与精测法断面平均流速做相关分析，精度符合表 6–2 规定后，这些垂线、测点可作简测法使用。

表 6–2　简测法的误差限界

| 以精测法资料做精简 | | 以常测法资料做精简 | |
|---|---|---|---|
| 累积频率达 75%以上的误差 | 累积频率达 95%以上的误差 | 累积频率达 75%以上的误差 | 累积频率达 95%以上的误差 |
| 不超过 ±5% | 不超过 ±10% | 不超过 ±4% | 不超过 ±8% |

（2）没有精测资料的时期或测站，可用常测法资料进行上述分析，如精度符合表 6–2 规定后，也可作为简测法使用。

（3）简测法只在出现特殊水情，需要最大限度地缩短测流历时或需要大量增加测流次数时使用。例如，洪水期河流暴涨暴落时；受变动回水影响而回水变化频繁时；冰期流冰严重而水情变化急剧时。

### 6.3.2　精简分析

何时可以采用怎样精度的流量监测方法，是需要经过评估和分析的。

对不同测量方法的精度分析称为精简分析。精简分析是流量监测工作中一个重要环节。其目的是在满足标准流量测量成果精度的前提下，减少测流的工作量，缩短测流历时，提供测报资料。通过精简分析，制订各种比较合理的实测方案，以适应不同情况下测流工作的需要。精简分析工作内容与程序，一般包括：

（1）收集足够测次的、有代表性的、精度高的实测流量资料，作为分析的基础。

（2）根据需要，绘制有关图表，初步拟订精简方案。计算各方案精简前后数值的相对误差，统计各种误差是否超出规范的质量指标，从而确定精简方案的优劣。

（3）绘制精简前后各水文要素分布曲线或过程线，并编制精简分析的有关图表，看是否大致吻合和符合要求。

#### 6.3.2.1　有精测法流量资料时常测法的精简分析

对新设的测流断面或测站，在用流速仪作多线多点的精测法测流 30 测次以上，且获得均匀分布在不同水位的精测资料后，便可作精简测速垂线、测点的分析，以便改用常测法测流。精简分析的方法、步骤如下：

（1）在综合断面图上，按高、中、低水位级分别选绘有代表性的、精度较好的精测法流量的垂线平均流速横向分布曲线图，如图 6-1 所示。若高、中、低水位级的垂线平均流速横向分布曲线大致相似，可只考虑通用的精简方案，否则，应分水位级考虑不同的精简方案。

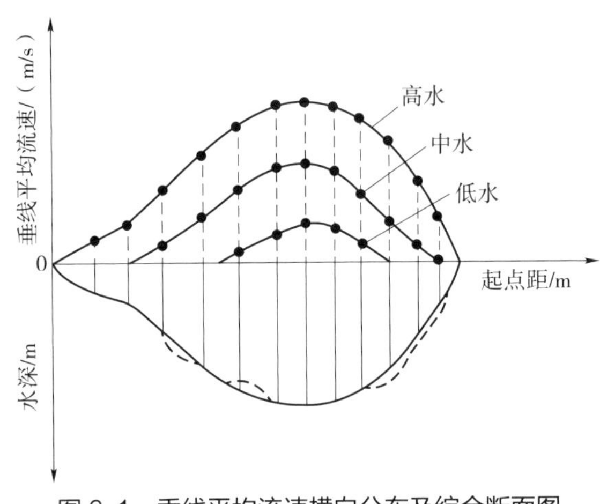


图 6-1　垂线平均流速横向分布及综合断面图

（2）根据垂线流速横向分布变化趋势，抽减流速变化缓慢的测速垂线，保留横向分布曲线的转折点垂线，并在测速垂线上抽减测速测点。分别计算精简垂线测点后的断面流量，及以精测法流量为假定真值的相对误差。如不超过 ±3%，即可以该精简方案确定的垂线、测点数目，逐次计算比较所有（30 个测次以上）精测法资料的精简后的流量误差。

（3）点绘所有精简分析测次的水位与流量误差关系图，分析流量误差沿水位级的分配情况，据以判断精简方案在高、中、低水位时的适用范围。并统计累积频率 75% 和 95% 的流量偶然误差以及系统误差。如果精简后的各种误差都不超过本章 3.1.2 中表 6-1 的限度，则可应用该方案确定的垂线、测点数目进行常测法测流。

（4）如果精简后的流量误差在一部分水位级（例如在高水位时或低水位时）超过表 6-1 的限度，而其余部分是合格的，则不超过规定误差的水位变幅内可采用原确定的垂线、测点精简方案测流，超过规定误差的部分水位级，应重新选择合适的精简方案。

（5）如同时考虑缩短测速历时，即用较少垂线、测点，同时用较短的测速历时，能达到表 6-1 的精度要求时，则常测法的测速历时可以缩短，但一般测速历时不宜少于 50 s。

#### 6.3.2.2　无精测法流量资料时常测法的精简分析

没有条件采用精测法测流的时期或测站，可用垂线、测点分开精简的方法。经过分析与误差综合，只要线、点分别精简后的综合误差符合表 6-1 要求时，可在精简后的垂线、测点测速，并作为经常性的测流方法。垂线、测点分别精简的方法、步骤如下：

（1）在不同水位、不同位置用多点法施测垂线流速，取得不少于 30 条垂线的流速资料，分别计算每次精简测速点后垂线平均流速的相对误差，再统计累积频率 75% 和 95% 频率的误差以及系统误差。这些多点法垂线流速资料，可结合正常的流量施测时进行，也可单独施测。

（2）在不同水位，按精测法测速垂线数目用多线少点法测流，取得不少于 30 次的流量资料，分别计算每次精简垂线后流量的相对误差，再统计 75% 和 95% 累积频率的流量误差以及系统误差。

（3）按下列公式，计算累积频率 75% 和 95% 的综合偶然误差：

$$m_{\mathrm{Q}}=\sqrt{m_{\mathrm{x}}^{2}+\frac{m_{\mathrm{d}}^{2}}{\alpha n}}$$

式中，$m_{\mathrm{Q}}$——流量的综合偶然误差；

$m_{\mathrm{x}}$——用多线少点资料精简垂线后的流量误差；

$m_{\mathrm{d}}$——用垂线多点法资料精简测点后垂线平均流速的误差；

$n$——各多线资料中测速垂线数的平均值；

$\alpha$——各部分流量不等的不等权系数。

（4）按下列公式，计算综合系统误差：

$$X_{\mathrm{Q}}''=X_{\mathrm{d}}''+X_{\mathrm{x}}''$$

式中，$X_{\mathrm{Q}}''$——断面流量的综合系统误差；

$X_{\mathrm{d}}''$——精简垂线使流量产生的系统误差；

$X_{\mathrm{x}}''$——精简测速点使流量产生的系统误差。

（5）如果按上述两个公式，计算的综合误差不超过表 6-1 的限度，则可用该方案精简后的垂线、测点数目进行常测法测流。

（6）如果同时考虑缩短测速历时，则可结合第（1）项的原则，用较短的测速历时（一般不宜少于 50 s）、少点法资料与多点法、每点测 100 s 的垂线平均流速资料比较，计算相对误差（以多点、100 s 为准），再统计累积频率 75% 和 95% 的误差以及系统误差。

#### 6.3.2.3　简测法的精简分析

简测法是选择尽可能少的垂线和测点的测流方法，用简测法测出的流速称为代表流速。通过分析，建立代表流速和断面平均流速的关系。利用这种关系，测得代表流速即可推求断面平均流速与断面流量。

在各级水位测取 30 次以上的精测法或常测法流量资料，进行精简分析，以便确定简测法最适宜的垂线、测点分布方案和简测流速的换算图表或系数。

分析方法、步骤如下：

（1）对于断面比较稳定的测流断面，选择中、高水阶段中，精度较好的几次精测法（或常测法）资料，绘制综合断面图及垂线平均流速 – 断面平均流速分布曲线，选择分布曲线比较稳定的几个部位，作为分析单位流速垂线位置的参考。

（2）选定主流及其附近的一条或几条测速垂线，从各次精测法（或常测法）测流成果中，摘录出各垂线和测点的实测流速，并算出单位流速。

（3）以各次精测法（或常测法）的断面平均流速与单位流速点绘关系图，通过点群重心绘制关系线（通常为直线），或按不同的流量变幅绘制几条关系线（注意衔接部分的合理性），并统计关系点偏离的程度，如累积频率 75% 和 95% 的误差均不超过表 6-2 的规定限度，则符合要求。否则，应改变精简方案，重新分析。

（4）确定单位流速换算为断面平均流速的换算公式（直线方程式）或检数表。

（5）对于断面冲淤变化较大的测流断面，简测方案可用多线一点法。以各垂线 0.2 有效水深或水面一点的实测流速作为垂线虚流速，并计算部分平均虚流速、部分虚流量及断面虚流量。与精测法（或常测法）流量点绘关系线，如累积频率 75% 和 95% 的关系点误差不超过表 6-2 的限度，则可采用此方案并确定其换算公式或检数表。

#### 6.3.2.4 流量间测的分析

在取得多年实测流量资料后，如经分析证明已建立的水位流量关系比较稳定，并能满足推算逐日流量的精度要求，则可采取流量间测（停测一个时期后再行施测），以便腾出人力和仪器设备等，开展其他需要的工作。

将分析的各年水位流量关系曲线点绘在同一张图上，如果历年的关系曲线线型一致，逐年不是逐渐增大或减少时，可通过历年的关系点群重心，综合订出一条平均关系线，并与各年的关系曲线比较，若最大偏离误差均不超过 3%～5% 时，则可实行流量间测。

如果各年的关系曲线逐年缓慢变化，向一边呈系统增大或减少时，应分析其变化原因。若各相邻年份关系曲线的彼此最大偏离误差也小于 3%～5% 时，则允许停一年、测一年。停测年份可用前一年关系曲线推流。

由精简分析可知，流量允许误差是关键性质量指标，应从试验研究分析确定，主观硬性规定一种指标是不适当的。

## 6.4 流量监测的测次确定

流量监测次数的多少与测量断面水位流量关系的稳定性、流量的变幅、断面的特性、用户对实测流量的要求等因素有密切的关系。

### 6.4.1 确定测流次数的基本原则

（1）对于测量断面，一年中测流次数的多少，应根据水流特性以及控制情况等因素决定。总的要求是以能准确推算出逐日流量和各项特征值为前提。为此，有必要掌握各个时期的水情变化，使测次均匀分布于各级水位（包括最大流量和最小流量），必要时要控制水位与流量变化过程的转折点；还要全面了解断面的特性，恰当地掌握测流时机，以便取得点绘水位与流量的关系曲线所必要的和足够的实测点据。

（2）对于新设的测量断面，要比同类断面适当增加测次。有条件时，最好能在全年选择一些典型时段（如平水期、洪水期、枯水期等），加密测流次数，以便通过分析，确定该断面最合理的流量次数。

### 6.4.2 测流次数的布置

#### 6.4.2.1 畅流期流量的测次

河床稳定、控制良好，并有足够资料证明水文与流量关系是稳定的单一线时，或水位与流量关系虽然不是稳定单一线，但能应用其他有关水流因素与流量建立关系，而相关曲线是稳定的单一线时，以后可按水位变幅均匀布置测次，每年一般不少于 15 次。若洪水及枯水超出历年实测流量的水位，或发现关系曲线有变化时，应机动加测。

受冲淤、洪水涨落或水生植物（如水草等）等影响的断面，在平水期，一般可根据水情变化或水生植物生长情况每 10～15 天测流一次。水生植物生长情况有变化的时期，适当增加测次。在洪水期，每次较大洪水过程，一般测流不少于 5 次，即涨水和落水时至少各测 2 次，峰顶附近一次。如峰形变化复杂或洪水过程持续较久时，应适当加测。暴涨暴落的山溪性断面，每次洪峰过程中至少应在涨水、落水和峰顶附近各测流一次。

受变动回水影响或混合影响的断面，其测流次数应视变动回水或混合影响变化频繁的程度而适当增加，以能测得流量的变化过程为度。

#### 6.4.2.2 冰期流量的测次

封冰期断面测次的分布，应以控制理论变化过程或封冰期改正系数变化过程为原则。流冰期小于 5 天处，应 1～2 天测量一次；超过 5 天处，应 2～3 天测量一次。稳定封冻期测次可较流冰期适当减少，封冻前和解冻后可酌情加测。对流量日变化较大的断面，应通过加密测次的试验分析，确定一日内的代表性测次时间。

#### 6.4.2.3 机动加测流量

不论测量河段的稳定性及其他条件如何，若在其上下游附近发生污染突发事件，或堤防决口等意外破坏水流规律的事件，应机动加测其流量变化过程，直至河流水情恢复正常为止。

### 6.4.3 流量的间测

#### 6.4.3.1 流量间测的目的

在取得多年实测流量资料以后，如经分析证明已建立的水位与流量关系比较稳定，并能满足推算逐日流量及各种径流特征值的精度要求，则可采取流量间测（停测一个时期后再行测量），以腾出一定的人力和仪器设备等，更多更好地开展新断面的流量监测和试验研究等其他工作。

#### 6.4.3.2 流量间测的条件

集水面积较小、有 10 年以上资料证明实测流量的水位变幅已控制在历年（包括大水、枯水年份）水位变幅 80% 以上，历年水位流量关系为单一线，并符合下列条件之一的，可实行间测：

（1）每年的水位流量关系曲线与历年综合关系曲线之间的最大偏差不超过允许误差范围的，可实行间测。

（2）各相邻年份的曲线之间的最大偏差不超过允许误差范围的，可停一年测一年。

（3）在年水位变幅的部分范围内，当水位流量关系是单一线，并符合（1）中的要求时，可在一年的部分水位级内实行间测。

（4）水位流量关系呈复式绳套，通过水位流量关系单值化处理，可按照上述（1）～（3）的要求，实行间测。

（5）在枯水期，流量变化不大，枯水径流总量占年径流总量的 5% 以内，且对这一时期不需要测流过程，经多年资料分析证明，月径流与其前期径流量或降水量等因素能建立关系并达到规定精度的，可实行间测。

### 6.4.4　流量的巡测

集水面积较小的各类精度的断面，符合下列条件之一的，可实行巡测：

（1）水位流量关系呈单一线，流量定线可达到规定精度，并不需要测量洪峰流量和回水流量过程的；

（2）实行间测的断面，在停测期间实行监测的；

（3）枯水、封冰期水位流量关系比较稳定或流量变化平缓，采用巡测资料推算流量，年径流的误差在允许范围内的；

（4）枯水期采用定期测流的；

（5）水位流量关系不呈单一线的断面，距离巡测基地较远，交通通信方便，能按水情变化及时测流的。

## 6.5　流量监测成果的检查和分析

### 6.5.1　检查分析目的和内容

对断面流量监测成果的检查分析，是整个施测工作“四随”（随测、随算、随整理、随分析）的一个重要内容。

#### 6.5.1.1　检查分析的目的

（1）保证原始资料正确、可靠，及时发现测量中的问题、缺点和错误。可能时，加以补救，否则查清原因，提出说明或改进测量方法的建议。

（2）随时查清实测流量的变化与有关水力因素或其他相关因素之间的因果关系，摸清断面或测站特性，保证资料工作方法正确，并尽可能简化。

（3）探求精简测量工作量的可能性，合理调整测量工作方案。提供在计算实测流量时正确选用各种系数的方法和数据。

#### 6.5.1.2　检查分析工作内容

（1）检查分析测点流速、垂线流速、水深测量等记录的正确性；以及流速测点、测速垂线、测深垂线布设的合理性。此项检查宜在现场于每一道测量、计算工序完成后随即进行。

（2）在每次测流的计算、校核工作完毕后，即应对实测流量成果的合理性进行全面的检查分析，并对每次成果的质量作出评价。此项检查分析工作，首先要注意发现重大问题。

（3）水位与流量关系稳定的断面或测站，主要是检查新的关系点绘于图中偏离原来系列的程度。水位与流量关系受各种影响的断面或测站，应检查每次新的关系点在图上的变化趋势同其他有关的水力因素或相关因素在各级水位下的变化情况是否响应。

（4）天然河流利用综合过程线图检查时，可按测流时间和相应水位在水位过程线上点出测次的位置，以随时检查流量测次的分布是否妥当。

（5）检查和分析成果时，应密切结合断面或测站特性和河流水情的具体情况进行。在任何一道工序中检查发现操作上有疑问时，如果情况允许，应重新测量，以找出原因，改正或验证原来的记录。但要注意不能没有根据地修改或舍弃原来的记录。

### 6.5.2 单次流量测量成果检查分析

对于测流断面的每一次流量测量成果应随时进行检查分析，当发现测量工作中有差错时，应查明原因，在现场纠正或补救。单次流量测量成果的检查和分析内容有：

（1）测点流速、垂线流速、水深和起点距测量记录的检查分析

应在现场对每一道测量和计算结果，结合断面特性、河流水情和测验规范的具体情况按下列要求进行：

1）点绘垂线流速分布曲线图，检查分析其分布的合理性。当发现有反常现象时，应检查原因，有明显的测量错误时，应进行复测。

2）点绘垂线平均流速或浮标流速横向分布图和水道断面图，对照检查分析垂线平均流速或浮标流速横向分布的合理性。当发现有反常现象时，应检查原因，有明显的测量错误时，应进行复测。

3）采用固定垂线测速的断面或测站，当受到测量条件限制，现场点绘分析图有困难，或因水位急剧涨落需缩短测流时间时，可在事先绘制好的流速、水深测量成果对照检查表上，现场填入垂线水深、测点流速、垂线平均流速的实测成果，与相邻垂线及上一测次的实测成果对照检查。

（2）流量测量成果的合理性检查分析

流量测量成果应在每次测流结束的当日进行流量的计算、校核，并应按下列要求进行合理性检查分析：

1）点绘水位或其他水力因素与流量、水位与面积、水位与流速关系曲线图，检查分析其变化趋势和三个关系曲线相应关系的合理性。

2）采用连续实测流量过程线进行资料整编的断面或测站，可点绘水位、流速、

面积、流量过程线图，对照检查各要素变化过程的合理性。

3）冰期测流，可点绘流量改正系数过程线图或水浸冰厚及气温过程线图，检查冰期流量的合理性。

4）当发现流量测点反常时，应检查分析反常的原因，对无法进行改正而具有控制性的测次，宜到现场对河段情况进行勘察，并及时增补测次验证。

（3）流量测次布置的合理性检查分析

流量测次布置合理性检查分析，应在每次测流结束后将流量测点，点绘在逐时水位过程线图的相应位置上，采用落差法整编推流的断面或测站，应同时将流量测点，点绘在落差过程线图上，并结合流量测点在水位或水力因素与流量关系曲线图上的分布情况，进行对照检查。当发现测次布置不能满足资料整编定线要求时，应及时增加测次，或调整下一测次的测量时机。

### 6.5.3　流量监测成果综合检查分析

对于河床稳定的测流断面或测站，应每隔一定时期分析该断面或测站控制特性，工作内容主要有：

（1）点绘水位或水力因素与流量关系曲线图，将当年与前一年的上述曲线点绘在一张图上，进行对照比较。从水位或水力因素与流量关系的偏离变化趋势，了解断面或测站控制的变动转移情况，并分析其原因。

（2）点绘水位与流量测点偏离曲线百分数的关系图，从流量测点的偏离情况和趋势，了解断面或测站控制的转移变化情况，并分析其原因。

（3）点绘流量测点正、负偏离百分数与时间关系图，了解断面或测站控制随时间变化的情况，并分析其原因。

（4）将指定的流量值按多年的相应实测水位依时序连绘曲线，从与最大流量对应的水位（同流量水位）曲线的下降或上升趋势，了解断面或测站控制发生转移变化的情况，并分析其原因。

对于河床不稳定的测流断面或测站，每隔一定年份，应对测流断面的冲淤与水力因素及河势的关系进行分析。

对垂线流速分布的综合分析，测流断面或测站可采用多点法资料，分析其垂线流速分布型式。当断面上各条垂线的流速分布型式基本相似时，可点绘一条标准垂线流速分布曲线；当断面上各个部分的垂线流速分布型式不完全相同时，可分别点绘 2～3 条分布曲线。对水位变幅较大的断面或测站，当在不同水位级垂线流速分布型式不同时，应对不同水位级点绘分布曲线，并可采用曲线拟合得出的流速分布公式，分析各相对水深处测点流速与垂线平均流速的关系。

## 6.5.4 检查图表绘制

各项成果的检查，一般均可用图表进行。随着测流资料的积累，大部分图表可在事先绘制。测流时，视需要带至现场使用。

新设断面或测站在检查时，可根据新的测流成果，在现场绘制，以分析其变化特点与已知断面或测站特性是否一致。

### 6.5.4.1 垂直流速分布曲线图

垂直流速分布曲线图是断面某一条固定垂线，不同水位级时典型的垂线流速分布曲线。可以根据各个断面现有的资料，事先绘制出不同垂线位置的流速分布曲线图。

如图 6-2 所示，该图的纵坐标为相对水深，横坐标为流速。检查时，在现场把新的测点流速成果点绘于图中，分析其分布规律与以往的是否一致。如有怀疑，应立即检查原因，并进行复测。新设断面或测站，此项曲线图可于现场绘制，检查时看其是否合乎一般规律。

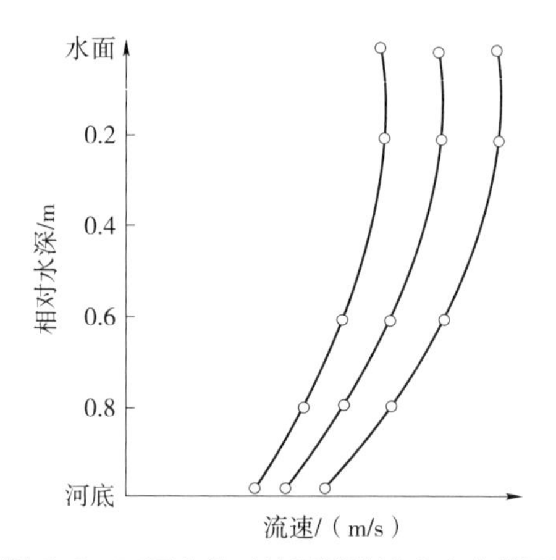


图 6-2 不同水位时的垂线流速分布曲线图

将新的测速成果点绘于图中，如其垂直分布情况与以往的不同，或不合乎一般规律时，可以从以下几个方面进行检查：

（1）是否由于风向、风力的影响；

（2）流速信号及停表读数有无错误；

（3）测点深的计算和流速测点定位有无错误；

（4）流速仪的旋转部分有无故障（如被水草缠绕等）。

### 6.5.4.2 垂线平均流速横向分布图

垂线平均流速横向分布曲线的形状，往往与水道断面的水深形状和分布有着密切的关联。故进行此项检查时，尽可能把水道断面图一并绘制在图中，如图 6-3 所示。

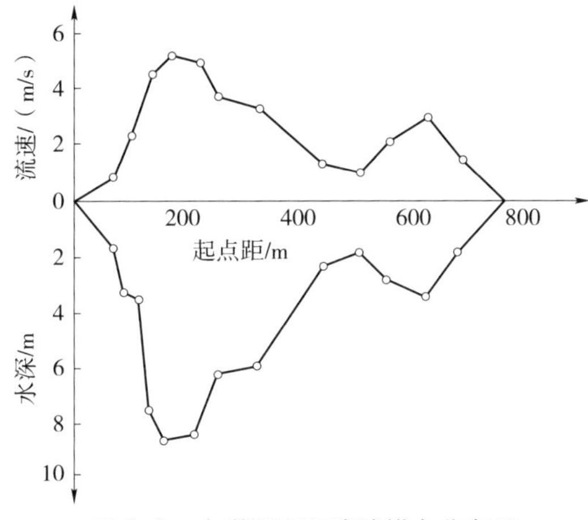


图 6-3　水道断面和流速横向分布图

该分布图一般在河床稳定、测速垂线固定时使用。可根据以往资料绘制，用以检查新测成果中各垂线流速的合理性和测速垂线布设的正确性。发现垂线流速可疑时，应查明原因，必要时应重测验证。如发现原来的垂线不足以控制断面的流速横向变化时，应立即在适当位置增设测速垂线。

造成新测断面成果有反常现象的原因，通常有下列几个方面：

（1）计算错误；

（2）起点距测量错误；

（3）悬索偏角、流向偏角测量或改正错误；

（4）测速垂线分布（或浮标投放）不均匀或数量不足，如图 6-4 所示；

（5）浮标行速测量的错误；

（6）浮标投放时风向、风力变化的影响。

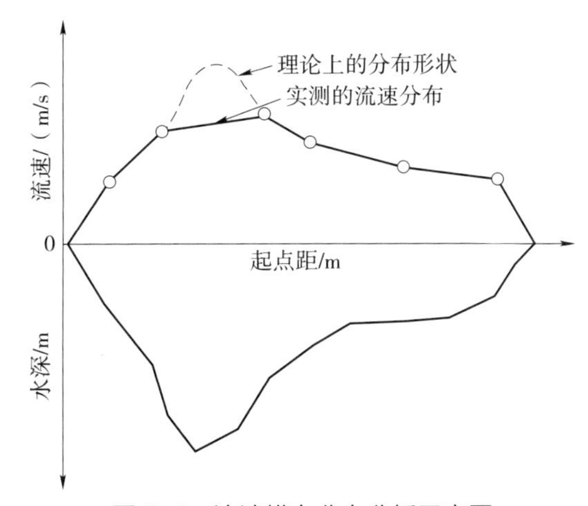


图 6-4　流速横向分布分析示意图

#### 6.5.4.3　代表线流速过程线图

潮流站用代表线施测时，可在现场绘制代表线流速过程线图，用以检查流速变化过程是否连续、均匀等。

#### 6.5.4.4　大断面图或水道断面图

将新测成果与前几次测量成果绘制在一起，检查新的测深成果是否正确、可靠；河底高程的变化是否符合冲淤规律；测深垂线的布设是否足够、合理。

在前几次测量成果的综合断面图上，把新测成果绘上，如图 6-5 所示。如发现有不合理现象，一般可从下列三方面检查：

（1）测深读数是否有误差；

（2）悬索偏角有无测量或是否没有进行改正；

（3）起点距测量是否有错；

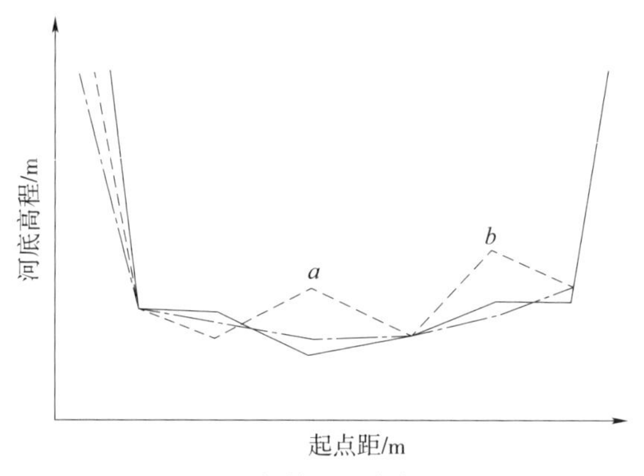


图 6-5　水道断面综合示意图

#### 6.5.4.5　水位与有关水力因素或相关因素的关系曲线图

水位与有关水力因素或相关因素的关系曲线图主要用来检查分析各次实测流量的最后成果，这些曲线包括：

（1）水位与流量、水位与面积、水位与流速的关系曲线图：这些曲线图用以检查水位与流量、面积、流速关系点的分布是否符合断面或测站特性；三者的关系是否合理；测点与前一个时期的（或历年的）比较，其变化规律是否一致。

（2）水位与水面宽、水位与平均水深、水位与最大水深、水位与最大流速、水位与水面比降关系曲线图：用以分析各水力因素的变化规律及其相互间的关系，检查实测流量变化的合理性。

（3）流量系数与相关因素关系曲线图：通过分析流量系数与相关因素变化的关

系，来检查流量实测成果的合理性。

（4）潮水位、流速、面积、流量过程线图（单一或综合的）：综合对照检查各要素变化过程的合理性。

（5）其他用以检查实测流量成果合理性的各种水文要素综合过程线图。

通过上述关系曲线图的检查发现问题时，一般可以从以下几个方面去查找原因：

（1）断面测量的误差。包括起点距测读误差；测深垂线不足或不匀引起的误差；悬索偏角未改正的误差；断面与流向不垂直以及浮标断面选用不恰当造成的误差等。

（2）流速测量的误差。包括流速仪性能引起的误差；测速历时过短造成的误差；测点和垂线的不足、不匀或定位不准引起的误差等。

（3）计算误差。如选用系数不当引起的误差；相应水位计算误差以及其他数字计算的误差等。

（4）其他方面的误差。如水位观测误差；堰闸测流时闸门开启情况的测记误差以及流态判别错误而造成选用流量系数计算公式不当等。

#### 6.5.4.6　其他图表

其他检查分析图表，可根据需要绘制，如：

（1）为检查冲淤河道实测流量的合理性而绘制的平均河流高程过程线图，或同水位面积过程线图，或水位改正数过程线图等。

（2）为检查受洪水涨落率影响的实测流量合理性而绘制的逐时水位过程线图、或水位与涨落率关系曲线图等。

（3）为检查冰期实测流量的合理性而绘制的改正系数过程线图，或水浸冰厚及气温过程线图等。

## 6.6　断面测量

断面测量是流量监测工作中不可缺少的一个重要组成部分。断面流量是通过测量水中的流速和过水断面面积，经过计算而得。断面测量的精度直接关系到流量测量的精度。

断面测量前，应根据河道的实际情况，先确定断面线，断面线应与测量断面平均水流的流向垂直。然后确定断面的固定桩，断面固定桩的位置应保证在历年最高洪水位高程以上处。通常会以断面的固定桩为起点距的原点。起点距是指：在测量断面上，以一岸断面桩为起始点，沿断面方向至另一岸断面桩间，任一点的水平距离。

通常断面测量可以分为河道水道断面测量和河道大断面测量两种。

## 6.6.1 水道断面测量

河道自由水面与河床湿周所包围的横断面，称为水道断面。水面以下到河床之间部分的面积，也就是水道断面的面积。

河床稳定的断面测量，枯水期每隔 2 个月、汛期每隔 1 个月应全面测深一次。平时测流，若测流垂线与测深垂线相同的情况下，水道断面测量可以与流量测量同时进行。若有必要，常规流量测量时，也可以借用断面垂线水深的数据用于计算流量。若有条件，采用走航式 ADCP 沿着断面线测量，可以直接显示水道断面的断面图、河床形状和各起点距位置的垂线水深，使得断面测量变得更为简单、方便、准确和高精度。

冰期测流应同时测量水深、冰面边、冰厚、水浸冰厚和冰花厚。当冰底不平整时，应采用探测的方法加测冰底边起点距；当冰底平整时，可在岸边冰孔的冰底高程断面图上查得冰底边位置。

水道断面的测量包括河宽测量和垂线水深测量两个部分。断面的测宽、测深的方法应根据河宽、水深大小、设备情况和精度要求确定。

### 6.6.1.1 断面宽度的测量

断面宽度的测量可以与测速垂线的布设结合起来。测宽的方法，可以采用过河索、带刻度的过河测绳作为直接量距的方法确定河宽和垂线布设的位置。用这种方法测量断面宽度时，应注意使测绳或卷尺测量两条垂线或桩点间时保持水平。

可以用全站仪、经纬仪、激光测距仪、高精度 GPS（RTK GPS）、六分仪等仪器测定垂线和桩点的起点距等方法确定河宽。用这种方法测量河宽时，通过仪器的读数，也可以直接测得各垂线起点距，以及两条垂线之间的距离。

也可以在渡河建筑物上设立标志来确定河宽。测量宽度一般宜用等间距的尺度标志。河宽大于 50 m 时，最小间距可取 1 m；河宽小于 50 m 时，最小间距可取 0.5 m。每 5 m 整倍数处，应采用不同颜色的标志加以区别。

### 6.6.1.2 断面垂线水深的测量

断面垂线水深的测量可以采用带刻度的测深杆、带测绳的测深锤、铅鱼、超声波测深仪、走航式 ADCP 等仪器或设备进行。

采用测深杆测深时，测深杆上的尺寸标志在不同水深读数时，应能准确至水深的 1%；河底较平整的断面，每条垂线的水深应连测两次，两次水深差值不超过最小水深值的 2% 时，取平均值，当两次测得水深差值超过 2% 时，应增加测次或重新测量；当多次测量达不到限差 2% 的要求时，可取多次测深结果平均值；对于河底不平整或波浪较大的断面，以及水深小于 1 m 的垂线，限差按 3% 控制。

采用带测绳的测深锤时，测绳上的尺寸标志应在将测绳浸水后在受测深锤重量自然拉直状态下设置；每条垂线的水深应连测两次。两次测得的水深差值，当河底比较平整的断面不超过最小水深值的 3%，河底不平整的断面不超过 5% 时，取两次水深读数的平均值；当两次测得的水深值超过上述限差范围时，应增加测次，取符合限差的两次测深结果的平均值；当多次测量达不到限差要求时，可取多次测深结果平均值。

采用铅鱼测深时，应在铅鱼上安装水面和河底信号器。水深的测读方法可采用直接读数法、游尺读数法、计数器读数法等。水深比测的允许误差，当河底比较平整或水深大于 3 m 时，相对随机不确定度不应超过 2%；当河底不平整或水深小于 3 m 时，相对随机不确定度不应超过 4%，相对系统误差应控制在 ±1% 范围内；水深小于 1 m 时，绝对误差不应超过 0.05 m。

采用超声波测深仪测深时，使用前应进行不同水深的 3 个点以上现场校准，并在流水处水深不小于 1 m 的深度上观测水温，并根据水温作声速校正，测量过程中应对测读或记录的水深，加上换能器入水深度进行改正。

采用走航式 ADCP 测深时，宜采用带垂直波束可直接测量水深的型号。测量时，尽可能保持仪器处于垂直于水面的姿态。在垂线测量时，保持测量历时不少于 30 s，取实测水深的算术平均值。

### 6.6.2　大断面测量

河道水道断面扩展至历年最高洪水位以上 0.5～1.0 m 的横断面，称为大断面。对于漫滩较远的河流应包括最高洪水边界，有堤防的河流应包括堤防背河侧的地面。

大断面是用于研究断面变化的情况以及在测流时不直接施测断面以供借用断面。大断面的面积分为水上、水下两部分。水上部分面积采用水准仪测量的方法进行。水下部分即水道断面，按照上述的水道断面测量的方法进行。

水道断面的面积可以采用足够密度垂线的垂线水深（水面与河床之间的距离）与垂线距离（部分河宽），推算出部分面积，将所有的部分面积相加可得水下部分的面积，即水道断面的面积。

通常每年的汛前或汛后应施测一次大断面，校核起点距。测量范围应为岸上部分和水下部分的水道断面测量。测量时间宜在枯水期水位相对比较平稳的时期进行。此时水上部分所占比重大，易于测量，所测精度高。水下部分可沿河宽进行水深的连续测量。当水面宽度大于 25 m 时，垂线数目不少于 50 条。当水面宽度小于或等于 25 m 时，垂线数目宜为 30～40 条，但最小间距不宜小于 0.5 m。测深的垂线数，应能满足掌握水道断面形状的要求。测深垂线的布设宜均匀分布，并能控制河床变化的转折点，使部分数据面积无大补大割情况。当河道有明显的边滩时，主槽部分的测深垂线应较滩地密。

### 6.6.3 误差来源与控制

影响断面测量精度的因素包括水深测量误差和起点距测量误差。

#### 6.6.3.1 水深测量误差的来源

（1）波浪或测具阻水较大，影响测量；

（2）水深测量在横断面上的位置与起点距测量不吻合；

（3）测深杆或铅鱼悬索的偏角较大；

（4）测深杆的刻划或测绳不标准，测量时测杆或测锤陷入河床；

（5）超声波测深仪的精度不能满足要求，或仪器的工作频率与河床特征不适应；

（6）水深测量的要求设备在测量前缺少必要的检查和校验。

#### 6.6.3.2 起点距（河宽）测量误差的来源

（1）基线丈量的精度或基线的长度不符合要求；

（2）由于断面索受温度或拉力引起的伸缩变化和本身自重引起的垂度变化，造成测量的误差；

（3）使用经纬仪交会测量时，后视点观测不准或仪器发生位移；

（4）使用六分仪交会测量时，测船的摇晃或不在断面测深处测量；

（5）仪器的观测和校测不符合要求。

#### 6.6.3.3 误差的控制

（1）当有波浪影响观测时，水深观测不应少于 3 次，并取多次的平均值；

（2）水深测量点，必须控制在测流的断面线上；

（3）使用铅鱼测深，偏角超过 10° 时，应做偏角校正。当偏角过大时，应更换较大铅鱼；

（4）应选用合适的超声波测深仪，使其能准确地反映河床分界面；

（5）对测宽、测深的仪器和测具应进行校正。

# 6.7　水位监测

水位监测是流量监测工作中不可缺少的一个重要组成部分。用观测到的水位，通过与流量建立的关系可以推求流量。水位监测的精度直接关系到流量测量的精度。

凡河流、湖泊等水体的自由水面距离固定基面的高程，称为水位。其单位以米表示。水位和高程都是以一个基本水准面（基面）为准。常用的基面有绝对基面、假定基面、测站基面等。

绝对基面：以某一海滨地点平均海平面的高程定为 0.000 m 的水准基面，称为绝对基面（或称标准基面）。常用的有黄海基面、吴淞基面、珠江基面等。

假定基面：为计算某水文测站或某测量断面的水位或高程而假定的水准基面，称为假定基面。

测站基面：是水文测站选在略低于历年最低水位或河床最低点的一种专用假定固定基面，称为测站基面。

## 6.7.1　水位观测的设备和方法

### 6.7.1.1　水位观测的设备

常用的水位观测设备有水尺和自记水位计两种类型。水尺实际是一种依靠人工观读的设备。自记水位计则是一种间接观测的仪器，但可以实现自动或遥控观测的设备。

（1）水尺

水尺是水文测站或监测断面观测水位的最基本设施。按型式可分为直立式水尺、倾斜式水尺、矮桩式水尺、悬锤式水尺等。

其中以直立水尺构造最简单，观测也方便，是最常用的一种人工直接观测的设备。一般在监测断面上设置一组水尺。直立水尺是由水尺靠桩和水尺板组成。靠桩可采用木桩、钢管、钢筋混凝土等材料，垂直打入河底，或垂直打入河坡并牢靠固定，避免下沉或倾斜。水尺板通常是长 1 m，宽 8 ～ 10 cm，分辨率是 1 cm 的搪瓷板、木板或合成材料制成。水尺板应有一定的强度，不易变形，耐室外气候环境变化，耐水浸。在野外自然环境条件下，水尺的伸缩率应尽可能小。水尺的刻度必须清晰、醒目，数字清楚，数字的下边缘应放在靠近相应的刻度处。为了便于夜间观察，水尺面表层可涂被动发光涂料，在受到光线照射时，比较醒目，便于夜间水位观测。

水尺安装设立后，应立即按照四等水准的要求，测定其零点高程。在日常的使用过程中，也需要经常校测零点高程。若校测前后高程的不符值不超过 10 mm 时，允许采用原先的零点高程。但二次测量的不符值超过 10 mm 时，应采用校测后的高程，并及时查明和记录水尺变动的原因及日期。

水尺的布设应根据断面地形、历年水位变幅等情况确定。设置水尺的基本原则是保证观测精度，便于使用，经济安全。水尺应设置在岸边容易到达的地方，便于观测人员尽可能地接近，直接读取水位数据。水尺布设的位置应选择岸边稳定，风浪较小的地方，避开涡流、回流、漂浮物等影响。对于风浪较大的地区，必要时应采取静水设施。

水尺布设的范围，应高于该断面历年最高、低于历年最低水位各 0.5 m 的范围。相邻的两支水尺的观测范围应有不少于 0.1～0.2 m 的重合，当风浪经常较大的地方，重合部分可适当增大至 0.4 m。

为了便于水尺的管理、保养、维护和使用，不至于引起混乱，每一支水尺都应有一个编号。各种编号的排列顺序应为组号、脚号、支号、支号辅助号。组号代表水尺名称，脚号代表同类水尺的不同位置，支号代表同一组水尺中从岸上向河心依次排列的各支水尺的次序，支号辅助号代表该支水尺零点高程的变动次数或在原处改设的次数。

（2）自记水位计

自记水位计具有记录连续、完整、节省人力等优点，可以自动连续测量和记录水位变化的过程。目前，国内外发展了多种感应水位的方法，其中多数可以与自记水位计和远传设备联用，这些方法包括测定水面的方法、测定水压力的方法和由超声波传播时间推算水位的方法等。采用的设备包括浮子式水位计、压力水位计、超声波水位计、雷达（激光）水位计等。

1）浮子式水位计

浮子式水位计是一种传统的、使用最普遍的自记水位计。通过机械装置传递和采集水位信息。随着科技水平的提高，经过不断地改进和开发，其结构已经比较完善，能适应各种水位变幅和时间比例的要求；水位的变化除自记外，也可适应数据采集终端的远传、遥测；测量水位的精度更高，时间走时的误差也大大减少。

通常浮子式水位计（图 6-6）由感应部分（浮筒、平衡锤）、传动部分、记录编码部分（转筒、时钟、记录笔、编码远传装置）等组成。其工作原理为随着水位的升降，浮在水面上的浮筒也同步升降。比例轮带动记录筒转动，时钟记录笔的横向位置，使记录笔在记录纸上反映水位随时间的变化过程。

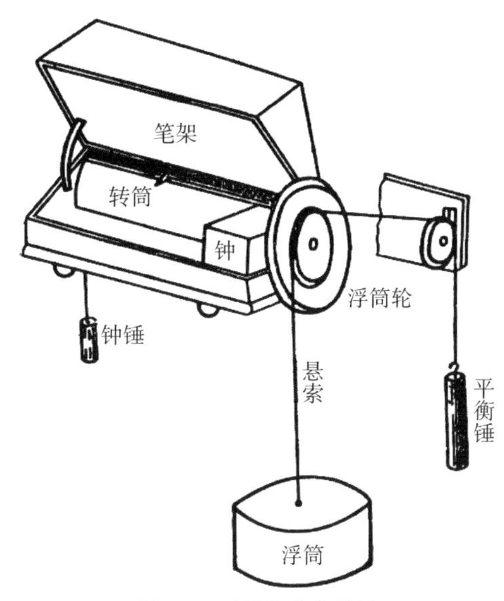


图 6-6　浮子式水位计

浮子式水位计需要建有测井，水位的感应浮筒则安装在起静水作用的测井中。平衡锤平衡了浮筒的重量，使浮筒灵敏地反映水位的微小变化，简单而可靠。

2）压力水位计

压力水位计有不同的类型，包括投入式压力水位计、气泡式压力水位计等。它通过测量水下某一固定点的静水压力，获得该点以上的水柱高度，即可测得水位。而气泡式水位计可将静水压强引入岸上进行测量，仪器与被测水体无须接触，只有一根气管进入水中，从而避免了很多干扰和影响，仪器的稳定性更好。压力水位计可实现无测井安装，具有安装灵活，土建费用低等特点。

（3）超声波水位计

超声波水位计有气介式和液介式超声波水位计两种类型。气介式水位计是以空气作为超声波的传导介质，安装在最高水位的上方，仪器不接触测量的水体，也称为非接触式水位计。液介式水位计的超声波换能器安装在水下，以水为超声波的传播介质。超声波水位计的工作原理为，无论是以空气还是以水体为介质，换能器分别向下或向上指向水面发射超声波信号，当遇到不同密度的介质分界面（水面）时，产生反射，并被换能器接收，测量来回的传播历时，乘以在不同介质中超声波的传播速度，即可测量到仪器固定位置的高程与水面之间的距离，即可换算为水位。

超声波水位计可以安装在测井中使用，也可以在无测井的条件下使用。而气介式水位计与水体的非接触测量，可以不受流速、水深、含沙量、水质的影响，也不破坏水流结构，避免了水下环境对仪器测量的影响，更显示出其优越性。

#### 6.7.1.2 水位观测

（1）水尺观测

在我国，规定水位观测的时间采用北京标准时，水位基本定时观测时间为 8 时。在西部地区，冬季 8 时观测有困难或枯水期 8 时水位代表性不好时，可根据具体情况，经资料分析和领导部门批准，改在其他代表性较好的时间定时观测。

对于测站断面，水位平稳时，每日 8 时观测一次。水位变化缓慢时，每日 8 时、20 时观测 2 次，枯水期 20 时观测有困难时，可提前至其他时间观测。水位变化较大或出现缓慢的峰谷时，每日 2 时、8 时、14 时、20 时观测 4 次。洪水期或水位变化急剧时，可每 1～6 小时观测一次；暴涨暴落时，应根据需要增加为每半小时或若干分钟观测一次，应测得各次峰、谷和完整的水位变化过程。

对于水位观测的精度，水位应读记至厘米，时间应记录至分钟。观测人员必须携带观测记载簿，准时测记水位，严禁提前、追记、涂改、篡改、擦改和伪造。

（2）自记水位计观测

自记水位计虽然可以实现自动观测和记录实时水位的数据，但是观测的时间规定与人工水尺观测的原则相同。

使用日记式自记水位计时，每日 8 时定时校测一次。用于潮汐断面的水位应每日 8 时、20 时各校测一次。使用长周期的自记水位计时，对周记和双周记水位计应每 7 日校测一次，对其他长期自记水位计应在使用初期根据需要加强校测，当运行稳定后，可根据情况适当减少校测次数。

自记水位计应按记录周期定时换纸，换记录纸时，应检查水位轮感应水位的灵敏度和走时机构的正常性；检查电源、记录笔、墨水、时钟等配件是否符合技术要求。换纸时，应注明换纸时间与校核水位。但换纸恰逢水位急剧变化或高、低潮时，可适当延迟换纸时间。

自记水位计的校测应定期或不定期进行。校测频次可根据仪器稳定的程度、水位涨落率和巡测条件等确定。每次校测应记录校测时间、校测水位值、自记水位值等信息，作为水位资料整编的依据。自记水位计的校测可以采用设有水尺的观测值进行校测。在没有水尺的比测，可采用水准测量的方法进行校测。当校测水位与自记水位系统偏差超过 ±2 cm 时，经确认后重新设置水位计。

### 6.7.2 水位观测成果计算

无论是人工的水尺观测水位，还是自记水位计记录每时刻的实时水位，只是代表某时刻的实际水位值。在应用时，还需要计算平均水位。平均值是某观测点不同时段水位的均值或同一水体各给出点同时水位的均值。对于某观测点的平均水位还需要计算日、旬、月、年的平均水位。

日平均水位是指在某水位观测点，一日内水位的平均值。其推求原理为：以观测的瞬时水位值为函数，以时间为自变量，通过积分求得。实际工作中是将一日内变化多段水位值与时间组成的不规则图形，概化为若干个矩形或梯形，求其面积，再除以时间，即得日平均水位。

日平均水位可被直接使用，一般来说，日平均水位是旬、月、年水位计算的基础。日平均水位一般需要在观测过程中及时计算。

### 6.7.2.1　日平均水位的计算

（1）算术平均法

一日内水位变化缓慢时，或水位变化虽然较大，但是等时距的过程或摘录时，如 8 时、20 时 2 次或 2 时、8 时、14 时、20 时 4 次等，均可采用算术平均法。

计算公式为

$$\overline{Z}=\frac{1}{n}\sum_{i=1}^{n}Z_i$$

式中，$\overline{Z}$——日平均水位；

$n$——一日内观测水位的次数；

$Z_i$——每次观测的水位。

（2）面积包围法

这是利用时间加权计算日平均水位的方法，又称 48 加权法。适用于水位变化剧烈且不是等时距观测的时期。计算时可将一日内 0—24 时的折线水位过程线下的面积除以一日内的时数得到，如图 6-7 所示。

如 0 时或 24 时无实测记录，则应根据前后相邻水位，按直线内插求得。

面积包围法计算日平均水位可按下列公式计算：

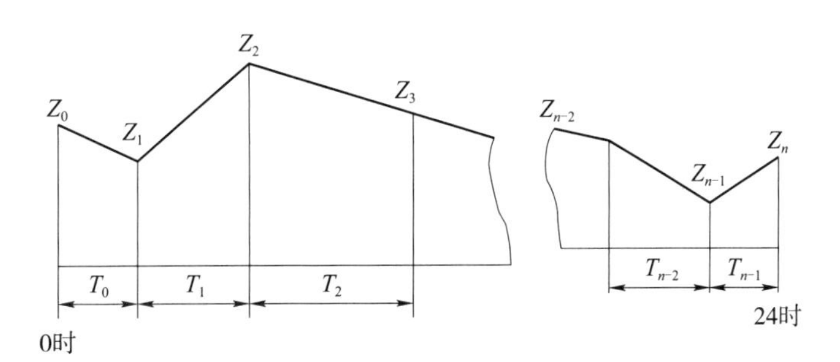


图 6-7　面积包围法

$$\overline{Z}=\frac{1}{48}\left[Z_0T_0+Z_1(T_0+T_1)+\cdots+Z_{n-1}(T_{n-2}+T_{n-1})+Z_nT_{n-1}\right]$$

式中，　　$\overline{Z}$——日平均水位；

$Z_0$、$Z_1$……$Z_n$——一日中，0 时、1 时……24 时观测的水位；

$T_0$、$T_1$…$T_{n-1}$——一日中 0 时至观测时刻 1 时 $n$−1 时的时距；

$n$——一日内等时距观测的时段数。

#### 6.7.2.2　水面比降的计算

沿水流方向单位水平距离内铅直方向的落差称为比降，即比降是水流铅直方向的落差与水平距离之比。比降常用万分率表示，比降特别大的山区河流，也可用千分率表示。

常用的比降有水面比降、能面比降、摩阻比降、附加比降、河道比降等。需要指出的是，在水位测量中无特殊说明的比降，均指水面比降。

水面比降观测要求同时测出上、下游两组水尺的水位。在条件许可时，最好有两人分别在上、下游同时观测。若条件不够或水位变化缓慢时，可由一人观测。观测步骤为：先观测上（或下）比降水尺，后观测下（或上）比降水尺，再返回观测一次上（或下）比降水尺，取上（或下）比降水尺的均值作为与下（或上）比降水尺的同时水位，两次往返的时间应基本相等。

当水位平稳时，也可先后只读一次上、下游水尺的水位读数（观测时距不宜过长）。

水面比降以万分率表示时，可按下列公式计算：

$$S=\frac{Z_{\mathrm{u}}-Z_{\mathrm{i}}}{L}\times 10\,000$$

式中，$S$——水面比降，0/000；

$Z_{\mathrm{u}}$——上比降断面水位，m；

$Z_{\mathrm{i}}$——下比降断面水位，m；

$L$——上、下比降断面间距，m。

### 6.7.3　误差来源与控制

#### 6.7.3.1　水尺观测误差来源与控制

采用水尺进行水位的观测，有两个因素会影响观测的精度：水尺桩和水尺板的设置和安装带来的误差；人工观测水尺读数带来的误差。

（1）误差来源

1）直立式水尺安装不垂直；

2）倾斜式水尺坡度不均匀；

3）水尺零点高程测量误差、水尺刻画误差而引起的系统误差；

4）观测人员在目测时，视线与水面不平行所产生的折光影响；

5）水尺附近停靠船只或有其他障碍物的阻水、壅水影响；

6）在有风浪、回流、水流波浪、潮汐流影响时，观测时间过短，读数缺乏代表性引起的误差。

（2）误差控制

1）在设置和安装水尺桩和水尺板时，应采取相应措施，避免或控制上述误差；

2）水尺零点高程受到漂浮物碰撞、结冰上拔等引起改变，应及时校测水尺零点高程给予消除；

3）观测人员在观读水位时，身体应蹲下，使视线尽量与水面平行，避免产生折光；

4）有波浪时，可利用水面的暂时平静进行观读，或者读取峰顶水位、谷底水位，取其平均值。波浪较大时，可先套好静水箱，再进行观测；

5）当水尺水位受阻水影响时，应尽可能先排除阻水因素，再进行观测；

6）随时校对观测的时钟；

7）采取多次观读，取平均值。

### 6.7.3.2　自记水位计观测误差来源与控制

（1）误差来源

1）仪器本身或仪器安装时引起的系统误差；

2）机械摩阻产生的滞后误差；

3）悬索重量转移改变浮子吃水深度产生的误差；

4）平衡锤入水，改变浮子入水深度引起的误差；

5）水位轮、悬索直径公差形成的误差；

6）环境温度变化引起水位轮悬索尺寸变化造成的误差；

7）机械传动空程引起的误差；

8）走时结构的时间误差；

9）记录纸受环境温度、湿度影响，产生伸缩引起的误差；

10）自记水位计安装在测井中，河流水位升降时测井水位延迟升降的测井滞后误差，以及测井内外水体密度差引起的误差。

（2）误差控制

1）对由水位变率所引起的测井水位误差，可选取恰当的测井和进水管尺寸予以控制。对由测井内外流体的密度差所引起的水位误差，可在测井的上、下游面对测井进出水孔予以控制。

2）校核水尺水位的观读不确定度应控制在 1.0 cm 以内。

3）因记录纸受环境温度、湿度影响所产生的水位误差和时间误差，可通过密封、加放干燥剂的方法加以控制。

# 第7章

# 流量监测数据整编

DI-QI ZHANG

LIULIANG JIANCE SHUJU ZHENGBIAN

# 7.1　概述

随着水环境监测工作的不断发展，河流流量监测的问题已经成为重要课题。特别是对于污染源的控制和监测，不仅需要有系统的水质监测资料，也需要有系统的水文资料，流量资料则是其中最重要的资料之一。收集和整理流量资料是流量监测工作中的一项基本工作。

目前，无论是省界、市界河流的流量监测断面，还是分布在各地的环境监测水站，施测的流量并不是逐日连续进行的。一般每年施测流量的次数少的仅几次、几十次，多的也只不过上百次，而且这些资料还不能直接用于推算某日的流量数据。另外，原始的实测流量资料未经审查分析整理，也不便于供有关部门广泛使用。为此，有必要把这些实测的流量资料通过分析整理，按科学的方法和统一的格式，整编成足够精度的、系统的、连续的流量资料，并刊印成册。流量资料的这种分析、整理过程，称为流量资料整编。

流量资料整编就是通过去伪存真、由此及彼、由表及里，使流量测量的成果逐渐逼近真值的一个过程。整编成果的质量不但取决于整编的理论、方法是否正确合理，工作是否认真细致，更主要的还要取决于原始资料正确可靠的程度。

流量资料整编中，对流量资料的分析一般是根据水流的基本规律及监测断面、水站的特性，同时还根据造成流量资料误差分布的一般规律进行。目前，在水文部门已经制定了一套较科学和严格的技术规范，以保证流量资料的统一格式和较高的质量。我国现有的水文年鉴共 10 卷 74 册，其中，流量资料是刊布年鉴的重要内容。

流量资料整编中所用的方法很多，大体上可以归纳为两类：一类为常用的基本方法；另一类为辅助的方法。

水位流量关系曲线法是流量资料整编中最常用、最基本的方法。

河流中水位与流量关系密切，一般都有一定的规律，因水位过程易于观测，而施测流量较观测水位要困难，因此，建立水位流量关系，用水位过程来推求流量过程是可行的，也是经济的。

除水位流量关系曲线法外，流量过程线法、上下游测站水位要素相关法、降水径流相关法等，也是流量资料整编中常用的方法，但这些方法是流量资料整编中的辅助方法。

河流中的流量变化一般是连续的、渐变的。在水位流量关系欠佳、流量过程变化不很剧烈，且流量测次足够多，能控制其变化过程时，可以用实测流量过程线法来推求流量。显然，实测流量过程线法是水位流量关系线法的补充。

上下游测站水文要素相关法，是利用上下游水文要素间一般有着较好的成因关系或相关关系。利用它们的同步观测资料建立关系，然后用资料较完整的测站的水位要素，来推求另一站的水文要素。在流量资料整编中，此方法用于缺测资料的插补和延长，或流量资料的合理性检查。

在流量资料整编中，有时利用降水与径流之间的成因关系，用降水径流相关法来进行流量资料的合理性检查。

流量资料整编的工作内容包括：

（1）收集有关资料；

（2）审核原始资料，检查测量方法、计算方法是否正确，实测成果是否合理，检查一定数量的数字计算是否有误，必要时，应全面审核；

（3）编制实测流量成果和实测大断面成果表，堰闸（或水库涵洞、水电站、排灌站）等测流断面或测站编制流量率定成果表；

（4）点绘水位流量、水位面积、水位流速的关系图，堰闸站点绘流量系数关系图；检查分析突出点，确定关系曲线；

（5）确定推流方法，编制水位流量关系表，推算逐时逐日流量；

（6）制作逐日平均流量表和水文要素摘录表；

（7）检查各项整编成果，编写流量资料整编说明书。

在上述流量资料整编工作内容中，最主要分为两大工作：定线和推流。定线就是根据实测流量资料率定出与流量关系密切的水文要素之间的关系，推流就是采用水文要素和率定的关系推求流量。

## 7.2 稳定水位流量关系的分析

一个测流断面或测站的水位流量关系是指基本水尺断面处的水位，与通过该断面的流量之间的关系。但有时由于各种条件的限制，测流断面与基本水尺断面不在同一处。若相距较近，一般不会影响水位流量关系的建立，若相距较远，但中间无大支流汇入，两断面处的流量基本相等，则基本水尺断面处的水位与测流断面的流量仍可建立关系。

天然河流中的水位与流量之间关系有时呈现单一关系，称为稳定的水位流量关系；有时呈现复杂的关系，称为不稳定的水位流量关系，即受各种因素影响下的水位流量关系。

水位与流量之间关系是否呈单一的稳定关系，与弗劳德数（Froude number）有关。弗劳德数是水力学中的一个术语，即流体中惯性力与重力的比值。用来判别水流的状态，可确定水流动态，如急流、缓流的数。

$$Fr = \frac{V}{\sqrt{gH}}$$

式中，$Fr$——弗劳德数，是一个无量纲的数值；

$V$——平均流速；

$g$——重力加速度；

$H$——平均水深。

当 $Fr<1$ 时，水流为缓流，表示水流平均动能较小，重力占主导；当 $Fr=1$ 时，即水的惯性力等于重力，水流为临界流，即稳定流；当 $Fr>1$ 时，水流为急流，表示水流的平均动能较大，惯性力占主导，呈流速大、水流湍急的流动状态。

### 7.2.1　稳定的水位流量关系

从测流断面的选择可知，在断面控制好的地方，弗劳德数 $Fr=1$，水流处于临界流，即稳定流时，水位流量关系是单一的。在河槽控制好的地方，一般河段顺直匀整，河床稳定，其水流可看作稳定流，这时的水位流量关系也是单一关系。

在明渠水力学中应用的曼宁公式，即

$$V = \frac{1}{n} R^{2/3} S^{1/2}$$

$$Q = AV = \frac{1}{n} AR^{2/3} S^{1/2}$$

式中，$Q$——断面流量，$m^3/s$；

$A$——断面面积，$m^2$；

$V$——断面平均流速，m/s；

$R$——水力半径，m；

$S$——水面比降；

$n$——河道的糙率。

上述公式中，在同一水位时，如果 $n$、$A$、$R$、$S$ 这 4 个变量参数能够保持不变，或者有些变化但能够相互补偿，那么，水位与流量之间的关系就呈稳定的单值关系。

在测流断面或测站控制良好、河床稳定的情况下，该断面的水位 - 流量可以保持稳定的单一关系。点绘出的水位 - 流量关系曲线中点据比较密集，分布呈带状，系统误差符合规范规定。作图时，以同一水位为纵坐标，自左到右，依次以流量、面积、流速关系曲线分别绘在坐标纸上，选定适当比例尺，使水位 - 流量、水位 - 面积、水位 - 流速关系曲线分别与横坐标大致成 45°、60°、60° 的交角，并使三条曲线互不相交。稳定的水位－流量、水位－面积、水位－流速关系曲线，如图 7-1 所示。

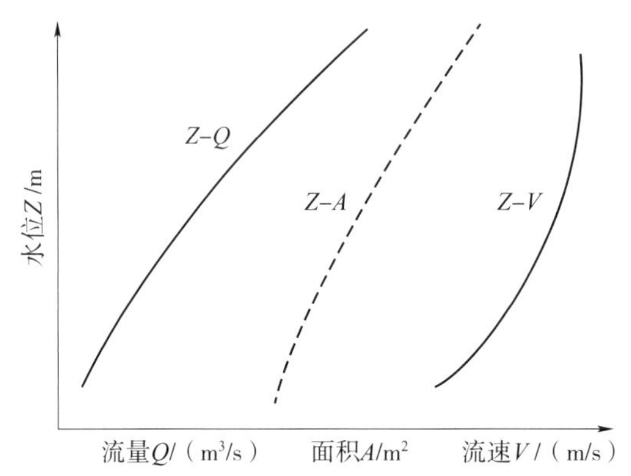


图 7-1　水位－流量、水位－面积、水位－流速关系曲线

稳定水位流量关系点的分布，由于关系点密集，分布呈一带状，75% 以上的关系点不会超过允许误差，且关系点没有明显的系统偏离。

由于流量是由断面平均流速与断面面积相乘而得，因此在分析水位流量关系时，也包括了对水位面积、水位流速关系的分析。

## 7.2.2　宽浅人工渠道的水位流量关系

对于宽浅的人工渠道，一般水力半径 $R$ 与断面平均水深 $H$ 相差甚微。例如对于矩形渠道，当水面宽 $B$ 为平均水深 $H$ 的 100 倍时，$R$=0.98$H$；当水面宽 $B$ 为平均水深 $H$ 的 50 倍时，$R$=0.96$H$。所以，无论面积、流速、流量都可以写成水深的函数。对于矩形渠道，其曼宁公式，可以表达为

$$A=BH$$

$$V=\frac{1}{n}H^{2/3}S^{1/2}$$

$$Q=AV=\frac{1}{n}BH^{5/3}S^{1/2}$$

式中，$Q$——断面流量，$m^3/s$；

$A$——断面面积，$m^2$；

$V$——断面平均流速，m/s；

$H$——平均水深，m；

$B$——水面宽，m；

$S$——水面比降；

$n$——河道的糙率。

由于矩形渠道的水面宽 $B$ 是常数，且各级水位下稳定流时，糙率 $n$、水面比降 $S$ 的变化不大，也可作为常数。上述的公式又可以表达为

$$Q=AV=KH^{8/3}$$

$$K=\frac{1}{n}BS^{1/2}$$

式中，$Q$——断面流量，$m^3/s$；

$A$——断面面积，$m^2$；

$V$——断面平均流速，m/s；

$H$——平均水深，m；

$B$——水面宽，m；

$K$——常数（系数）；

$n$——河道的糙率；

$S$——水面比降。

宽浅人工渠道的水位－流量、水位－面积、水位－流速关系曲线与稳定流的关系曲线形状相似，可以参考图 7-1 的曲线图。

### 7.2.3　天然河流稳定的水位流量关系

#### 7.2.3.1　水位面积关系曲线

对于没有明显冲淤变化的测流断面或测站，水位面积关系曲线为一条单一曲线。

当水位变化时，面积也会相应变化，水位面积关系曲线的斜率等于河宽的倒数。这是稳定的水位面积关系曲线的一个重要特性，并有如下推论：

（1）一般河流水面宽随水位的增高逐渐加大，因此其水位面积关系曲线为一条凹向下方的曲线。

（2）复式断面时，在漫滩水位，由于水面宽的突然增大，水位面积关系曲线会出现突变。

（3）对于矩形断面或“U”形断面的上部，由于水面宽趋近于常数，水位面积关系曲线近于直线。

#### 7.2.3.2　水位流速关系曲线

从前面的分析可知，当水位流量关系稳定时，流速公式与水位成指数关系。当流速随水深的增加而增大时，水位流速关系曲线为一条凹向上方的曲线。当水位逐渐增大达一定深度时，流速随水深的增加甚微，所以，高水时流速近于常数。这时

水位流速关系曲线为一条以垂直线为渐近线的凹向上方的曲线。

当断面发生漫滩和有深潭时，水位流速关系曲线发生反曲，这是因为水位流速关系中的流速是指断面平均流速。漫滩和有深潭时，由于过水断面面积随水深发生突变，使断面平均流速的变化不连续。

因流速与比降和糙率等因素有关，当这些因素随水位有变化时，有时也会造成水位流速关系曲线的反曲。

#### 7.2.3.3　水位流量关系曲线

天然河道稳定的水位流量关系也可以用上述的公式进行分析。

流量会随水深的增大而增加，同时水位流量关系曲线的斜率也随水深的增大而增大，即稳定的水位流量关系曲线是一条凹向下方的增值曲线。

水位流速、水位面积关系曲线的反曲和转折也会造成水位流量关系曲线出现反曲和转折。

## 7.3　受影响的水位流量关系分析

对于在平流期处于稳定流的测流断面，如果受到各种外部的因素影响下，原先稳定单一的水位流量关系也会转变为不稳定的水位流量关系。各种外部的因素包括测流河段受断面冲淤、洪水涨落、变动回水或其他因素，例如水草、冰凌等的个别或综合影响，使水位与流量间的关系不呈单值的函数关系。

### 7.3.1　受洪水涨落影响的水位流量关系

洪水涨落过程中，由于洪水波传播所引起附加比降的不同，使断面上的流量与同水位稳定的流量相比，产生有规律的增大或减小，涨水时偏大，落水时偏小。反映在水位流量关系上，曲线呈逆时针的绳套曲线。当断面没有其他因素影响下，这种因洪水涨落而产生的同水位下流量，随着附加比降的变化而产生增减，称为洪水涨落影响。因洪水涨落影响而形成的水位流量关系曲线称为洪水绳套曲线。如图 7-2 所示，是受洪水涨落影响的水位流量关系曲线图。

受洪水涨落影响下的流量公式为

$$Q = Q_c\sqrt{1+\frac{1}{ScU}\frac{\mathrm{d}Z}{\mathrm{d}t}}$$

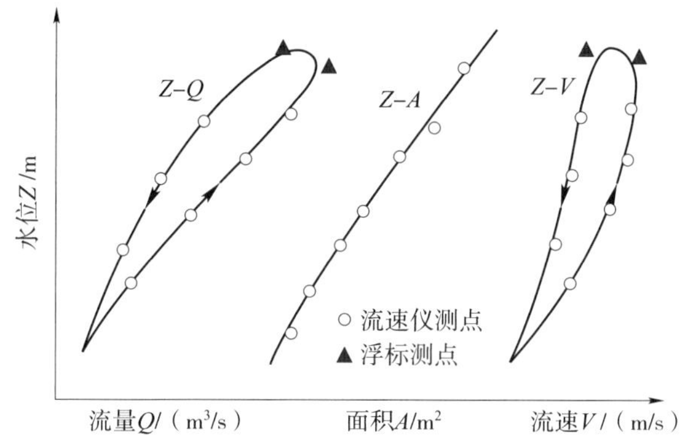


图 7-2　受洪水涨落影响水位 - 流量关系

式中，　　$U$——洪水波的传播速度，m/s；

$\frac{dZ}{dt}$——水位涨落率，即单位时间水位的变化，m/s；

$Q_c$——同水位时稳定流的流量，$m^3/s$；

$S_c$——稳定流时的比降；

$\sqrt{1+\frac{1}{S_c U}\frac{dZ}{dt}}$——校正因数。

洪水绳套曲线的特性如下：

（1）洪水绳套曲线为逆时针的绳套。洪水上涨时，其涨落率为正，附加比降也为正，涨水的校正因数大于 1，因此其流量大于同水位的稳定流流量。落水时，涨落率为负，校正因数小于 1，其流量小于同水位的稳定流流量。这样一次洪水涨落过程的水位流量关系曲线呈现为逆时针绳套曲线。

（2）洪水绳套曲线上各水力因素极值的出现时序存在规律，依次为最大比降（最大涨落率）、最大流速、最大流量、最高水位，并反映在绳套曲线上。

（3）洪水绳套曲线与水位过程线的关系密切。由上述公式可知，洪水流量的大小与涨落率的关系十分密切。涨落率即水位过程线的斜率 $dZ/dt$，过程线较陡的时段中，反映在洪水绳套曲线上是其偏离同水位的稳定水位流量关系曲线的距离也较大。对于同一水位涨落急剧的测流断面或测站，所形成的绳套曲线较胖。对应水位过程线的峰、谷点，其涨落率为 0，其流量应与同水位稳定流流量相同。

（4）复式绳套曲线中后一个绳套较前一个绳套稍偏左。出现连续洪水时，由于河槽的调蓄作用，河谷壅水位在后一次洪水的稳定比降变小。由公式可知，同水位稳定流流量也较前一次洪水时小，因此复式绳套的后一个绳套较前一个绳套位置偏左。由于连续洪水的后一次洪水除受洪水涨落影响外，还因河槽蓄量对测流断面的比降产生影响，因此有时对连续洪水分析时将其作为洪水涨落与变动回水的混合影响处理。

### 7.3.2 受冲淤影响下的水位流量关系

在一定的水力条件下，水流能够携带一定数量的泥沙，这就是挟沙能力。如果上游来水的含沙量大于本河段水流的挟沙能力，则河床发生淤积；如果上游来水的含沙量小于本河段水流的挟沙能力，河床就会发生冲刷。因此，挟沙能力为介于冲淤之间的相对平衡状态的平均含沙量。挟沙能力取决于水力条件和泥沙条件，一般认为与流速、水深、含沙量、河床组成等因素有关。

在冲淤变化较严重的断面，由于同一水位的断面面积增大或减小，使水位流量关系有以下规律：当断面受到冲刷时，断面面积增大，同一水位的流量变大；当断面受到淤积时，断面面积减小，同一水位的流量变小，受冲淤影响的水位流量关系，如图 7-3 所示。

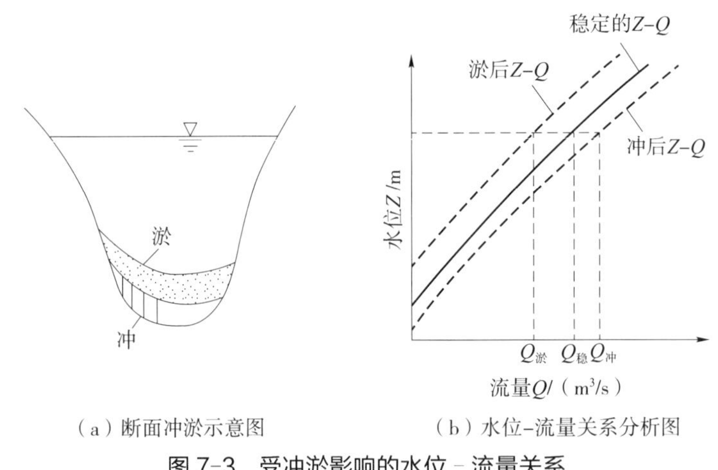


（a）断面冲淤示意图　　（b）水位–流量关系分析图

图 7-3　受冲淤影响的水位－流量关系

水位面积、水位流量关系点的分布，基本上可以说明冲淤的性质。不经常性的冲淤，水位流量、水位面积关系点分成明显的组，经常性冲淤则会散乱无章。普遍冲淤面积与流量的变化是相应的，而局部冲淤面积与流量的关系没有一定的规律。

对一次洪水的冲淤情况进行分析时，可以将前后各次实测断面画在一起，这样可以看出洪水过程中的断面变化情况。例如是主槽洪水滩地冲淤？是先冲后淤，还是先淤后冲？这样的做法，还可以判断测深垂线的布设是否恰当和合理。

### 7.3.3 受变动回水影响的水位流量关系

测流断面下游水体水位的变化对测流断面水面比降产生的影响，进而引起流量的变化，使水位流量关系点分布散乱。如在水位流量关系图上把各关系点的比降或落差值标注在点据旁边，则水位相同时，比降或落差大的关系点偏右，比降或落差新的关系点偏左，下游水体对水位流量关系的这种影响，称作变动回水的影响。

产生变动回水的原因很多，如支流的测流断面或测站受干流涨水的顶托，干流断面受下游支流涨水的顶托，下游水库、湖泊、海洋等水体水位的变化引起的顶托，下游渠道闸门的启闭，下游河道壅水或水草丛生的阻力、冰凌壅塞等。

受变动回水影响的水流，当下游水量变化比较缓慢时，下游回水顶托引起的比降变化也是缓慢的，一般可认为属于稳定渐变流。因此，受变动回水影响时的流量与各水力因素间的关系可用曼宁公式来表示。即

$$Q = AV = \frac{1}{n} A R^{2/3} S^{1/2}$$

在断面稳定，河道顺直时，一般糙率 $n$、断面面积 $A$、水力半径 $R$ 均为水位 $Z$ 的函数，且可忽略流速水头的沿程变化，用水面比降 $S$ 代替能面比降 $S_e$。某水位时，因变动回水影响程度不同的两流量之比为：

$$\frac{Q_1}{Q_2} = \frac{\frac{1}{n} A R^{2/3} S_1^{1/2}}{\frac{1}{n} A R^{2/3} S_2^{1/2}} = \left(\frac{S_1}{S_2}\right)^{1/2}$$

虽然河流纵比降的指数平均值近似等于 1/2，但为适应不同的河流特性，可以写成一般形式：

$$\frac{Q_1}{Q_2} = \left(\frac{S_1}{S_2}\right)^{e}$$

式中，$e$——水流的沿程能量损失与流速之间的指数关系。

一般河流的水面比降用河流上下游两个断面的水位差即落差 $\Delta Z$ 除以两断面的距离计算出来，又因为 $\Delta Z$ 与 $Z$ 有关，故上述的公式可改写为：

$$\frac{Q_1}{Q_2} = \left(\frac{\Delta Z_1}{\Delta Z_2}\right)^{\beta} \quad \text{或} \quad Q=f\,(G,\ Z)$$

式中，$\beta$——水流的沿程能量损失与流速之间的指数关系。

这两个公式为变动回水影响下的流量资料整编基本关系式。落差法就是上述两个公式的具体运用。

对于受变动回水影响的水位流量关系，由于同水位时落差大的流量大，落差小的流量小，反映在水位流量关系点的分布上，则有落差大的测点一般偏在右侧，落差小的偏在左侧。

分析变动回水影响与洪水涨落影响的水位流量关系曲线，会发现两者都是通过对流速的影响来影响流量的，而且对流速的影响都是因水面比降的变化而引起的。

若把各实测点的比降（或落差）标在水位流量关系图上，可发现右边点的比降大，左边点的比降小的规律。因此，有时有些水位流量关系既可当成洪水涨落影响，也可当成变动回水影响。特别是因河槽的调蓄作用而引起的变动回水影响与洪水涨落影响就更难区分，有时把复式洪水绳套当成变动回水影响来分析处理。因此，整编变动回水影响的落差法，有时也用作整编受洪水涨落影响的流量资料。

但变动回水影响与洪水涨落影响之间也存在明显的差异。例如，洪水涨落影响下水位流量关系按时序连成逆时针绳套曲线的特征，是变动回水影响的水位流量关系所没有的。变动回水影响时，水位流量关系与下游水位的密切程度是洪水涨落影响所不及的。洪水涨落影响的水位流量关系主要是分析洪水特性，常用涨落率来反映比降的变化，而变动回水影响的水位流量关系主要是分析落差。对洪水涨落影响的一些现象的分析是把水流当成渐变的不稳定流，而变动回水影响下的水流则当作缓变的稳定流。

### 7.3.4 受水草生长影响的水位流量关系

在平原地区，气候温暖的河流由于水草生长的影响，水位流量关系点分布散乱，水草一般生长于初夏，夏季最茂盛，入秋以后气候转寒，水草逐渐枯萎，对水位流量关系曲线的影响也逐渐减小，直到影响完全消失。水草生长的影响主要使过水面积减小，糙率加大，发生壅水使比降减小，致使流量减小。例如，有的测流断面或测站因水草生长在中低水位，随水草生长的繁衰不同，水位流量关系曲线可能会分成几条；而高水时，水草生长影响相对较小，关系曲线又合并成一条，于是水位流量关系呈现扫把形。水草虽然使过水断面减小，但一般在水位面积关系曲线上呈现不出来。

水草生长的位置不同，对水位流量关系的影响也不同。如果水草生长在控制断面及其附近，则其影响与河道发生淤积或河底积冰类似。如果水草生长在河床两侧或滩地上，则高水位时才受影响。如果水草生长的河段较长，且距断面较近，则影响较大。总之，受水草影响时，断面流量都不同程度地变小，因此关系点都分布在畅流期水位流量关系曲线的左侧。

### 7.3.5 受结冰影响的水位流量关系

在我国北方，有结冰现象的测流断面或测站，结冰河流的冰期流量关系曲线反常，流量测点偏小甚多。有时，发生水位大幅上涨，而流量反而有减小的趋势，水位流量关系成反比变化。冰期水流的过水面积减小，糙率和摩阻加大，使水位流量关系点偏在畅流期水位流量关系曲线的左侧。

冰期流量受冰情影响很大，如下游发生冰塞、冰坝及沿河结冰时，水位抬升，比降减小，流量偏小，形成回水顶托影响而造成流量关系线反常。有些小河冰期的流量，随气温的日变化而有相应的变化，尤其是当气温每日跨越 0℃上下变动，且温差较大时，不但可使上游来水量在一天内发生明显变化，而且对水位流量关系也会产生影响。

### 7.3.6　受混合影响的水位流量关系

一个测流断面或测站的水位流量关系同时受两种以上因素的影响，且其影响都比较显著时，称为受混合影响。如冲淤与洪水涨落、冲淤与变动回水、洪水涨落与变动回水等混合影响都是比较常见的。

在混合因素影响下，水位面积、水位流速、水位流量关系曲线更加复杂，测点分布更加散乱，定线会有很多困难。若仔细分析，可发现在不同时期，随着某种主要因素的变化而呈现其规律性。找出各个时期的主要影响因素，针对不同时期特点制定出比较合理的关系曲线。

## 7.4　河流监测断面流量资料整编

### 7.4.1　概述

河流监测断面或测站的流量资料整编，包括以下五个部分内容：关系曲线的绘制、低水放大图的绘制、逐时水位过程线的绘制、突出点的检查分析、定线。

（1）关系曲线的绘制

在同一张方格线上，以水位为纵坐标，自左至右，依次以流量、面积、流速为横坐标点绘实测点。纵横比例尺要选取 1、2、5 的 10 整数倍，以方便读图。根据图纸的大小及水位、流量、面积、流速变幅，确定比例使水位流量、水位面积、水位流速关系曲线分别与横轴大致成 45°、60°、60° 的交角，并使三条关系线互不相交。测流次数较多、关系线比较复杂的断面或测站，可分期或以洪峰为界点绘关系图，然后再综合绘制一张总图。绘制多张图时要注意各图曲线的互相衔接。

为了便于分析测点的走向变化，须在每个测点的右上角或同一水平线以外的一定位置，注明测点符号。测流方法不同的测点，用不同的符号表示（例如⊙表示流速仪测得的点，△表示浮标测得的点，▽表示深水浮标或浮杆测得的点，× 表示用水力学法推算的或上年年末、下年年初的接头点等）。为保证前后年的资料衔接，在图中还应将上年年末和下年年初的点绘入。为了突出重要洪峰的点据，可用不同的颜色做标记。除此之外在关系图上还要注明河名、站名、年份及水位流量、水位面积、水位流速关系曲线；在图下方要填写点图、定线、审查者的姓名；三种关系线的纵横坐标及名称都要填写清楚。

（2）低水放大图的绘制

为保证水位流量关系曲线低水部分的读图精度，一般都要另外绘制放大图。按照规范标准规定：读图的最大误差应小于或等于 2.5%。无论流量比例如何，放大界限一律从零点算起的 20 mm 处，低水放大比例仍按 1、2、5 的 10 整数倍。

（3）逐时水位过程线的绘制

绘制上述关系曲线，必须先绘制逐时水位过程线，避免盲目定线。如果平时没有分月的逐时水位过程线，可以绘制汛期洪峰过程线，水位过程线的比例最好与关系线比例一致。

（4）突出点的检查分析

从水位流量关系点分布中常可发现少数突出反常的点，称为突出点，对这些点应进行认真的分析，找出突出的原因。

突出点的检查，可以从以下三个方面进行：

1）根据水位流量、水位面积、水位流速三条关系曲线的一般性质，结合断面特性、测量情况，从线型、曲度、点据分布带的宽度等方面，去研究分析三条关系线的相互关系，检查偏离原因。

2）通过断面的水位流量过程线对照，在流量过程线上点绘各实测流量的点，并检查、分析、发现问题。

3）与历年水位流量关系曲线比较，检查其趋势是否一致。

突出点产生原因可能是人为错误，也可能是特殊水情变化。检查时可先从点绘着手，检查是否点错。如果点绘无错，再仔细复核原始记录，检查计算方法和计算过程（着重检查经过改正部分）有无错误。若点绘和计算都没有错误，再从测量及特殊水情方面找原因。测量方面的原因主要有以下三个方面：

1）水位方面的原因。水准点高程错误、水尺校测或计算错误等，会造成关系点系统偏离。水位观测或计算错误、相应水位计算错误等，也会使关系点突出偏离。

2）断面测量方面的原因。测深垂线过少或分布不匀，陡岸边或断面形状转折处未测水深，可使面积偏大或偏小。断面与流向不垂直，或测深悬索偏角太大，未加改正，可使面积偏大。测船不在断面线上，所测垂线水深可能偏大或偏小。浮标测流时，如未实测断面，借用断面不当，在冲淤变化较大时，常会发生较大错误。

3）流速测量方面的应用。测量仪器失准即测量方法不当时，会使流速测量发生较大的误差。如用流速仪测流时，由于流速超过仪器性能范围或未及时检定，而使流速产生较大误差。测速垂线和测点过少或分布不当，测速历时过短，可使流速偏大或偏小。测船偏离断面，流速仪悬索偏角太大及受到水草、漂浮物、冰花冰塞、风向风力等的影响会使流速产生较大误差。用浮标测流时，如浮标类型不同，选用漂浮物不当，断面间距太短，测定浮标通过断面的位置不准，浮标分布不均匀以及浮标系数采用不当等，都会使流速产生较大误差。

突出点经检查分析后，应根据以下三种情况予以处理：

1）如突出点是由于水力因素变化或特殊水情造成的，则应作为可靠资料看待，必要时可说明其情况。

2）如突出点为测量误差造成的，能够改正的应予改正。无法改正的，可以舍弃。但除计算错误外，都要说明改正的根据或舍弃的原因。

3）如果暂时检查不出反常原因，可暂时作为可疑资料，待继续调查研究分析，并予以适当处理和说明。

（5）定线

定线就是用图解的方法，率定水位流量关系曲线，分为初步定线和修正曲线。

初步定线：人工定线时，在点绘的水位流量、水位面积、水位流速关系图上，先用目估的方法，提供点群中心，徒手勾绘出三条关系曲线。然后用曲线板修正，使曲线平滑，关系点均匀分布于曲线两旁，并使曲线尽可能靠近测量精度较高的测点。计算机定线时，在整编软件上进入关系曲线图形处理界面，选择定线方式，再选择定线类型，计算机可自动生成初步定线图形。

修正曲线：初步绘出的水位流量关系曲线必须同水位面积、水位流速关系曲线互相对照。方法是将初步绘制的曲线分为若干水位级，查读各级水位的流量，应近似等于相应的面积和流速的乘积，其误差一般不超过 ±3%，否则，应调整修正关系曲线。计算误差的公式为

$$\delta=\frac{Q-VA}{Q}\times 100\%$$

式中，$Q$——水位流量关系曲线上查得的流量，$m^3/s$；

$V$——水位流速关系曲线上查得的同水位流速，m/s；

$A$——水位面积关系曲线上查得的同水位面积，$m^2$。

利用计算机修正曲线时，可在初步的定线图形上通过操作软件进行修改。

定线时的注意事项：

1）通过点群中心定出一条平滑的关系曲线，以消除一部分测量误差。

2）防止系统误差。对突出点产生的原因和处理方法，要做具体说明。

3）要参照水位过程线。关系线的线型应符合断面特性。高低水延长方法要恰当。

4）所定曲线前后年份要衔接，分期定线要注意前后期曲线衔接，且与主图、

放大图衔接，避免由此产生误差。

5）曲线初步定好后，应与历年关系曲线进行比较，检查其趋势及各线相互关系是否合理，如不合理应查明原因进行修改。

6）采用计算机定线时，应在曲线转折、曲率较大处适当增加节点。

## 7.4.2 单一曲线法资料整编

采用单一曲线法的测流断面资料整编，包括关系曲线的特征和定线推流方法。

### 7.4.2.1 关系曲线特征

单一曲线法适用于测流断面或测站控制良好，各级水位流量关系都保持稳定的情况。如果水位流量关系点密集，分布呈带状，测点无明显的系统偏离，75% 以上中、高水流速仪法流量测点偏离水位流量关系曲线不超过 ±5%；75% 以上低水流速仪法测点和浮标法测点偏离水位流量关系曲线不超过 ±8% 时（流量很小或非控制站可放宽到 ±11%），就可以定单一曲线推求流量。虽然洪水涨落影响，但涨落支线偏离很小时，也可定单一曲线。

单一曲线除了含有稳定水位流量关系的水力学意义外，还含有水位流量关系点分布的统计意义。一般认为实测的水位流量关系点与所定单一曲线（平均线）的相对偏差服从正态分布（或对数正态分布）。例如，上述讲的“75% 以上中、高水流速仪法流量测点与平均关系曲线偏离不超过 ±5%”，根据正态分布，计算 1.15 倍的均方误差（标准差）不超过 ±5%。

### 7.4.2.2 定线推流方法

用图解法或解析计算的方法来率定水位与流量（或其他水力因素）间关系的工作称作定线（或称为率定）。根据不同时间的水位，用率定好的水位流量关系来推求流量的工作称为推流。

单一曲线法的定线最常用的方法是适线法，即通过点群中心，绘制出单一的水位流量、水位面积、水位流速三条光滑的关系曲线。定线时，应尽量地靠近精度较高的测点。

图 7-4 所示是某一个稳定水流测站，根据实测的数据和资料，绘制出 3 条关系曲线的案例。从图 7-4 中可以看到，面积、流速曲线在水位较低时，下部发生不连续的突变。这是由于该测站的测流断面在水位很低时，流速很小，已经超出了流速仪测量范围。因此采用了基本水尺下游 500 m 较窄河宽处设立临时断面测流，使得面积变小、流速增大。但因区间没有水量的加入和流出，故水位流量关系曲线仍然是连续平滑的。

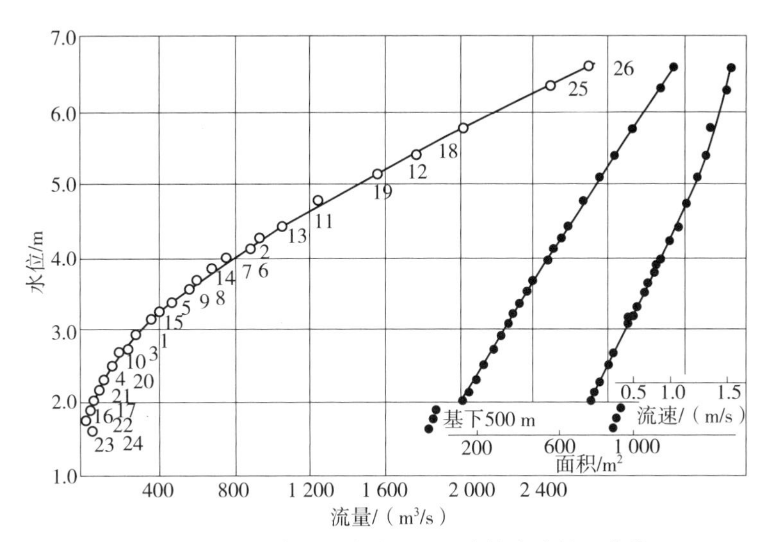


图 7-4　水位流量、水位面积、水位流速关系曲线

定线后，应按照单一线法的精度要求进行检查。首先检查曲线两边测点分布情况，看是否有系统偏离。其方法为在关系曲线两侧画出 ±5%（或 ±8%）的外包线，统计落在外包线以外的测点数，并检查是否超过 ±25%。同时，也可以根据误差的正态分布规律，计算相对均方误差，其公式如下：

$$m=\sqrt{\frac{\sum_{i-1}^{n}\left(\frac{Q_i-\overline{Q}_i}{\overline{Q}_i}\right)^2}{N}}$$

式中，$m$——实测水位流量关系点与平均线相对均方误差；

$Q_i$——实测流量，$m^3/s$；

$\overline{Q}_i$——与实测流量相应的在平均线上查得的流量，$m^3/s$；

$N$——总测点数。

1.15 倍均方误差即为累积频率 75% 的相对误差，对于流速仪测点，中高水位时，若 1.15 倍均方误差≤5%；低水位（或浮标法测流）时，1.15 倍均方误差≤8%，即认为满足单一线法的要求。

对于水位流量关系图上的突出点要进行分析。检查时要对突出点按逆工序进行深入细致的分析，并作出处理。

通过对所定曲线的检查、分析后，即可进行推流。为保证低水推流的精度，若低水关系线的最大读图误差超过 2%～3%，则需对所定低水曲线进行放大。

## 7.4.3　不稳定水位流量关系定线推流

对于不稳定水位流量关系的测流断面，如何进行定线、推流和资料整编的方法很多，包括临时曲线法、改正水位法、落差法、校正因数法和涨落比例法、抵偿河长法、连时序法、连实测流量过程线法等。

### 7.4.3.1 临时曲线法

在水位流量关系的各个相对稳定的时段内，定出各自的单一关系曲线，称为临时曲线。各临时曲线间，必要时需做过渡期处理据以推流。

临时曲线法主要适用于不经常冲淤的测流断面或测站，有时也用于处理结冰影响的水位流量关系。在点绘水位流量关系图上，若明显地发现测点有规律地分布呈几个带状，各带状之间有少数测点变动，说明水力因素的变动只发生在短暂的时间内，大部分时期都处于相对稳定的阶段，整个关系线可定出少数几条稳定的单一曲线。

定线时，在水位面积、水位流量关系图上，按时序了解测点的分布和走向规律，结合逐时水位过程线的变化，了解水情发生重大变化的时期，分析并确定相对稳定时段测点的分布规律，分别定出单一曲线，然后再考虑各单一线之间的过渡问题，把各条稳定曲线连接成一个完整的推流过程。

过渡期的处理，有以下几种方法：

（1）自然过渡：常见与冲淤程度不大的测流断面，两条相邻的临时曲线有一部分重合，而两条曲线间的过渡期水位就在重合部分。这些断面在高水时冲淤影响不明显，至低水时，冲淤影响才显现出来，这时洪峰前后两条临时曲线在高水部分重合。

（2）连时序过渡：在过渡时段可参照水位趋势与该时段内流量实测点的分布情况，用连时序法绘制过渡线。在该过渡线上推求过渡时段流量。过渡曲线可以反曲。如过渡时段跨过峰顶，则应与峰顶水位相切。

（3）内插曲线过渡：在过渡水位变化平缓或有较小的起伏，可采用几条均匀内插曲线推流，并注明每条内插曲线的使用日期。曲线数目多少，以测流允许误差为依据确定。

我国北方地区的河流，冲淤变化剧烈，常用临时曲线法。定线后，应将各条曲线的使用时间和上下水位界限标注明确，以便推流应用。

### 7.4.3.2 改正水位法

改正水位法是将复杂的水位流量关系曲线进行单值化处理的一种方法。这种方法只需制定出一条标准的水位流量关系曲线，将逐时水位进行改正，即可在标准曲线上直接推流。此方法适用于受经常性冲淤但变化较均匀的测流断面，并可用于受水草生长影响或受结冰影响的时期。采用这种方法要求有足够多的实测流量，有关因素变化过程的转折处要求有实测点加以控制。

定线时，先绘制标准曲线，在点绘的水位流量关系图上，绘制一条单一的水位流量关系曲线，即标准曲线，如图 7-5 所示。以时间为横坐标，水位改正数为纵坐标，点绘水位改正数过程线，连线时宜连成平滑连续的曲线。

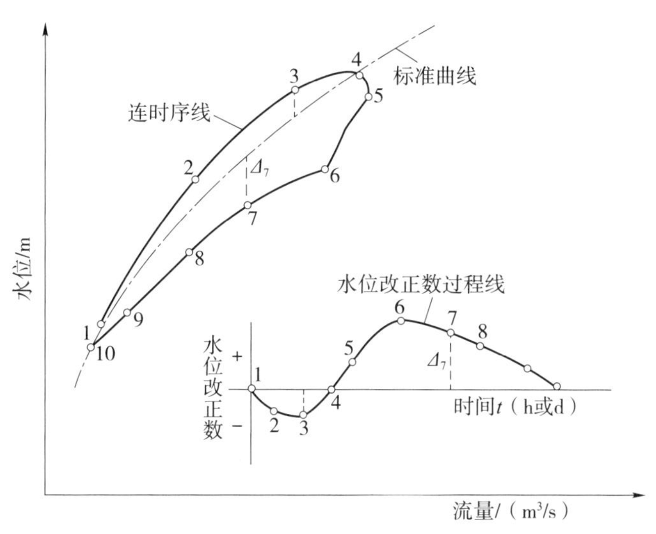


图 7-5　改正水位法

量取各测次点与标准曲线的纵差，即水位改正数。测点在标准曲线上方者，水位改正数为负值，反之为正值。

推求流量：根据不同的时间，在水位改正数过程线查得水位改正数，再以水位加水位改正数的改正水位，从指标曲线（或已编制的水位流量关系表）上查读流量。标准曲线的确定可以根据不同的情况选用不同的方法。

在一次洪水涨落期间，河槽断面发生突变现象，冲淤前后两断面形状不同，采用一条水位面积关系标准曲线效果不佳，这时最好选择突变前后两个实测断面作为标准，将突变前后的流量点分别导向两个断面，定出两条水位流量关系的标准曲线。

当断面受到局部冲淤影响，或者冲淤程度小，其水位流量关系点分布呈一条明显带状时，可直接通过点群中心定一条水位流量关系标准曲线，这时得到的水位改正数过程线，则不能完全代表冲淤变化过程的性质。

受水草生长影响时，以不受水草影响时的水位流量关系曲线为保证曲线。结冰期的标准曲线采用畅流期的水位流量关系曲线来代替。两者的水位改正数，应全部是负值。当改正数等于 0 时，表示流量已不受水草生长或结冰影响。

#### 7.4.3.3　落差法

对于受变动回水影响的测流断面，可用落差法来定线和推流。落差法的基本关

系式是 $Q=f(Z, \Delta Z)$

对于受洪水涨落影响的测流断面，只要比降与落差的关系较好，也可以采用落差法进行整编，从洪水涨落影响下的流量公式中可知：

$$Q_{\mathrm{m}}=Q_{\mathrm{c}}\sqrt{1+\frac{1}{S_{\mathrm{c}}U}\frac{\mathrm{d}Z}{\mathrm{d}t}}$$

式中，$U$——洪水波的传播速度，m/s；

$S_{\mathrm{c}}$——稳定流时的比降；

$\frac{\mathrm{d}Z}{\mathrm{d}t}$——水位涨落率，即单位时间水位的变化，m/s；

$Q_{\mathrm{c}}$——同水位时稳定流的流量，$\mathrm{m^3/s}$；

$Q_{\mathrm{m}}$——受洪水涨落影响时的流量，$\mathrm{m^3/s}$；

$\sqrt{1+\frac{1}{S_{\mathrm{c}}U}\frac{\mathrm{d}Z}{\mathrm{d}t}}$——校正因数。

落差法包括等落差法、定落差法、正常落差法三种方法。

（1）等落差法：是以落差做参数，绘制水位流量关系曲线，并据以推流的一种整编方法。适用于断面稳定，用上下比降水尺断面间的落差推算的比降，代表基本水尺断面处的水面比降的断面。

定线时，可选落差值相近、测次较多的关系点，先绘出其关系线，以确定总的趋势，然后再绘其他落差值的关系线。曲线组大致呈扇形，经调整使成为一组整齐平滑的曲线。

推流时，以水位及相应落差，直接在曲线组上查读流量。当落差值在相邻两曲线之间，可用内插法求得。

（2）定落差法：适用于断面比较均匀，河底比较平坦，在不受回水影响时，水面比降接近河底坡度的测流断面。同水位下，不同的落差与流量之间的关系，符合下列公式：

$$\frac{Q_{\mathrm{m}}}{Q_{\mathrm{c}}}=\left(\frac{\Delta Z_{\mathrm{m}}}{\Delta Z_{\mathrm{c}}}\right)^{\beta}$$

式中，$\Delta Z_{\mathrm{m}}$——受洪水影响的落差，m；

$\Delta Z_{\mathrm{c}}$——同水位稳定流时的落差，m；

$\beta$——落差指数；

$Q_{\mathrm{c}}$——同水位时稳定流的流量，$\mathrm{m^3/s}$；

$Q_{\mathrm{m}}$——受洪水涨落影响时的实测流量，$\mathrm{m^3/s}$；

定线时，一般先选定实测落差较大者作为定落差 $\Delta Z_{\mathrm{c}}$，与定落差相应的流量称为定落差流量 $Q_{\mathrm{c}}$，它与水位呈单值关系。已经实测流量 $Q_{\mathrm{m}}$、落差及相应水位

$\Delta Z_m$，未知量为 $\Delta Z_c$、$Q_c$、$\beta$，要求解它们必须建立有关方程组进行求解。定落差法采用的方程式为

$$\Delta Z_c = C, Q_c = f_1(Z), \frac{Q_m}{Q_c} = f_2\left(\frac{\Delta Z_m}{\Delta Z_c}\right)$$

具体计算时，采用试算法求解。

定落差法水位流量关系，如图 7-6 所示。

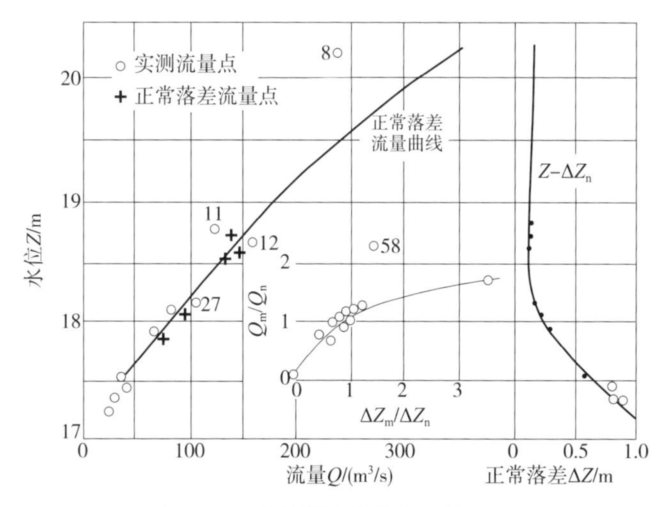


图 7-6　定落差法水位流量关系图

（3）正常落差法：对于河段不平整，有时受到回水影响，有时又不受回水影响的断面，可用正常落差法整编。其公式为

$$\Delta Q_n = f_1(Z), \Delta Z_n = f_2(Z), \frac{Q_m}{Q_n} = \left(\frac{\Delta Z_m}{\Delta Z_n}\right)^{\beta}$$

式中，$\Delta Z_n$——正常落差，即不受回水影响的落差，m；

$Q_n$——正常落差的流量，$m^3/s$。

正常落差法与定落差法的主要区别在于，正常落差法的正常落差不是定值，而是随水位变化的，因此要定出水位 $Z$ 与正常落差 $\Delta Z_n$ 的关系曲线。正常落差法的水位流量关系，如图 7-7 所示。

定线时，已知实测流量 $Q_m$ 与相应的落差 $\Delta Z_m$；未知量为正常落差 $\Delta Z_n$ 及相应流量 $Q_n$、落差指数 $\beta$。具体计算时，采用试错法求解。

### 7.4.3.4　校正因数法

校正因数法是受洪水涨落影响时，水位流量关系的整编方法。对于单纯受洪水影响的测流断面，宜采用此类方法。此法虽然定线、推流的计算步骤稍烦琐，但有

利于减少测次及插补漏缺测次。

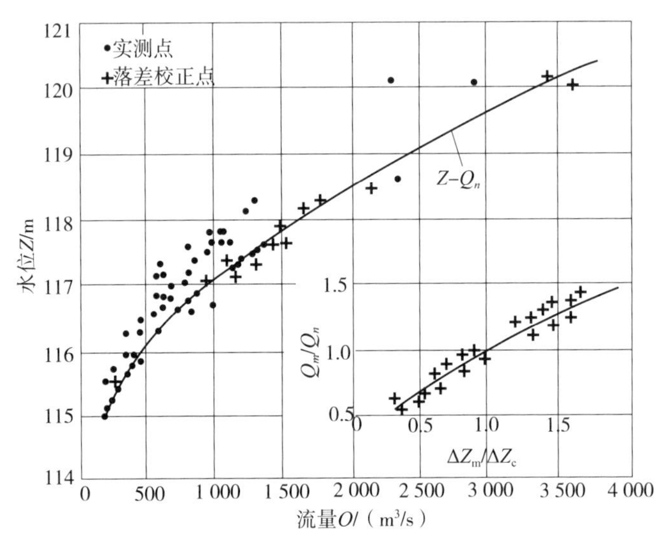


图 7-7　正常落差法水位流量关系图

它以洪水流量基本方程为基础，通过试算法建立 $Z–Q_c$ 和 $Z–1/S_cU$ 两条关系曲线进行流量资料整编。适用于受洪水影响的单式洪水绳套，对于复式绳套则需分割洪峰分别进行校正。定线时，用前述的洪水流量基本方程式：

$$Q_m = Q_c\sqrt{1+\frac{1}{S_cU}\frac{dZ}{dt}}$$

通过试算求解。

推流时，可直接利用关系曲线，按基本方程公式来计算流量。

校正因数法的水位流量关系图，如图 7-8 所示。

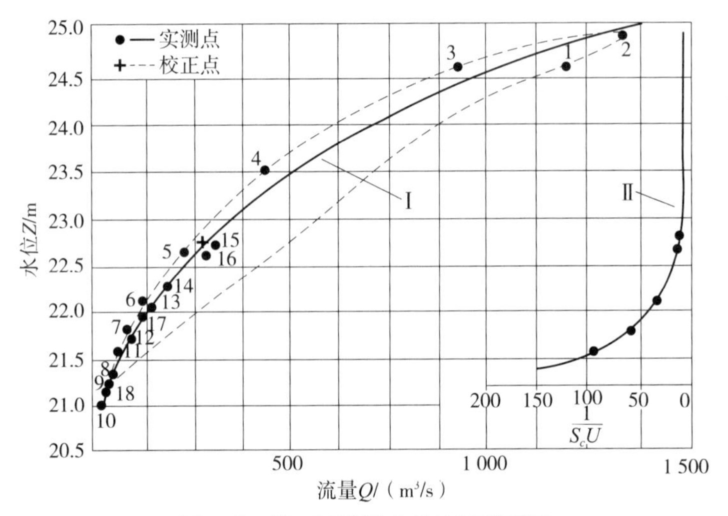


图 7-8　校正因数法水位流量关系图

### 7.4.3.5　抵偿河长法

抵偿河长法是一种处理单纯受洪水影响的水位流量关系，并使关系单值化的方法。因此当条件合适时，使用上是较方便的。这种方法适用于断面比较稳定，断面附近上游无支流汇入，水位流量关系受洪水涨落影响的测流断面或测站。在洪水涨落影响下，水流为非稳定流，单值关系不复存在，可以运用抵偿河长原理来进行水位流量关系分析。

抵偿河长是指能使河段中断面水位、河槽蓄量和下断面流量三者之间保持单值函数关系所对应的河段长度，抵偿河长如图 7-9 所示。

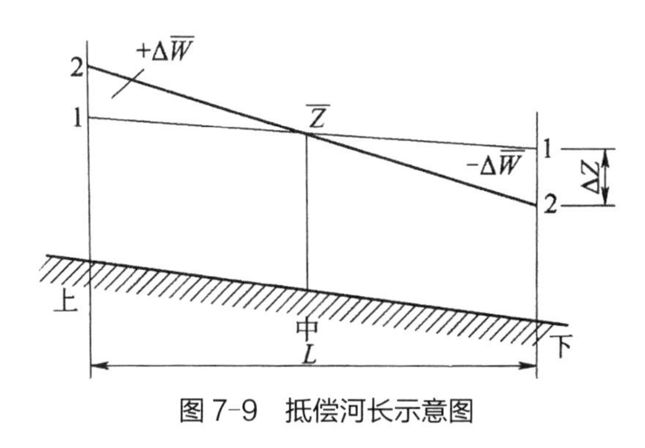


图 7-9　抵偿河长示意图

使用抵偿河长的原理，定线、推流的具体方法有上游站水位法和本站水位后移法两种。其共同点是不直接计算抵偿河长，而用试算法确定稳定流的水位流量关系，用于推流。

（1）上游站水位法：上游断面的位置用试算法确定。设抵偿河长为 $L$，在测流断面上游 $L/2$ 附近几个断面分别设立几组水尺同时观测水位，并分别建立各断面水位与测流断面流量的关系，其中，水位流量呈单一曲线的那组点据水尺所在断面，即为抵偿河长的中断面。推流时，用上游站水位 $Z$ 直接在建立的水位流量 $Z$–$Q$ 关系曲线上查读流量。这种方法由于所设水尺组较多，观测工作量大，因此实际应用不多。

（2）本站水位后移法：本站水位后移法是用本站实测流量，与本站测流时间后移一个时段的水位建立关系，使绳套曲线转化为单一的水位流量关系曲线。后移时间 $\Delta T$ 为洪水波在抵偿河长 $L$ 的传播时间 $\tau$ 的一半，即 $\Delta T=\tau/2$。先确定后移时间初始值，然后用试算法确定 $Z_{t+\Delta T}$–$Q$ 关系曲线。

确定后移时间初始值：在实际水位流量关系图中，选取几个具有代表性的、涨落率较大的测点，分别量出各测点距离稳定的水位流量关系曲线的水位差 $\Delta Z$，除以相应的涨落率 $\mathrm{d}Z/\mathrm{d}t$，取几个点据 $\Delta T$ 的平均值，即可作为初始值。

用试算法确定 $Z_{t+\Delta T}-Q$ 关系曲线：以初始值为基础，将实测流量与其相应的平均测流时间后移 $\Delta T$ 的水位点 $Z_{t+\Delta T}$ 绘成关系图或拟合曲线方程。如后移之后的水位流量关系点的分布仍为逆时序绳套，仅绳套幅度较原绳套曲线变小时，说明所取后移时间 $\Delta T$ 过短；如后移之后的水位流量关系点为顺时序绳套，则说明所取后移时间 $\Delta T$ 过长。根据此规律进行试算和调整后移时间。若关系线符合精度要求，则此关系线即为所求的实测流量与本站后移时间 $\Delta T$ 的水位关系曲线，$\Delta T$ 即为所求 $\tau/2$。

推流时，只需将水位后移 $\Delta T=\tau/2$，即可在所率定的关系曲线上推求出流量。例如，若已确定 $\Delta T$=5 h，用 13 时的水位，在已定的水位流量关系上查到 8 时的流量。某站一次洪水水位后移法单值化处理实例，如图 7-10 所示。

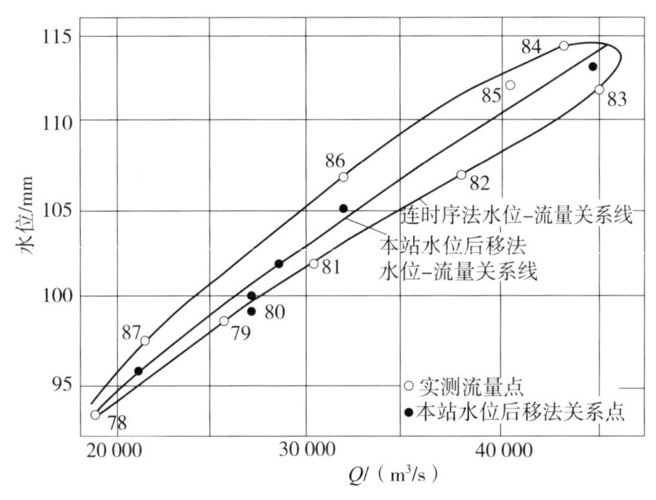


图 7-10　一次洪水水位后移法单值化处理实例

### 7.4.3.6　连时序法

连时序法适用于受某一因素或综合因素影响而连续变化的情况，采用这种方法要求测流次数较多，并能控制水位流量关系曲线变化的转折点。

定线时，先要点绘水位流量、水位面积、水位流速的关系图，同时点绘水位过程线，然后按时间顺序进行分析，找出各个时期的主要影响因素，并以其影响因素的变化作参考，按时序连绘水位流量关系曲线。

连时序法水位流量关系曲线，如图 7-11 所示。

对于受变动回水及洪水涨落影响的时段，流量主要受流速变化的影响，应参照水位流量关系曲线的变化趋势，并参照水位与比降（或落差）的关系曲线定出连时序的水位流量曲线。受冲淤或结冰等影响时，则主要参照水位流量关系曲线的趋势来连线。对于受冲淤影响的测流断面，为了分析冲淤的性质，有时还点绘含沙量过程线，平均河底高程过程线等。如各种因素同时作用时，则应分析出其主要的影响因素。这种情况下，曲线的变化将更为复杂，连线时应进行深入分析，分情况加以处理。连时序法所绘绳套的顶部与底部，应与相应的水位过程线的峰、谷水位相切。

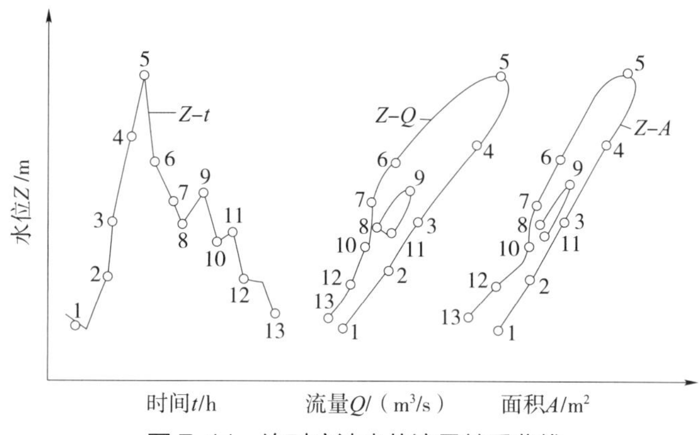


图 7-11　连时序法水位流量关系曲线

当影响因素并无明显变化，而测点偏离较大时，经分析后可通过几个测点的中心来连线，不必勉强通过每一测点，这样可消除一部分测量误差。

对于测点较多，曲线变化又较复杂的断面，其水位流量关系的连时序线应分隔为几个时段，分别定出关系曲线以便于推流用，但应妥善地处理好其衔接部分，参照水位过程线绘制的绳套曲线，如图 7-12 所示。

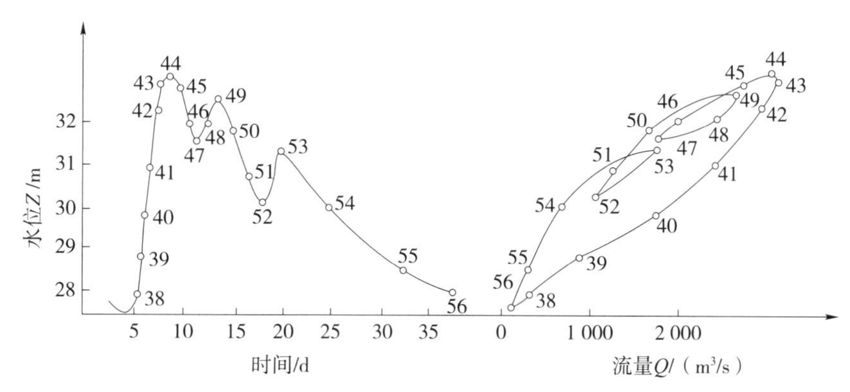


图 7-12　参照水位过程线绘制的深套曲线

推流时，可以以时间为参数，根据实测水位在对应的曲线上查得流量。

#### 7.4.3.7　连实测流量过程线法

连实测流量过程线法是直接将实测的流量值与时间，点绘成关系线。推流时，可按时间在曲线上内插流量。

这种方法适用于流量测次较多，单次流量测量精度较高，基本上能控制流量的变化过程，同时水位流量相关程度较低、关系较复杂，难以采用水位流量关系定线推流的断面。尤其是水位起伏变化大，而流量变化平缓的断面更适宜采用。

图 7-13 是采用连实测流量过程线法的一个示意图。采用本方法绘制流量过程线时，应参照水位过程线。从中可以发现突出点并插补出峰、谷点。对峰、谷点特别是月、年极值点进行插补时，应充分考虑测流断面特性，结合洪水特点，必要时，还应点绘出缺测部分的局部水位流量、水位面积关系曲线进行分析，绘出连时序线以插补流量值。

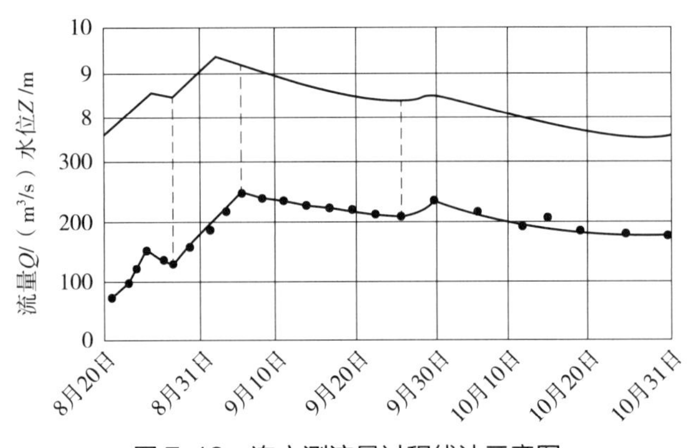


图 7-13　连实测流量过程线法示意图

对由于插补而整编出的极值，还应结合上下游进行合理性对照分析，以减少插补点导致整编成果的任意性。

冰期用此法定线推流时，一般可直接连接各实测点为过程线。当水位有起伏变化时，流量变化甚微。

在冰期与畅流期的过渡时段，在流量测点稀少或没有测点时，应考虑水位过程线的趋势，才能连出流量过程线。

### 7.4.4　河流监测断面流量推算方法汇总

如上所述，河流监测断面流量推算的方法很多，可以用不同方法来进行归类综合。

总体分成稳定流的单一曲线法和不稳定水位流量关系的各种定线推流方法。

根据影响因素划分为：

（1）洪水涨落影响，例如连时序法、校正因数法、抵偿河长法等。

（2）变动回水影响，例如各种落差法、连时序法等。

（3）冲淤影响，例如临时曲线法、改正水位法、连时序法等。

（4）水草、结冰影响，例如临时曲线法、连实测流量过程线法等。

（5）综合影响，例如连时序法、几种因素的分别校正法等。

（6）除以上各方法外，尚有整编稳定的水位流量关系的单一曲线法。

根据方法的特征划分为：

（1）单一曲线型，其通式可以表示为 $Q=f(Z)$，方法有单一曲线法。

（2）水力因数型，通式为 $Q=f(Z, X)$，式中的 $X$ 表示水力因数，例如落差法中；$X$ 表示为落差；校正因数法中；$X$ 表示为 $dZ/dt$；抵偿河长法中，$X$ 表示为 $L/2$ 或 $\tau/2$。

（3）时序型，其通式可以表示为 $Q=f(Z, t)$ 或 $Q=f(t)$。此类方法的特点是按照时序分析连线。前式的代表方法有连时序法、改正水位法。后者的代表方法为连实测流量过程线法。

（4）水力因数＋时序型，通式为 $Q=f(Z, X, t)$，为水力因数与时序型方法的综合。此类方法大都用于不完全符合水力因数法的条件，通过水力因数法校正后，关系点集中了些，但尚满足不了精度要求，因此需再用时序型方法进行校正。此类方法也包括有些时段用水力因数法，有些时段用连时序法的测流断面。

选用定线推流方法时，首要的是分析测流断面特性与水力特性，在此基础上以方法简便，能满足精度要求为原则。

### 7.4.5　逐日平均流量的推求

推求日平均流量的方法有两种：

（1）由日平均水位推求日平均流量。当水位流量关系曲线较为平直，水位及其他有关水力因素在一日内变化平缓时，可以根据日平均水位直接推求日平均流量。

（2）用瞬时水位推求日平均流量。当一日内水位或流量变化较大时，应先用瞬时水位推求出瞬时流量，再视情况分别选用以下方法计算日平均流量。

当两测次间水位、流量变化较大时，一般可先插补水位（包括插补0时值）推求流量，再计算日平均流量。计算日平均流量有两种方法：

1）算术平均法：适用于观测或摘录等时距水位的情况。

2）面积包围法：适用于观测或摘录不等时距水位的情况。其方法、原理与日平均水位的求法完全一致。

日平均流量的计算方法选用的标准，按误差大小而定。若由日平均水位直接推求日平均流量，与按瞬时水位逐时流量后，用面积包围法或算术平均法计算的日平均流量相比，高、中水位时误差小于2%，低水位时误差小于5%（流量很小时还可以放宽）时，可由日平均水位推求日平均流量，否则需要按逐时水位，推求逐时流量，再计算日平均流量。

由日平均水位推求日平均流量的误差，来源于由水位流量关系曲线的弯曲度。当水位流量关系为直线时，计算所得的日平均流量，恰等于用日平均水位在水位流量关系曲线上查得的流量，这时候的误差为 0。但实际上水位流量关系线不是直线，因此由日平均水位推出的日平均流量就包含有误差。日平均水位处的曲线与直线间的离差称为弦线离差。以日水位变幅在水位流量关系曲线上确定其弦线，用日平均水位在曲线和弦线上分别查得流量，两者差值与在曲线上查得的流量之比，即为弦线离差值，可根据实际资料建立弦线离差与日平均水位推流误差关系，确定不同水位级允许误差的弦线离差值，作为对误差的判别标准。这个误差应该是用日平均水位，推求日平均流量的最大可能误差，按此分析可以很容易地控制推算出日平均流量的误差范围。

逐日平均流量表是整编成果之一，表中包括逐日平均流量，月、年平均流量，月、年最低、最小流量等重要特征值。这些特征值对规划、设计具有重要的作用。此外，编制洪水要素摘录表也是整编的重要成果之一，其目的在于将测流断面汛期内主要水文要素（如水位、流量等）做详细的摘录，以便使用。

## 7.5 水工建筑物流量资料整编

堰闸、涵洞等水工建筑物都是理想的量水建筑物，根据建筑物的结构类型、开启情况、上下游的水位、水流流态等因素，运用水力学公式和选定合适的流量计算公式，率定其有关参数后，即可推算流量。

利用水工建筑物或水电站、抽水站推流，就是根据各种水力条件下的实测流量，率定出相应的流量系数或效率系数。推流的方法有流量系数法和相关分析法。

（1）流量系数法：首先，根据水工建筑物的结构型式、出流方式，选用相应的流量公式，由实测流量和水位等反求流量系数或效率系数。然后，选取一两个能经常观测的主要相关因素，与流量系数或效率系数建立系数曲线。在推流时，先由实际观测的水位等数据查得相应的流量系数，并应用选定的公式计算即可。

（2）相关分析法：通过对流量与其主要影响因素之间的相关分析建立经验公式来推求流量系数，并据以推求流量，如图解法、堰闸过水平均流速法等。

### 7.5.1 堰闸流量推算方法

对于建有堰闸的测站，按照其有无闸门设备及闸门启闭情况，可分为堰流、孔流；按下游水位对出流影响的情况可分为自由流、淹没流。它们的不同组合，推流的公式也有所不同。有关公式的推导可参阅水力学书籍。

通过堰闸等工程的流量资料整编方法，也属于水力因素型。整编时应根据该站特点及资料的具体情况，制订整编方案。

### 7.5.1.1　堰流

堰流是指无闸门设备或闸门已被提出水面的堰坝出流。它又分为自由式堰流和淹没式堰流两种。

（1）自由式堰流：是指下游水位低于堰顶的出流，其流量计算公式为

$$Q=C_1BH^{3/2}$$

式中，$Q$——堰流的流量；

$C_1$——堰流流量系数；

$B$——堰顶过水断面总宽；

$H$——上游水头，$H$= 上游水位 $Z_u$- 堰顶高程 $H_a$。

由上述公式可知，流量值主要随上游水头 $H$ 而变，对于某确定的工程，$H$ 又取决于上游水位 $Z_u$，故可直接建立 $Z_u$-$Q$ 的单一关系。

图 7-14 是堰流水位流量关系曲线图。当实测流量资料较充分，且分布较均匀时，与河道测流断面的单一曲线法一样，定出 $Z_u$-$Q$ 关系曲线，即可推流。不具备上述条件时，可由实测流量按上述公式反求 $C_1$，并选择相关因素 $Z_u$，建立 $Z_u$-$C_1$ 关系曲线，如图 7-14 中的（c）所示。在 $Z_u$-$C_1$ 上查出各级上游水位下的 $C_1$ 值代入公式算出流量；建立 $Z_u$-$Q$ 关系曲线，如图 7-14 中的（a）所示。推流时，可根据 $Z_u$ 在图中查得流量。

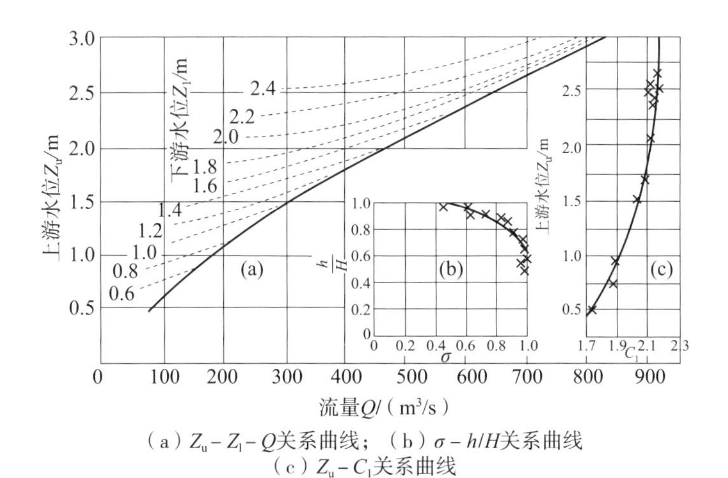


（a）$Z_u$－$Z_l$－$Q$关系曲线；（b）$\sigma$－$h/H$关系曲线
（c）$Z_u$－$C_1$关系曲线

**图 7-14　堰流水位流量关系曲线**

（2）淹没式堰流是指下游水位高于堰顶并影响出流时的堰顶，分为一般堰闸、

平底闸与宽顶堰闸两种，分别用不同的流量公式。

一般堰闸的流量计算公式为

$$Q=\sigma BH^{3/2}$$

式中，$\sigma$——淹没系数。

自由出流时，$\sigma=1$；在淹没条件下，$\sigma<1$，其值将随着上下游水头之比 $h/H$（$h$ 为下游水头）而变化。故定线时应在自由式堰流基础上再加一条 $h/H-\sigma$ 关系曲线，并需定出一组以下游水位 $Z_l$ 为参数的 $Z_u-Z_l-Q$ 关系曲线簇，作为推流的工作曲线，如图 7-14 中（a）和（b）所示。

平底闸与宽顶堰闸的流量计算公式为

$$Q=C_2Bh\sqrt{\Delta Z}$$

式中，$C_2$——淹没堰流的流量系数。

淹没式堰流水位流量关系曲线，如图 7-15 所示。定线推流时，先由实测上下游水位计算水位差 $\Delta Z$，由公式计算 $C_2$，点绘 $\Delta Z-C_2$ 或 $\Delta Z/H-C_2$ 关系曲线，如图 7-15 中的（a）所示。再点绘 $Z_u-\Delta Z-Q$ 或 $Z_u-Z_l-Q$ 关系曲线簇，如图 7-15 中的（b）所示。推流时可直接由 $Z_u$ 与 $Z_l$ 或 $Z_u$ 与 $\Delta Z$ 在相应曲线上查得流量。

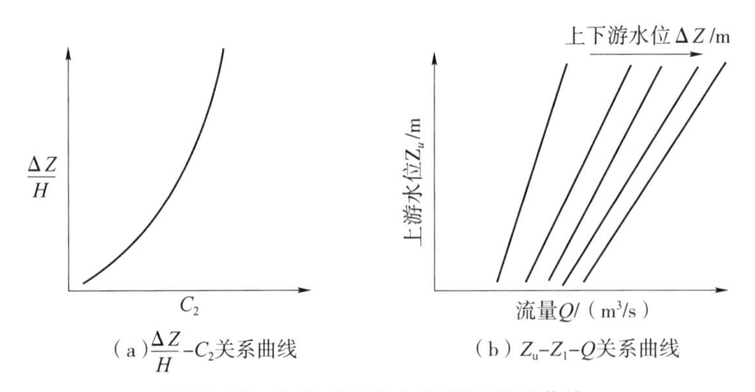


（a）$\frac{\Delta Z}{H}-C_2$关系曲线　（b）$Z_u-Z_l-Q$关系曲线

图 7-15　淹没式堰流水位流量关系曲线

### 7.5.1.2　孔流

孔流是指水流通过闸孔时，其流量大小受闸门或胸墙约束的水流，其中有自由式孔流和淹没式孔流两种流态，分别选用不同的流量计算公式。

（1）自由式孔流

自由式孔流是指闸下水位未淹没闸孔，闸孔出流不受下游水位影响的出流。其流量公式又有宽顶堰闸与平底闸、实用堰与跌水壁闸两种。

宽顶堰闸与平底闸的计算公式为 $Q=MA\sqrt{H-h_c}$

实用堰与跌水壁闸的计算公式为 $Q=MA\sqrt{H}$

式中，$h_c$——收缩断面处水深，$h_c=\varepsilon e$，

$\varepsilon$——垂直收缩系数，由 $e/H-\varepsilon$ 关系表查出，$e$ 为闸门开启高度；

$M$——孔流流量系数；

$A$——堰闸过水面积。

定线推流的程序与前面的相同，相关因素一般取 $e/H$；工作曲线为 $Z_u-e-Q$；推流时可用实测 $Z_u$ 和 $e$ 查工作曲线即可得到流量值。自由式孔流 $e/H$-M 及 $Z_u-e-Q$ 关系曲线，如图 7-16 所示。

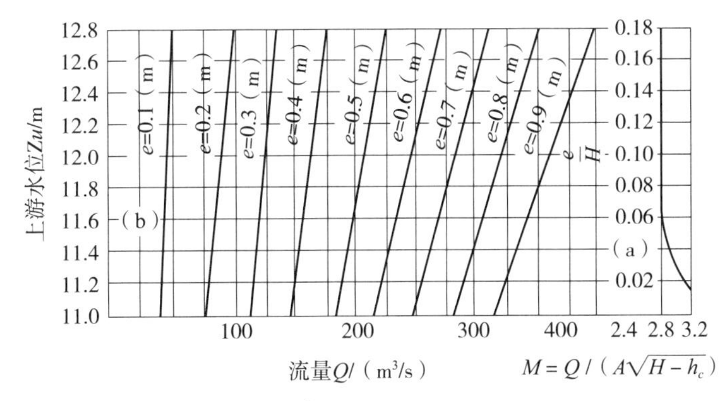


图 7-16　自由式孔流 $\frac{e}{H}$ -$M$（a）及 $Z_u$-$e$-$Q$（b）关系曲线

（2）淹没式孔流

淹没式孔流是指闸下水位淹没闸孔。其出流流量受到下游水位影响的水流，其流量公式为

$$Q = MA\sqrt{\Delta Z} = MBe\sqrt{\Delta Z}$$

定线时，其效果因素可选用 $e/\Delta Z$，工作曲线为 $\Delta Z-e-Q$；推流时，可利用 $\Delta Z$、$e$ 直接在工作曲线上查读流量，淹没式孔流 $e/\Delta Z-M$ 及 $\Delta Z-e-Q$ 关系曲线，如图 7-17 所示。

影响孔流推求流量精度的因素有以下几方面。闸门开启高度 $e$ 的误差对流量的推求影响很大。有时因 $e$ 较小，相对误差较大，而使 $e/Z-M$ 关系点散乱。闸门漏水也会影响孔流的推流精度。例如，对于同一 $e/Z$ 值，由于上下游水位差 $Z$ 的不同，或由于闸门浸水面积的不同，漏水量占总出水量的比重就会有差异，算得的流量系数 $M$ 可能相差较大，反映在 $e/Z-M$ 关系上，会因漏水使关系点散乱，推求流量时也会有较大误差。上下水尺断面的代表性及水尺的观读误差对孔流流量的推求也会产生较大的影响。一般测流断面水尺断面的设置，为了观读的方便并不是理论上的位置，下游水尺断面不是在收缩断面，上游水尺断面与闸门也有相当长的距离，因此所用水力学公式会因水尺断面的代表性不好而产生误差。在闸门开启高度不一致时，影响更大。平原地区上下游水位差很小，水尺的观读误差对水位差的影响相对

较大，对流量推求的精度也会有较大的影响。

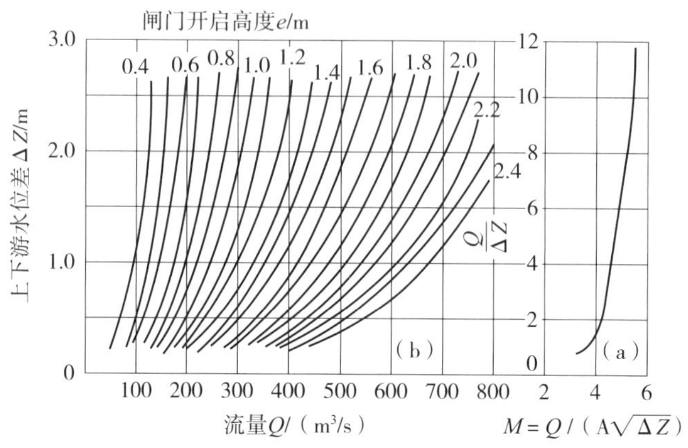


图 7-17　淹没式孔流 $e/\Delta Z$-$M$（a）及 $\Delta Z$-$e$-$Q$（b）关系曲线

## 7.5.2　水力发电站与抽水站流量推算方法

水电站是利用水能转换为电能的建筑物，而电力抽水站是利用电能来提水的建筑物；两者都有流量与电功率之间的关系。因此当工程竣工后，可施测一段时间的流量、电功率与水头等，并建立之间的关系曲线，就可以利用这些关系来推求流量。

### 7.5.2.1　水电站的定线推流方法

水电站的流量与出力之间的关系式为

$$Q=N_s/9.8\eta H$$

式中，$Q$——总流量，$m^3/s$；

$N_s$——各机组的总出力，kW；

$\eta$——机组的效率系数，即（有效功率 / 理论功率）×100%，%；

$H$——水头即水位差，m。

先计算效率 $\eta=N_s/9.8HQ$；再确定 $N$-$\eta$ 关系曲线。图 7-18 是水电站 $H$-$N$-$q$ 关系曲线，其中 $q$ 是单机流量。图 7-17（a）是单机流量曲线；图 7-17（b）是单机流量乘以水头 $qH$ 的曲线；图 7-17（c）是效率系数的曲线。

定线时，当实测点不够，可通过计算补点，其方法是：先取若干个 $N$ 值（单机出力，kW），由 $N$-$\eta$ 关系曲线上查得 $\eta$，按公式计算出各 $qH$ 值，点绘 $N$-$qH$ 关系曲线，如图 7-17（b）所示；再算出各 $N$、$H$ 值时的单机流量 $q$，并补入 $H$-$N$-$q$ 关系曲线中。

推流时，可根据单机出力 $N$ 和水头 $H$，查得单机流量 $q$，再乘以开机台数，得总流量 $Q$。

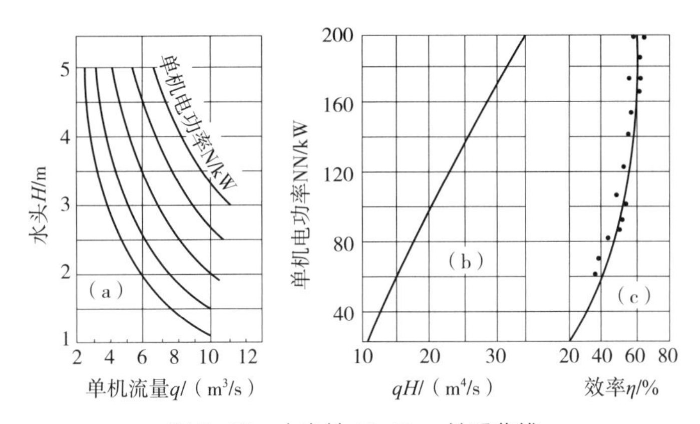


图 7-18　水电站 $H$-$N$-$q$ 关系曲线

### 7.5.2.2　抽水站的定线推流方法

电力抽水站的流量计算公式为

$$Q=\eta' N_s/9.8H$$

式中，$Q$——流量，$m^3/s$；

$\eta'$——效率系数，即（有效功率 / 耗用电功率）×100%，%；

$N_s$——抽水站各机组的总出力，kW；

$H$——水头即扬程，m。

定线和推流的方法与水电站的定线推流方法类似。

图 7-19 给出了排灌站 $H$-$N$-$q$ 关系曲线。

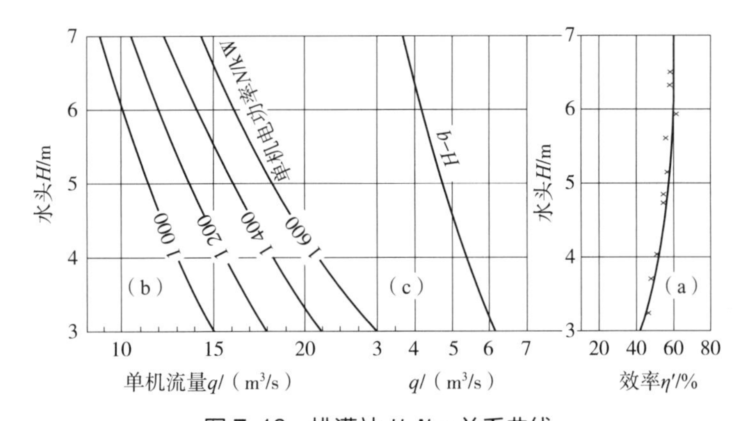


图 7-19　排灌站 $H$-$N$-$q$ 关系曲线

# 7.6 水位流量关系检验

## 7.6.1 水位流量关系检验

水位流量关系曲线的建立应经过初定、分析、调整、检验、确定等步骤，检验是渠道关系曲线的关键环节，其目的是保证推流的精度。

水位流量关系曲线的检验有4项：符号检验、适线检验、偏离数值检验、$t$检验。这些检验的对象都是随机变量，均属于“假设检验”。检验时要先做一定的假设，通过实测资料检验该假设是否成立。判断时所使用的基本原则是“小概率事件在一次观察中可以被认为基本不会发生”，以此作为检验标准的概率，该概率称为显著性水平$\alpha$，$1-\alpha$则称为置信水平。通常，检验的概率（检验标准）会采用显著性水平$\alpha=5\%$，即置信水平为95%，也就是认为在一次测量中，仅有5%概率的小概率事件，基本上是不会发生的。

### 7.6.1.1 符号检验

符号检验的目的是判断两个随机变量$x$和$y$的概率分布是否存在显著性差异，即对统计假设$H$：$P(x)=P(y)$进行显著性检验。对于水位流量关系曲线而言，就是检验所定水位流量关系曲线两侧测点分布是否均衡合理。

当定出水位流量关系曲线后，各工序点分布在关系曲线的两侧。若将关系线右侧各点记为“+”，左侧各点记为“-”。分别统计测点偏离水位流量关系线的正、负号个数（偏离值为零值，作为正、负号测点各半分配），按下列各式计算统计量$u$：

$$u=\frac{|K-0.5n|-0.5}{0.5\sqrt{n}}$$

式中，$u$——统计量；

$n$——测点总数；

$K$——正号或负号的个数。

计算统计量$u$值并将其与用给定的显著性水平$\alpha$查表（参见表7-1），并与所得的$u_{1-\alpha/2}$值比较，当$u$大于临界值$u_{1-\alpha/2}$，即否定原假定，说明关系线不合理；当$u$小于临界值$u_{1-\alpha/2}$，即接受原假定，说明关系线合理。

表7-1 临界值$u_{1-\alpha/2}$、$u_{1-\alpha}$表

| 显著性水平$\alpha$ | 0.05 | 0.10 | 0.25 |
|---|---|---|---|
| 置信水平$1-\alpha$ | 0.95 | 0.90 | 0.75 |
| $u_{1-\alpha/2}$ | 1.96 | 1.64 | 1.15 |
| $u_{1-\alpha}$ | 1.64 | 1.28 | |

### 7.6.1.2　适线检验

将实测点按水位递增顺序排列后，则各实测点偏离曲线的符号有“+”“−”，如相邻两点偏离曲线同符号，记为“0”，不同符号记为“1”。则 $n$ 个关系点“0”和“1”之和为 $n-1$。适线检验是单侧检验。因为“1”出现的次数越多，或“0”出现的次数越少，适线越好。

适线检验的步骤如下：

（1）将水位流量关系点按水位递增顺序排列后，列出各点“+”“−”号。

（2）相邻点同号记为“0”，不同符号记为“1”。设统计“1”的次数为 $K$，当 $K\geqslant 0.5(n-1)$ 时，不做检验，定线合理。当 $K<0.5(n-1)$ 时，根据下列公式计算统计量 $u$ 值：

$$u=\frac{|K-0.5(n-1)|-0.5}{0.5\sqrt{n-1}}$$

（3）根据显著性水平 $\alpha$，在表 7-1 中所列的临界值 $u_{1-\alpha/2}$、$u_{1-\alpha}$ 中查出 $u$ 的临界值。当 $u$ 小于其临界值时，则检验通过；当 $u$ 大于其临界值时，则定线不合理。

### 7.6.1.3　偏离数值检验

偏离数值检验是检查测点偏离关系线的平均偏离值（平均相对误差）是否在合理范围内，以论证关系曲线定得是否合理。

检验方法：设测点与关系曲线的相对偏离值为：

$$P_i=\frac{Q_i-Q_{ci}}{Q_{ci}}(i=1,2,\cdots,n)$$

式中，$P_i$——相对偏离值；

$Q_i$——实测流量；

$Q_{ci}$——实测流量在所对应的曲线上查得的流量；

$n$——实测点数。

则平均相对偏离值（平均相对误差）为

$$\overline{P}=\frac{1}{n}\sum_{i=1}^{n}p_i$$

$\overline{P}$ 的标准差为

$$S_{\overline{p}}=\sqrt{\frac{\sum_{i=1}^{n}(pi-\overline{p})^2}{n(n-1)}}$$

构建统计量 $t$ 为

$$t=\frac{\bar{p}}{S_{\bar{p}}}$$

进行检验时，应按上述公式计算 $t$ 值，并将 $t$ 值与用给定显著性水平 $\alpha$，由查表 7-2 中所列的 $t_{1-\alpha/2}$ 值进行比较，当 $|t|<t_{1-\alpha/2}$ 时，则认为合理，即接受检验，否则应拒绝原假设。

表 7-2 临界值 $t_{1-\alpha/2}$ 表

| $\alpha$ | $k$=6 | $k$=8 | $k$=10 | $k$=15 | $k$=20 | $k$=30 | $k$=60 | $k$=∞ |
|---|---|---|---|---|---|---|---|---|
| 0.05 | 2.45 | 2.31 | 2.23 | 2.13 | 2.09 | 2.04 | 2.00 | 1.96 |
| 0.10 | 1.94 | 1.86 | 1.81 | 1.75 | 1.73 | 1.70 | 1.67 | 1.65 |
| 0.20 | 1.44 | 1.40 | 1.37 | 1.34 | 1.33 | 1.31 | 1.30 | 1.28 |
| 0.30 | 1.13 | 1.11 | 1.09 | 1.07 | 1.06 | 1.06 | 1.05 | 1.04 |

注：表中 $k$ 为自由度，对于偏离数值检验，取 $k=n-1$，对于 $t$ 检验，取 $k=n_1+n_2-2$（$n_1$、$n_2$ 分别为第一、第二组测点总数）。

流量资料整编中，关系曲线为单一线、使用时间较长的临时曲线及经过单值化处理的单一线，测点数在 10 个以上的，应进行上述的三项检验。

#### 7.6.1.4 *t* 检验

$t$ 检验是以数理条件为基础的一种检验方法，用来判断稳定的水位流量关系是否发生了显著变化（测流断面控制条件是否发生变动或转移）、定线是否有明显消退偏离等。进行 $t$ 检验的目的是判断所定的水位流量关系曲线能否适用于相邻年份、相邻时段。

$t$ 检验的基本出发点为假定两组变量在总体方差相同和两组总体均值相等的条件下，对两组样本的均值加以比较，据以判断原曲线有无明显变化。

统计量 $t$ 按下列公式计算：

$$t=\frac{\bar{x}_1-\bar{x}_2}{S\sqrt{\dfrac{1}{n_1}+\dfrac{1}{n_2}}}\quad 其中：S=\sqrt{\frac{\sum_{i=1}^{n_1}(x_{1i}-\bar{x}_1)^2+\sum_{i=1}^{n_2}(x_{2i}-\bar{x}_2)^2}{n_1+n_2-2}}$$

式中，$x_{1i}$——第一组第 $i$ 测点（用于校测检验时为原用于确定水位流量关系曲线的流量测点），对关系曲线的相对偏离值；

$x_{2i}$——第二组第 $i$ 测点（用于校测检验时为校测的流量测点），对关系曲线的相对偏离值；

$\bar{x}_1$、$\bar{x}_2$——第一组、第二组平均相对偏离值；

$S$——第一组、第二组测点综合标准差；

$n_1$、$n_2$——第一组、第二组的测点总数。

检验时，根据公式计算统计量 $t$ 值，然后根据自由度 $K=n_1+n_2-2$ 和显著性水平 $\alpha$ 的取值，在 $t$ 的临界值表（表 7-2）中，查出临界值 $t_{1-\alpha/2}$，将 $t_{1-\alpha/2}$ 值与实际计算值 $t$ 进行比较，若 $|t|<t_{1-\alpha/2}$ 时，则原假设成立，定线合理，反之则拒绝原假设，定线不合理。

## 7.6.2　流量不确定度估算

不确定度的分析对评价资料精度具有重要意义。不确定度的分析包括以下几个内容。

### 7.6.2.1　实测流量对关系线偏离的标准差的估算

分析时往往假定同一水位的各次实测流量符合“对数正态分布”，也就是假定同一水位的 ln$Q$（流量的自然对数）服从正态分布。

国际标准中，计算标准差的基本公式为

$$S_e = \pm\left[\frac{\sum_{i=1}^{N}(\ln Q_i - \ln Q_c)^2}{N-2}\right]^{1/2}$$

式中，$S_e$——标准差；

$Q_c$——根据样本确定的关系线上查得的流量；

ln$Q_c$——相当于该水位的 ln$Q$ 的样本均值。

式中的 $N$-2 具有自由度的含义，因为在确定水位流量直线（双对数纸上）时，有两个参数是按观测点据确定的，即等于有两个观测值不是独立的，损失了两个自由度。

还可以证明，直接用 $S_e$ 代表 $C_v$，其相对离差小于 1%，这种方法在计算上的方便，就是采用自然对数而不是采取常用对数的原因。

### 7.6.2.2　水位流量关系曲线不确定度的估算

水位流量关系曲线不确定度估算考虑的置信水平为 95%，根据国际标准推荐的关系线不确定度估算公式为

$$x_Q = t \times S_e\left[\frac{1}{N} + \frac{(x-\bar{x})^2}{\sum_{i=1}^{N}(x-\bar{x})^2}\right]^{\frac{1}{2}}$$

式中，$x$——$\ln(h+a)$；

$\bar{x}$——$\ln(h+a)$；

$t$——学生氏的临界数值。

分析关系线的不确定度，是以实测点的标准差 $S_e$ 为计算依据的。但 $S_e$ 主要反映实测流量的偶然误差，有些系统误差则反映不出来。例如高水时浮标系数取用不当，会使测点系统偏大或偏小，但不一定增加测点的散乱程度。低水时测深测速垂线很少时，也会有系统的计算误差，在计算 $S_e$ 时，也反映不出来。

#### 7.6.2.3 时均流量的不确定度估算

用瞬时水位在水位流量关系曲线上查得的瞬时流量，存在一定的不确定度。除了受关系线不确定度的影响外，还受观测水位值不确定度的影响。

时均流量的不确定度是以流量为权重的加权平均值。如果以注脚 dm、mm、aa 分别代表日、月、年平均，则

$$\text{日平均流量的不确定度 } X_{\mathrm{dm}}=\frac{\sum_{1}^{n}X_{\mathrm{IR}}Q_{\mathrm{h}}}{\sum_{1}^{n}Q_{\mathrm{h}}}$$

$$\text{月平均流量的不确定度 } X_{\mathrm{mm}}=\frac{\sum_{1}^{m}X_{\mathrm{dm}}Q_{\mathrm{dm}}}{\sum_{1}^{m}Q_{\mathrm{dm}}}$$

$$\text{年平均流量的不确定度 } X_{\mathrm{aa}}=\frac{\sum_{1}^{12}X_{\mathrm{mm}}Q_{\mathrm{mm}}}{\sum_{1}^{12}Q_{\mathrm{mm}}}$$

式中，$Q_{\mathrm{h}}$——各瞬时流量值；

$n$——一日中所用瞬时流量个数；

$m$——一月的天数；

$X_{\mathrm{IR}}$——瞬时流量的不确定度。

## 7.7 高、低水延长和流量插补

在安排流量监测时，应力求测得最高水位、最低水位时的流量。但是在水位特高或特低时，由于测量条件的限制，有时未能测得。如高水位时，因洪水涨落较

猛，历时短暂，流速大，漂浮物多，尤其是一些山溪性河道，陡涨陡落，施测流量困难。水位过低时，因受仪器性能限制，测量条件有限，而缺测最枯流量。在此情况下，须将水位流量关系曲线做高水、低水部分的外延。

## 7.7.1　水位流量关系曲线的高、低水延长

水位流量关系曲线的高水延长对确定规划设计用的最大洪峰、洪量的影响很大；对枯水流量，虽数值不大，但影响特征值，如水力发电、灌溉等需要最小流量值，而且因历时较长对年水量也有影响。故无论高水或低水的延长，都应持慎重态度。延长的范围，一般要求高水延长不超过当年实测到的水位变幅的 30%；低水部分不超过 10%。延长超过此范围时，宜采用两种以上的方法，以比较验证成果的可靠性。

由于受到各种因素影响的水位流量关系的高低水延长，主要是分析影响因素，很难有统一的延长方法，因此这里介绍的高、低水延长，主要是稳定水位流量关系的高低水延长。

### 7.7.1.1　水位流量关系曲线的低水延长方法

低水延长法应先找出断流水位，并以断流水位为控制点，由实测部分向下延长。延长时，可按趋势延长到最低水位，或借用上下游站的流量辅助延长。

断流水位 Z 的确定，有以下几种方法：

（1）根据测流断面的纵横断面资料来确定，如断面下游有浅滩、石梁，可直接以滩顶或石梁顶高程作为断流水位。如断面下游相当长距离内河底平坦，则可取基本水尺断面河底的最低点高程为断面水位。

（2）分析法：如测流断面的断面形状整齐，在延长部分的水位变幅内，河宽变化不大，又无浅滩、分流等现象，可采用分析法。即在水位流量关系曲线的中低水部分，依次取 $a$、$b$、$c$ 三点，并使这三点的流量关系满足 $Q_b=\sqrt{Q_aQ_c}$，其断流水位可按下列公式计算：

$$Z_0=\frac{Z_aZ_c-Z_b^2}{Z_a+Z_c-2Z_b}$$

式中，　$Z_0$——断流的水位，m；

$Z_a$、$Z_b$、$Z_c$——分别为水位流量关系曲线 a、b、c 三点水位，m。

（3）图解法：原理和使用条件与分析法相同，按 $Q_b=\sqrt{Q_aQ_c}$ 选取 a、b、c 三点后，通过 b、c 点做平行横轴的两水平线，分别与通过 a、b 做垂直于横轴的线相交于 d、e 两点。de、ab 的延长线相交于纵轴，即为断流水位。

图 7-20 是采用图解法求得断流水位。求得断流水位后，以坐标（$Z$，0）为控制点，将水位流量关系曲线向下延长至当年的最低水位处即可。

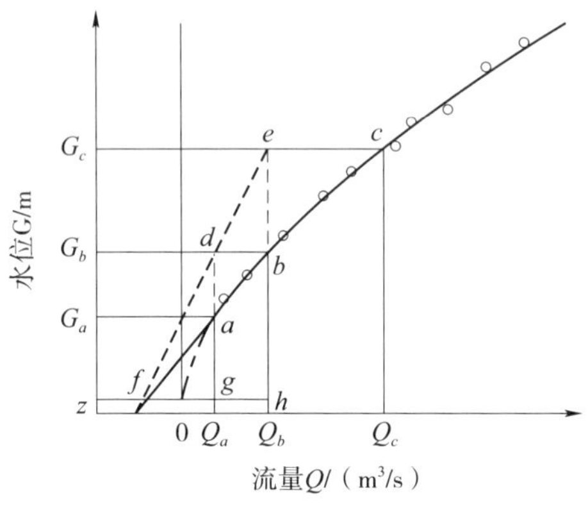


图 7-20　图解法求断流水位

### 7.7.1.2　水位流量关系曲线的高水延长方法

高水延长的主要依据是实测大断面资料。如果断面无严重冲淤变化时，可用水位面积、水位流速关系曲线法、水力学公式法或徒手延长法。若历年水位流量关系较稳定时，也可参考邻近年份的水位流量关系曲线趋势延长。如有历史洪水调查资料时，可用作延长曲线的参考。如断面变化剧烈、而峰前峰后实测大断面资料缺乏时，可借用上下游断流断面同年的高水实测流量来延长。

（1）根据水位面积、水位流速关系延长

河床较稳定的测流断面，水位面积、水位流速关系点常较密集，曲线趋势明确，可据以延长水位流量关系曲线。水位面积关系曲线可根据实测大断面资料，算出需要延长部分的若干水位级的面积值来延长。水位流速关系曲线在高水时，常趋近于一条与纵轴平行的直线，可按趋势延长，由于 $Q=AV$，即可延长水位流量关系曲线。图 7-21，是通过水位面积、水位流速关系曲线来延长水位流量关系曲线的方法。

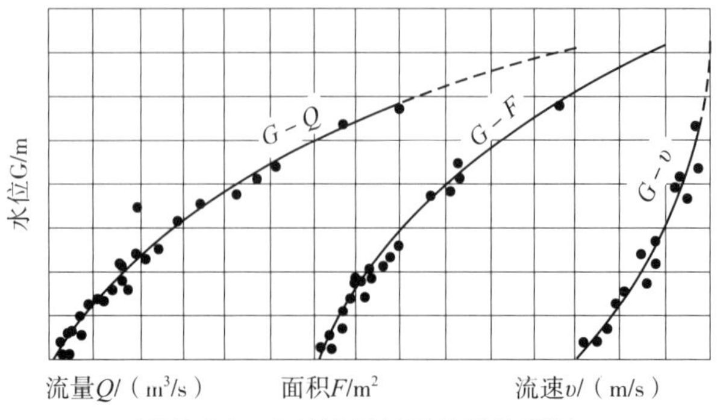


图 7-21　水位流量关系曲线的延长

（2）用水力学公式延长

水力学公式法实质上与上述的方法相同，只是在延长水位流速关系曲线时，利用水力学公式计算出需延长部分的流速值来辅助定线。常用的方法有：

1）用曼宁公式延长

$$V=\frac{1}{n}R^{2/3}S^{1/2}$$

式中，$V$——延长的流速；

$n$——糙率；

$R$——水力半径；

$S$——水面比降。

延长时，用上述公式计算流速，用实测大断面资料延长水位面积关系曲线，从而达到延长水位流量关系的目的。

用曼宁公式计算流速时，水力半径 $R$ 一般可以根据大断面资料求得，因此关键在于水面比降 $S$ 和糙率 $n$ 的值。延长时，须从实际资料的情况出发确定延长的方法。如果水面比降 $S$ 和糙率 $n$ 都有资料时，直接代入公式中计算并延长。当二者缺一时，通过点绘水位 - 水面比降（或水位 - 糙率）关系曲线并进行延长，然后算出流速值，并延长水位流速曲线。如果没有水面比降 $S$ 和糙率 $n$ 的资料时，可将 $\frac{1}{n}S^{1/2}$ 看作一个未知数，$\frac{1}{n}S^{1/2}=Q/(A\times R^{2/3})$，依靠实测流量算出 $\frac{1}{n}S^{1/2}$，点绘水位 - $\frac{1}{n}S^{1/2}$ 曲线，因高水部分 $\frac{1}{n}S^{1/2}$ 接近常数，故可按倾斜趋势延长。

图 7-22 是利用曼宁公式来延长高水时期的水位流量关系曲线的方法。

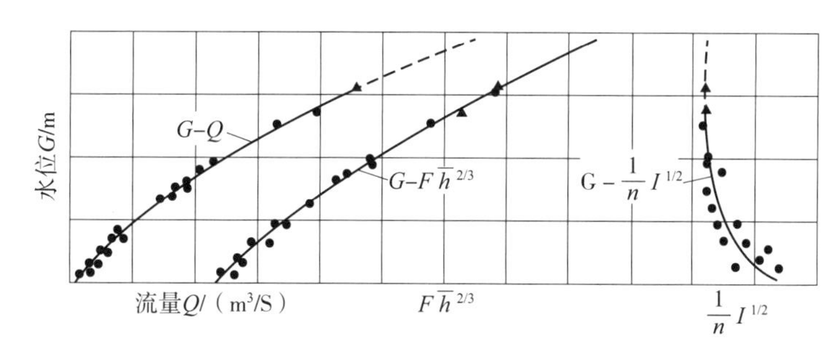


图 7-22　水位流量关系曲线高水延长

2）用洪水痕迹辅助延长

洪水调查可弥补断面测流资料的不足，用以辅助延长水位流量关系曲线。

洪水调查是指对测流断面附近有控制作用的河段进行洪水痕迹的调查，测量河道的简易地形时，应测至最高洪水位以上。在图中标出洪水痕迹发生的地点和高程，每河段应调查三个以上，以便连成水面线，使能与中、低水位的水面线做比较。较可靠的洪水痕迹应在固定建筑物上寻找，并访问沿河的年老居民及水上工作人员。

洪峰流量的计算，根据洪水痕迹调查和测量纵、横断面资料，用曼宁公式，即可计算洪峰流量。计算流量的曼宁公式为

$$Q=\frac{1}{n}A\times R^{2/3}S^{1/2}$$

如调查的洪水痕迹靠近水文站，可测定水文站断面处的痕迹高程，然后利用水文站的水位流量关系曲线加以延长，求得洪峰流量。也可按公式计算出流量来，其中糙率 $n$ 的确定是很重要的，但天然河道糙率的选定又是相当复杂，因此有条件的，应采用本站资料进行分析确定，也可查阅有关手册选定。

### 7.7.2 流量插补

水文计算需要长系列的流量资料，但实测资料常会发生缺测、中断等情况，为此，须运用合适的方法推求出这些资料，称为流量插补。

插补流量是根据河流水文现象的变化规律进行的，需要有较多的实测资料。插补资料允许的误差大些。插补流量的方法根据测流断面特性和资料的情况而定。其方法有：

（1）借用本断面相邻期间的水位流量关系曲线进行插补

此法适用于冲淤影响不严重，水位流量关系较规则的断面。例如，可以利用前几年的平均水位流量关系曲线，根据历年的水位资料，推求出相应年份的逐日流量资料。

（2）用相邻断面的流量相关曲线法进行插补

上下游相邻断面或相似地区河流的测流断面，其同时的流量常具有一定的关系，可绘制两个断面的月、年平均流量相关曲线，由相邻的流量资料插补出该断面缺测的流量。

## 7.8 流量资料合理性检查

外业的流量监测和内业的资料整编，工序都很多，发生差错的机会也会随之增加，为了保证测量成果的质量，除了保证现场的测量质量，需对整编成果进行合理性的检查。通过各种水文要素的时空分布规律，进一步论证整编成果的合理性，可发现整编成果中存在的问题并予以处理，以保证整编成果的质量，同时，据此可对今后测量工作提出改进意见和建议。

### 7.8.1　流量资料的单站合理性检查

单站合理性检查，是通过本站当年各主要水文要素的对照分析和对本站水位流量关系比较，以确定当年整编成果的合理性。

（1）流量过程线与水位过程线对照分析

除了冲淤或回水影响特别严重的时期外，水位与流量之间有着密切的联系，两种过程的变化趋势相同，且峰形相似，峰谷相应。在对照检查中，若发现反常现象，可以从推流所用的水位、推流方法、曲线的点绘和计算方法等方面进行检查。

（2）历年水位流量关系曲线的对照

水位流量关系是河段水力特性和测流断面特性的综合反映。从综合历年水位流量关系图上能看出曲线的变化趋势。若高水控制良好，冲淤或回水影响不严重，则曲线变化趋势应基本一致；水情变化趋势相似的年份，曲线的变化程度也应相似，当发现有异常情况时，应查明原因，尤其是高水延长部分，更应查明原因。

### 7.8.2　综合合理性检查

综合合理性检查是指对各测流断面或测站整编成果作全面检查。主要是利用上下游或流域上各水文要素间相关关系或成因关系来判断各测流断面或测站流量资料的合理性。其主要方法有：

（1）上下游洪峰流量过程线及洪水总量对照

检查时需要绘制“洪水期综合逐时流量过程线”及“各站洪水总量对照表”。洪水期综合逐时流量过程线，是把上下游各站流量过程线用同一纵横比例绘在一起，以不同色彩和不同形式的线条表示。有支流汇入的河段，可将上游站与支流站的流量错开传播时间相加，将其合成流量的过程线绘入图中进行比照。在计算洪水总量时，一般不割除基流。截取洪峰时，注意使上下各站的截割点与洪峰传播时间相对应。对照分析时，着重检查洪水沿河长演进时上下游过程是否响应；峰顶流量沿河长的变化及其发生时间的相应性；检查洪水总量的平衡情况。

（2）上下游逐日平均流量过程线对照

对于逐日平均流量，上下游变化应该相对应。用上下游逐日平均流量过程线可以综合全面地检查上下游日平均流量是否异常。在冰期流量对照时要与冰期记载结合起来检查。

（3）月年平均流量对照表检查

将上下游干支流各站（包括引入、引出控制站）月年平均流量汇列在一起，用水量平衡方法检查沿河水量变化是否合理。

在上下游站区间面积较大或区间水量所占比重较大时，可根据区间面积及附近相似地区的径流模数来推算区间的月年平均流量列入。在降水量较多的月份，区间的月年平均流量也可借用相似地区的降水径流关系推算，然后将上游站的流量与区间流量之和列入，与下游站比较。

有湖泊或水库时，将用流量单位表示的月、年容积变量列入，并将入湖或入库站流量与容积变量之差列入，与下游站比较。

用水量较大地区，可将水量调查成果列入，与上下游比较。

（4）流量随集水面积演变图检查

流量随集水面积演变图能直观地反映出流量沿河长增减的规律，必要时可绘制此图检查。绘制的方法是以各站的同步流量（年平均流量或年径流量、一个月或连续几个月的平均流量、洪水总量等）为纵坐标，集水面积为横坐标，点绘关系点，用直线连成沿集水面积增减的折线。

将历年同类曲线绘制在同一图上，检查有无特殊变化情况；检查沿河长及区间水量增减情况，还可了解水量来源及各地区水量比例；比较各地区的径流深（胡径流模数）变化。

（5）月年最大（最小）流量对照表检查

月年最大（最小）流量对照表按测流断面或测站自上游至下游的顺序排列。将月年最大（最小）流量及出现日期分编两张表。检查时，可参照各断面或测站的过程线，并考虑河段内水流传播规律。必要时，绘制年径流深等值线图进行检查。

流量整编成果经过审查环节后，应编写流量资料整编说明书，其内容包括：测流断面或测站的基本情况，如基本设施、流量测量方法和测次等，断面或测站特性和当年水情概况，测量、计算及整编中发现的影响流量精度方面的问题及处理情况，突出点的分析、批判和处理，推流方法的选择。推流方法的选择应详细论述和交代，以便作为今后应用资料时的参考。

# 第 8 章

# 流量监测误差和质量控制

DI-BA ZHANG
LIULIANG JIANCE
WUCHA HE ZHILIANG KONGZHI

# 8.1　流量监测误差

天然河道的流量监测是一种动态的测量，测量获得的实时数据随时间而变。因而难以在相同条件下进行多次重复测量后获得相同的成果。另外，用于测量仪器的性能、测量的环境、测量计算的方法及各人感觉上差异等原因，都会带来测量误差。天然河道一次流量的误差很难确定，一般会用几种方法同步比测流量，以评估精度低的方法误差。

## 8.1.1　测量误差的分类和测量误差的处理

在流量监测中，可以发现测量的成果都包含有误差，按误差的性质不同，可以分为系统误差、随机（或偶然）误差、粗差三种。粗差有时也称为伪误差，这是一种由某些突发性的异常因素造成错误的误差。

### 8.1.1.1　系统误差

（1）系统误差产生原因

系统误差产生的原因，往往是由仪器的性能、测量和计算的方法、测量的环境、人为的因素等造成。

仪器本身的测量精度问题，或者仪器在生产制作过程中某种缺陷造成的误差，以及仪器在设计上的问题，造成了仪器的系统误差。

采用某种测量方法，测量的原理和方法、计算模型的不完善等，会产生系统误差。

测量现场环境的变化，例如测量时的风向、风力、温度、大气压力、水流紊动、流速分布的不均等，也会造成系统误差。

测量中，人为的测量习惯和人为不恰当的测量方法，同样会造成系统误差。

在相同条件下对同一河段进行多次流量的测量，如果各次成果误差的符号相同，不管其误差数值是否相同，这种误差称为系统误差。不改变测量的仪器，就不能用增加测次的方法来减少系统误差。系统误差反映测量成果的均值与真值之间的偏差，即测量成果的准确度。其分布类型有多种，一般可按均匀分布处理。

系统误差的变化有一定的规律，如误差的大小或符号上表现出系统性，或在某一测量条件下，按一定的规律变化。其变化可以归结为某一个因素或某几个因素的函数，这种函数一般可以用解析公式、曲线或数学图表来表示。由于系统误差的规律性，使得系统误差对于测量成果的影响具有累积作用，对测量成果质量的影响也特别显著。因此尽可能消除或减少系统误差，显示出其重要性。

系统误差的产生，既可能是观测者的习惯操作影响引起，也可能是仪器本身、测量方法、计算模型和测量环境等影响引起，尽可能找出原因予以避免。

（2）系统误差的处理

系统误差控制和消除的技术途径和方法主要有：测量方法设计时选择科学合理的观测方案，消除产生系统误差的因素，或使系统误差相互抵消，不致带入测量结果中；在测量过程中制定严格的操作规程，避免一些不良习惯和作业方法引起系统误差；测量结果可采用加入修正值消除系统误差；采取更加精密的仪器设备减小系统误差；在数据处理时设法予以削弱或消除。

系统误差在不同的具体问题中表现不同，应依具体问题采取有效的控制措施，一般情况可以采取如下措施，控制和削弱系统误差。

1）恒定系统误差的消除：可分别采用异号法、交换法、替代法三种方法。

a. 异号法：改变测量中的某些条件，如测量方向（往返测量）等，使两种条件下测量结果的系统误差符号相反，取两种条件下测量结果的平均值作为测量结果，通过平均的方法达到削弱系统误差。

b. 交换法：交换法本质上也是异号法，但其形式是将测量中的某些被测物的位置等相互交换，使产生系统误差的原因对测量的结果起反作用，从而抵消了系统误差。

c. 替代法：保持测量条件不变，用某一已知量值替换被测量，再做测量，以达到消除系统误差的目的。

2）可变系统误差的消除：可变系统误差可以分为线性系统误差和周期性系统误差两种。

a. 线性系统误差：可采用等时距重复测量法，予以消除。许多随时间变化的误差，在很短的时间内可认为是线性变化的，采用相同的时间间隔，反复对标准量和被测量进行重复测量，相同时间间隔内的系统误差可认为相等，以此估计被测量值，可消除随时间变化的线性系统误差。

b. 周期性系统误差：有效的消除方法是采用半周期偶数测量。因相隔半周期进行测量时，获得的两个测量值误差大小相等，而符合相反；因此测量时每隔半个周期进行一次测量，并进行偶次测量（成对测量），取其测得值的均值作为测量结果，可实现对周期系统误差的消除。半周期偶数测量法广泛用于测角测量。

3）改变方案对比观测法：在测量对象不变的情况下，采用逐一改变测量方案、测量仪器、测量人员、计算模型等进行测量，对比分析测量结果可发现系统误差的存在。测量对象为动态变量时，可采用不同测量方案，同时进行施测的方法发现系统误差。

4）实验分析法：对于计算模型、测量方案等引起的系统误差，常可以通过一定的试验和理论分析的方法发现系统误差的存在，并在测量过程中通过作业规定、限差等措施控制误差。这种方法在水文测量中使用较多。

#### 8.1.1.2　随机误差

（1）随机误差的产生

随机误差是由于测量时不能加以严格控制的各种因素共同影响所引起的。误差的大小和符号都不固定。这种不可避免的误差，称为随机误差（或称为偶然误差）。在相同的测量条件下进行大量的测量，随机误差的平均值会随测量次数的增加而趋近于零。从表面上看，随机误差没有任何规律，但从大量资料的误差统计中，仍然会发现它是有一定的规律性。随机误差的分布一般呈正态分布。随机误差反映测量值自身的稳定程度。

系统误差与随机误差，在大多数情况下是不能完全分开的。但根据其产生的原因、误差的性质，可以将两种误差分开研究和处理。随机误差的处理主要是采用最小二乘法。最小二乘原理是处理随机误差科学有力的工具。然而，最小二乘原理也只能处理随机误差，因此，在利用最小二乘原理处理随机误差之前，应首先消除数据中的系统误差。

随机误差的另一个特性是，各个随机误差的总和（代数和）接近于 0，其正相对误差与负相对误差的绝对值代数和除以误差系列的总个数，即可得平均系统误差。

为简便统计，常将各相对误差系列按正负与大小顺序排列统计。其中，中位数的误差即为系统误差。

（2）随机误差的处理

随机误差是由无数随机或偶然的因素影响所致，因而每个随机误差的数值大小和符合都是随机和偶然的，但从大量同类事物统计分析角度来看，仍然会呈现一定的规律，通常是服从正态分布的规律。

根据随机误差的特性，当只含随机误差时，按正负号及大小顺序排列随机误差的累积曲线，其累积频率为 50% 时相对误差恰好为 0。这是因为随机误差是由无数偶然因素影响所致，因而每个随机误差的数值大小和符号的正负都是随机或者说是偶然的。但是，反映在个别事物是随机性的，在大量同类事物统计分析中则会呈现一定的规律。

在数据系列中，每次的测量成果，除含有随机误差外，还存在系统误差，则相对误差的累积频率曲线便会发生变化。如系统误差为常差，则累积频率曲线会发生等量纵移，曲线的形态未变。此时累积频率 50% 时的相对误差即为系统误差。如系统误差非等量，但其误差变动不大，仍可用累积频率 50% 时的相对误差近似地代表数据系列的平均系统误差。

最小二乘原理是通过多余观测对出现的矛盾（不符）现象，进行合理的调整，分别给予适当改正数，使矛盾消除，从而求出一组最可靠的结果，用这种平差的工作方法计算最小二乘法。

#### 8.1.1.3　粗差（粗误差）

（1）粗差的产生

粗差（粗误差）主要是由失误或错误引起的。在测量中出现粗差的概率并不大，但如果不予以发现和剔除含有粗差的数据，会对测量结果产生严重影响。大量的统计数据表明，流量监测数据经常存在粗差。无论采用人工观测或自动化观测，由于粗差的存在，影响资料的精度和可靠性问题一直是一个值得深入研究的问题。最小二乘法解决的是随机误差问题，若观测中混有数据粗差，在采用最小二乘法处理数据之前，需要对观测值的可靠性进行有效的检验。由于测量数据是一切资料分析工作的基础，其可靠性备受重视。在实际工作中，测量数据的可靠性检验贯穿整个资料的使用分析过程，即在数据采集、处理、使用阶段都要进行测量数据的粗差检验。

采用几何条件检核和发现粗差的方法，在断面测量和地形测量中应用较多。例如在水准测量和三角高程测量中，一般要形成一定的几何图形（如三角形、四边形、闭合环线等），由观测量组成的几何图形必须满足一定的几何条件，如三角形的内角和应等于 180°，水准环线的高差之和应等于 0 等。一些明显的粗差和错误可在野外进行的几何条件检核中检验出来。测量数据若发现含有粗差，应予以剔除，对于已剔除的测量值应及时组织重新测量或补测。

采用逻辑检验和发现粗差的方法，其基本出发点是根据观测量的逻辑关系确定检验规则。如监测仪器一般都有一个明确的测量范围，因此，任何观测值都必须在其测量范围之内。如果观测值超出仪器的测量范围，则推定观测值存在粗差。另外，被监测物理量的观测值一般应有一个逻辑合理范围，若观测值超出其逻辑合理范围时，也认为观测值含有粗差。当认为观测值含有粗差时，应判该次观测值无效，并重新观测。例如在一般的情况下，随水位的升高，水面宽、水深、流速、流量也会随之增大；又如流速测量过程中，正常情况下自水面至河底方向，流速逐渐减小，含沙量逐渐增大。若水面以下相对水深 0.2 m、0.6 m、0.8 m 等处的流速和含沙量符合这一规律，则认为满足逻辑检验，否则可认为不满足逻辑检验，应重新测量或查明原因。

（2）粗差的处理

在一系列观测值中混有粗差，必然会歪曲观测结果，但如果为了得到精密度更好的结果，而人为地丢掉一些误差较大但不属于异常值的测得值，而形成虚假高精密度，是一种不适当的方法。

在测量过程中，因读错、记错、仪器故障、测量条件突变引起的粗差，应及时从技术、物理关系、几何条件、逻辑关系等方面找出产生异常值的原因，这是发现和剔除粗差的首要方法。在数据处理阶段的粗差检验主要是检查观测值中的相对较小的粗差及数据传输过程中产生的新粗差。通常检验粗差的方法有几何条件检核、逻辑检验、包括域检验、时空分布检验、模型检验等。

虽然，粗差的物理检验判别法是发现和剔除粗误差的首选方法，但有时物理检验判别法也会失效，无法判定测得值是异常值。这时，可采用统计学方法进行判别。统计法是给定一个置信概率，并确定一个相应的置信限，凡超过这个界限的误差，就认为它不属于随机误差范畴，而是粗差，并予以剔除。常用粗差检验判别的统计方法包括拉依达准则、肖维勒准则、格拉布斯准则等。

## 8.1.2　测量误差的表示方法

通常衡量测量的好坏或质量，或者说衡量观测值的精度标准，可以用绝对误差、相对误差、方差、标准差（均方误差）、相对均方误差等参数表示。

### 8.1.2.1　绝对误差

绝对误差也称真误差，是指观测值与真值之差，即相对于真值的误差称为绝对误差。一个量的真值、观测值和绝对误差存在以下关系式：

$$\Delta=L-\tilde{L}$$

式中，$\Delta$——绝对误差；

$L$——某个量的观测值；

$\tilde{L}$——某个量的真值。

通常情况下真值是未知的，所以绝对误差也就无法获得。为了求得观测值的绝对误差，常用测量结果可靠、有效、合理的估计值，这个估计值在实际应用中通常用期望值，即用期望值代替其真值参加计算，则有

$$\Delta=L-E(L)$$

式中，$E(L)$——观测值 $L$ 的数学期望，实际计算中，多采用平均值。

由于测量存在随机误差，这个随机误差可看作一个随机变量；则每一个观测值，可看作某一定值与一个随机变量之和。假设对某一个流量重复观测多次，这一系列观测值可认为是离散随机变量，观测值与其对应出现概率之积的总和，即为该

观测值的数学期望，用公式表示为

$$E(L)=\sum_{i=1}^{n}L_iP$$

式中，$L_i$——某流量第 $i$ 次观测值；

$P_i$——与 $L_i$ 对应的概率；

$n$——观测次数。

可见观测值的数学期望值是反映观测值平均取值的大小，它是简单算术平均的一种推广，类似加权平均。

在实际应用中，可以将相同环境下多次观测（静态观测）的平均值当作真值，绝对误差可以表示为观测值 – 均值。

#### 8.1.2.2 相对误差

在很多情况下，仅仅知道绝对误差的大小，还不能完全表达观测精度的质量。例如两段距离分别为 1 000 m 和 100 m 的观测，如果观测的绝对误差都为 1 m，虽然绝对误差相同，但这两段距离单位长度的观测精度显然是不相同的，前者的精度远高于后者。因此，有必要引入相对误差来衡量精度的标准。相对误差定义为观测值的绝对误差与真值之比。即

$$\delta=\frac{\Delta}{\widetilde{L}}$$

式中，$\delta$——相对误差；

$\Delta$——观测值的绝对误差；

$\widetilde{L}$——观测值的真值。

在实际应用中，通常会将上述的计算公式乘以 100% 所得的数值，即以百分率（%）来表示相对误差。一般来说，相对误差更能反映测量的可信程度。

与绝对误差一样，如果将多次过程的均值作为真值，那么，相对误差就可以表示为：绝对误差 / 均值；或者可表示为（观测值 – 均值）/ 均值。

#### 8.1.2.3 均方差

均方差又可以称为标准差。它的计算公式为

$$\sigma=\sqrt{\frac{1}{n}\sum_{i=1}^{n}\Delta_i^2}=\sqrt{\frac{1}{n}\sum_{i=1}^{n}(L_i-\widetilde{L})^2}$$

式中，$\sigma$——均方差；

$n$——绝对误差的个数；

$\Delta i$——第 $i$ 次观测值的绝对误差；

$L_i$——第 $i$ 次观测值；

$\widetilde{L}$——真值。

均方差的平方称为方差。方差是在概率论和统计方差时衡量随机变量或一组数据离散程度的度量。概率论中，方差用来描述随机变量离散度。因此，均方差和方差是不一样的。

#### 8.1.2.4　均方误差

精确度的衡量指标为均方误差，它的定义和表达的公式是

$$\mathrm{MSE}(L)=\delta(L-\widetilde{L})^2$$

均方误差不同于均方差，均方误差是各数据偏离真实值的距离平方和的平均数，即误差平方和的平均数，计算公式形式上接近方差。均方差是数据序列与均值的关系，而均方误差是数据序列与真实值之间的关系；区别在于均值与真实值之间的关系。

#### 8.1.2.5　不确定度

水文测验的国际标准中，用不确定度表示水文测验结果的质量。测量数据的不确定度从广义上讲也是误差的一种表示方法。它包含偶然误差、系统误差和粗差，甚至包含数值上、概念上的不完整性、模糊性等，也包括可度量和不可度量的误差。

不确定度的一般概念是指测量结果的正确性或准确度的可疑程度。用于表示测量结果可能出现的具有一定置信水平的误差范围的量和测量的精度。因此它比单纯的误差概念更全面、更广泛。

不确定度的大小反映了测量结果可信赖的程度。不确定度小，表明测量更接近真值，可信程度高。

不确定度的产生原因不仅涉及测量仪器、测量装置、测量方法、环境和观测者的问题，还包括测量对象的影响，即涉及整个测量系统。

#### 8.1.2.6　精度

反映观测结果与真值接近程度的量，称为精度。观测结果误差小，其精度高，两者有相反的意义。精度也多指误差分布的密集或离散程度。

“精度”一词在不同的场合，表达的含义也有所不同。当精度指测量结果的准确程度时，也称准确度。一般情况下精度又指随机误差分布的密集或离散程度，用它描述测量水平的高低和测量结果的不确定程度。精度也反映观测结果与真值接近程度，在习惯上又称相对误差为精度。因此，“精度”一词的语义很广，而显得概念模糊，又常常将“精度”与“误差”的用词混淆，出现同一词表示不同含义，或

者同一含义拥有不同的词。

精度可分为：

（1）精密度：反映测量结果中随机误差大小的程度，即反映观测值的稳定性；也可指重复测量所得结果相互接近的程度，即表示在相同的测量条件下，同一方法对某一量测量多次时，测得值的一致程度，或分布的密集程度，也可表示测量的重复性。它反映了随机误差的大小，测量的精密度高，表示测量数据比较集中，重复性好，各次测量结果分布密集，随机误差减小。因此，精密度反映了随机误差对测量结果的影响。

一般情况下人们所说的“精度”多指精密度。对于测量仪器来讲，一般认为可用测量仪器的最小测量单位确定该仪器的精密度。

（2）准确度：有时也称正确度。表示测量结果与被测量真值之间的偏离，反映系统误差和粗差大小的程度。由于粗差只有在极少数情况下才出现，因此，准确度多表示系统误差的大小。

测量的准确度高，是指测量数据的平均值偏离真值较小，测量结果与真值接近的程度好，测量结果的系统误差较小。因为准确度反映的是系统误差对测量影响的大小，测量的系统误差大，则准确度差。

由于可知的系统误差可以修正，因此准确度一般表示仪器误差的大小。测量仪器和测量方法一经选定，测量的准确度就确定了。用同一台仪器对同一物理量进行多次测量，只能确定其重复性的好坏，而不能确定其准确度。

（3）精确度：是综合反映系统误差与随机误差的大小程度，精确度是精密度和准确度的合成，是综合评定测量结果的重复性与接近真值的程度，是指观测结果与其真值的接近程度，包括观测结果与其数学期望的接近程度，和数学期望与其真值的偏差。因此，精确度反映了偶然误差和系统误差联合影响的程度。也有人称精确度为可靠度。当不存在系统误差时，精确度就是精密度，精确度是一个全面衡量观测质量的指标。测量的精确度高，是指测量数据比较集中在真值附近，即测量的系统误差和随机误差都比较小。

精密度高，不一定准确度高。反之，准确度高，也不一定精密度高。而精确度高就是精密度和准确度都高。

## 8.1.3 流量监测误差

### 8.1.3.1 流速面积法测流误差

当采用流速仪以流速面积法的测流方法时，由流量的计算公式和流量测量的步骤，可看到其误差主要来自以下六个方面：

（1）测深误差：由观测的随机误差、仪器本身所产生的未定系统误差，以及河床条件各异等因素造成。仪器精度的高低不同，可能会产生 1% 左右的误差。测深误差可通过试验确定，测深系统的不确定度允许 0.5% 左右。

（2）测宽误差：造成误差的原因，与测深误差的原因相似。仪器的测距误差可根据仪器标称误差分析确定。在《河流流量测验规范》中，规定测宽的随机不确定度应不大于 2%；测宽系统不确定度应不大于 0.5%。

（3）流速仪本身的误差：转子流速仪本身是需要定期进行检定，流速仪误差由检定的随机误差和仪器在测量中所造成的未定系统误差组成。流速仪在检定槽中检定，在流速仪适用范围内，当流速不小于 0.5 m/s 时，流速仪检定随机不确定度应不大于 1%，流速仪检定系统不确定度应不大于 0.5%。

（4）由测点有限测速历时和流速脉动导致的误差：主要是随机误差。河道中由于水流紊动，瞬时测点流速会有脉动现象，这种随机过程和误差可以通过加大测速历时来克服。而这种误差是需要通过试验才能确定其误差的程度。一般来说，流速脉动遵循正态（高斯）分布，流速脉动的程度与水深有关。测点流速标准差的绝对值随水深的增加而增加。

（5）由测速垂线上测点数目不足导致的垂线平均流速计算误差：这种误差也是由于水流紊动而造成的。为了确定该误差的大小，也可开展流速仪法的误差试验，根据已有的流速分布资料，选取中泓处的垂线和其他有代表性的垂线 5 条以上作为试验垂线，在不同水位级分别进行试验，并在同一条垂线分别用一点法、二点法、三点法、五点法和十一点法，计算垂线平均流速。对所有试验的资料进行分析，得到误差和不确定度。

（6）由测速垂线数目不足导致的部分平均流速计算误差：通常由随机误差和系统误差组成，一般情况下系统误差较小。为了研究测速垂线的多少对实测流量造成的随机误差，可就加密测速垂线的测流试验。所有测流试验应在高、中、低不同水位级开展，并选择在流量平稳时期进行。在国际标准中，建议一次实测流量至少使用 20 条垂线，以 25 条垂线进行测量将提高可靠性，但是以 15 条垂线进行测量，有引起较大误差的危险。而我国流量测验规范中，会根据不同精度测站（分为一类、二类、三类精度测站）给出不同垂线数目的影响误差和不确定度。

#### 8.1.3.2　其他方法测流误差

在第 2 章中重点讨论了流量监测的各种方法。目前，我国最常用的是采用流速面积法进行日常的流量监测。在本章中，对流速面积法测流产生的误差进行了分析。

对于采用其他方法的测流，在观测过程中产生的流量结果误差，将不再一一讨论。这些测流方法，包括浮标法的流量测量误差、堰闸流量测量误差、水工建筑物流量测量误差、比降面积法流量测量误差等。这些方法都可以根据各自的测流方法的特点，按照流速面积法的误差分析方法进行分析和评估所产生的误差和不确定度。

## 8.2 质量保证与质量控制

### 8.2.1 总体要求

为保证和证明流量监测过程得到有效控制，保证监测数据和资料的代表性、准确性、精密性、可比性和完整性，采取科学、合理、可行的质量保证与质量控制（QA/QC）措施对流量监测过程予以有效控制和评价。

质量保证与质量控制要求应包含流量监测活动全程序的质量保证措施和质量控制指标，贯穿于流量监测工作的全过程。

质量保证与质量控制适用于各种流量监测活动，也适用于相关部门管理流量监测工作及承担单位制订质量管理计划并具体实施。

### 8.2.2 质量管理体系

#### 8.2.2.1 组织机构

机构应有出具流量监测数据的资质，并在允许范围内开展工作。保证客观、公正和独立地从事流量监测活动，保证监测数据的合法有效并对出具的监测数据负责。

机构应有与其从事的监测活动相适应的专业技术人员、管理人员、关键岗位人员，其职责明确，具备从事流量监测活动所需要的仪器设备、装备和实验环境等基础设施。其中关键岗位人员指与质量体系有直接关联的人员，包括最高管理者、技术负责人、质量负责人、报告审核人、授权签字人、质量监督员、内审员、特殊设备操作人员、仪器设备管理人员和档案管理人员等。

机构应建立健全的质量管理体系，使质量管理工作程序化、文件化、制度化和规范化，并保证其有效运行。

机构应有保护国家秘密、商业秘密和技术秘密的程序，并严格执行。

#### 8.2.2.2 监测人员的要求

所有从事流量监测、数据评价、质量管理以及与监测活动相关的人员应具备与其承担工作相适应的能力，具备扎实的流量监测理论基础和专业知识；正确熟练地掌握流量监测中操作技术和质量控制程序；熟知有关法规、标准和规定；学习和了解国内外流量监测新技术、新方法。相关人员应接受相应的教育和培训，并按照相关要求持证上岗。持有合格证的人员，方能从事相应的监测工作；未取得合格证者，只能在持证人员的指导下开展工作，监测质量由持证人员负责。

机构应建立所有流量监测人员的技术档案。档案中至少包括学历、从事技术工作的简历、资格和相关技术培训经历等。

#### 8.2.2.3　监测仪器管理与定期检查

机构应建立流量监测仪器设备（含自动在线等集成仪器设备系统）的管理程序，确保其购置、验收、使用和报废的全过程均受控。

对监测结果的准确性或有效性有影响的仪器设备，包括辅助测量设备，应制订量值溯源计划并定期实施，且在有效期内使用。量值溯源方式包括检定和校准。

检定是指列入国家强制检定目录，且国家有检定规程的测流仪器设备应经有资质的机构进行计量检定，经检定合格，方可使用。

校准是指未列入国家强制检定目录或尚没有国家检定规程的测流仪器设备可由有资质的机构进行校准，也可自校准或比测。自校准或比测时，应有相关工作程序，编制作业指导书，保留相关记录，编制自校准或比对测试报告，合格方可使用。

对监测结果的准确性或有效性有影响的仪器设备（包括辅助测量设备），在使用前、维修后恢复使用前、脱离实验室直接控制返回后，均应进行校准或核查。现场监测仪器设备带至现场前或返回时，应进行校准或检查。

对于稳定性差、易漂移或使用频繁的仪器设备，经常携带到现场检测以及在恶劣环境条件下使用的仪器设备，应在两次检定或校准间隔内进行期间核查。

所有测流仪器设备都应建立档案，并实行动态管理。档案包括购置合同、使用说明书、验收报告、检定或校准证书、使用记录、期间核查记录、维护和维修记录、报废单等以及必要的基本信息，基本信息包括名称、规格型号、出厂编号、管理（或固定资产）编号、购置时间、生产厂商、使用部门、放置地点和保管人等。

#### 8.2.2.4　监测方法的选用和验证

原则上优先选择国家标准方法、统一监测方法或行业标准方法。应按照相关标准或技术规范要求，选择能满足监测工作需求和质量要求的方法实施流量监测活动。在某些项目的监测中，尚无“标准”和“统一”监测方法时，也可采用国际标准和国外标准方法或者公认权威的监测方法，所选用的方法应进行等效性或适用性检验，并满足方法精密度、准确度、干扰影响等质量控制要求，与标准方法有等效性、可靠性，验证合格方可使用。

对超出预定范围使用的标准方法、自行扩充和修改过的标准方法应通过实验进行确认，以证明该方法适用于预期的用途，并形成方法确认报告。

与流量监测工作有关的标准和作业指导书都应受控、现行有效，并便于取用。

#### 8.2.2.5 设施和环境

用于流量监测的设施和环境条件，应满足相关法律法规、标准和规范等的要求。

实验区域应保持整洁、安全的操作环境，通风良好、布局合理。应采取有效隔离措施，使相互干扰的监测项目不在同一实验区域内操作。机构应建立并保持安全作业管理程序，确保辐射、高温、高压、撞击、电等危及安全的因素和环境得到有效控制，并有相应的应急处理措施。

现场监测时，监测时段的气象等环境条件、电供给等工作条件、流量变化（稳定性）等现场条件应满足监测工作要求。制定并实施有关操作安全和人员健康的程序，应配备确保人员和仪器设备安全的防护设施，并有相应的应急处理措施。

#### 8.2.2.6 质量体系

流量监测机构应建立健全质量体系，使质量管理工作程序化、文件化、制度化和规范化，并保证其有效运行。体系应覆盖流量监测活动所涉及的全部场所。

机构应建立质量体系文件，包括质量手册、程序文件、作业指导书和记录。进行文件控制、记录控制，制订质量管理计划，开展日常质量监督、内部审核、管理评审，并具有纠正措施、预防措施及改进措施等。

应建立适合本机构质量体系要求的记录程序，对所有质量活动和监测全过程的技术活动及时记录，包括监测程序、监测方法、监测结果、数据处理及评价和监测记录等，保证记录信息的完整性、充分性和可追溯性，为监测过程提供客观证据。记录应清晰明了，不得随意涂改，必须修改时应采用杠改的方法；电子存储记录应保留修改痕迹。应规定各类记录的保密级别、保存期和保存方式，防止记录损坏、变质和丢失；电子存储记录应妥善保护和备份，防止未经授权的侵入或修改。必要时，进行电子存储记录的存储介质更新，以保证存储信息能够读取。

### 8.2.3 质量保证与质量控制

流量监测机构应设置相应的质量保证管理部门，如质保室（组），配备专职（或兼职）质保人员，负责组织协调，贯彻落实和检查有关质量保证措施，使监测全过程处于受控状态，包括监测方案、点位布设、监测过程及管理、质量控制、数据处理和报告审核等一系列质量保证措施和技术要求。

#### 8.2.3.1　监测方案

机构应对流量监测任务制订监测方案。

制订监测方案前，应明确流量监测任务的性质、目的、内容、方法、质量和经费等要求，必要时到现场踏勘、调查与核查，并按相关程序评估能力和资源是否能满足监测任务的需求。

监测方案一般包括监测目的和要求、布点、项目和频次、监测方法和要求及依据、质量保证与质量控制（QA/QC）要求、监测结果的评价标准（需要时）、监测时间安排、提交报告的日期和对外委托情况等。对于常规、简单和例行的监测任务，监测方案可以简化。

质量保证与质量控制（QA/QC）要求应包含监测活动全程序的质量保证措施和质量控制指标。

#### 8.2.3.2　监测点位布设

流量监测点位、频次、时间和方法应根据监测对象、分析方法的要求和数据的预期用途等，按国家标准、行业标准及相关技术规范和规定设置执行，保证监测信息能准确反映监测对象的实际状况、波动范围及变化规律，保证监测信息的代表性和完整性。

重要的监测点位应设置专用标志。

#### 8.2.3.3　监测过程及管理

机构应根据确定的流量监测点位、项目、频次、时间和方法进行监测，并制订监测计划，内容应包括监测时间和路线、监测人员和分工、监测仪器设备、交通工具以及安全保障措施等。

流量监测人员应充分了解监测任务的目的和要求，了解监测点位的周边情况，掌握监测方法、项目、质量保证措施、数据保存等，做好监测前的准备工作。

监测时，应严格遵守相应的规范要求，并对监测准备工作和监测过程实行必要的质量监督。

#### 8.2.3.4　质量控制

流量监测人员应执行相应监测方法中的质量保证与质量控制规定，此外还可以采取以下质量控制措施。

（1）监测仪器管理与定期检查

测流设备除计量检定或校准比测外，计量器具在日常使用过程中应进行校验和维护。常用流速仪和其他方法测流设备在使用期内，应定期与备用流速仪进行比测；辅助测量设备，应参照有关计量检定规程或相关规范规定进行定期校验，合格方可使用。

（2）平行测定

根据实际情况，应按方法要求随机抽取一定比例的断面做平行测定。若平行测定偏差超出规定允许偏差范围，应进行补测；若补测结果仍超出规定的允许偏差，说明该测定结果失控，应查找原因，纠正后重新测定，直至合格。

（3）方法比对或仪器比对

对同一断面可用不同的测流方法或不同的测流仪器进行比对测定分析，以检查分析结果的一致性。

（4）人员比对

不同测流人员采用同一测流方法、在同样的条件下对同一断面进行测定，比对结果应达到相应的质量控制要求。

（5）测流机构间比对

可采用能力验证、比对测试或质量控制考核等方式进行测流机构间比对，证明各测流机构间的监测数据的可比性。比较两者测定结果是否存在显著性差异。

#### 8.2.3.5 数据处理

应保证监测数据的完整性，确保全面、客观地反映监测结果。不得利用数据有效性规则，达到不正当的目的；不得选择性地舍弃不利数据，人为干预监测和评价结果。

数字修约、计算和进舍规则按照 GB/T 8170 和相关标准规程执行，均值数据使用原始监测数据进行计算。

异常值的判断和处理执行 GB/T 4883，当出现异常高值时，应查找原因，原因不明的异常值不应随意剔除。

数据传输应保证所有信息的一致性和复现性。

#### 8.2.3.6 报告审核

流量监测报告应信息完整。

审核范围为原始记录和报告表，审核内容包括监测方案及其执行情况、数据计算过程、质控措施、计量单位、编号等。

主要方式有监测人员之间的互校，室（科或组）负责人的审核，技术负责人（或技术主管、授权签字人）的审核等。

校核人和审核人应在相应的原始记录和报告表上签名。

# 附 表

# 附表 1　转子流速仪测深测速记载及流量计算表

＿＿＿＿站 测深测速记载及流量计算表

| 施测时间 始： | | | | | | | 终： | | | | | 均： | | | | 施测号数 | |
|---|---|---|---|---|---|---|---|---|---|---|---|---|---|---|---|---|---|
| 流速仪牌号及公式 | | | | | | | | | 比测后使用次数： | | | | | | | 流量 | |
| | | | | | | | | | | | | | | | | 输沙 | |
| | | | | | | | | | | | | | | | | 单沙 | |
| 天气： | | | 风向风力： | | | 流向： | | 流速记录方式： | | | | 测深仪牌号： | | | 铅鱼重量： | | |
| 测深线 | 测速线 | 起点距（m） | 实测水深（m） | 悬索偏角（°） | 应用水深（m） | 相对位置 | 相对水深（m） | 总转数（N） | 总历时（s） | 测点流速（m/s） | 流向偏角（°） | 改正后流速（m/s） | 垂线平均流速（m/s） | 部分流速（m/s） | 平均水深（m） | 部分面积（$m^2$） | 部分流量（$m^3/s$） |
| 水边 | | | | | | | | | | | | | | | | | |
| | | | | | | | | | | | | | | | | | |
| | | | | | | | | | | | | | | | | | |
| | | | | | | | | | | | | | | | | | |
| | | | | | | | | | | | | | | | | | |
| | | | | | | | | | | | | | | | | | |
| | | | | | | | | | | | | | | | | | |
| 断面流量： | | | | | 断面面积： | | | | 死水面积： | | | | 平均流速： | | | | |
| 最大流速： | | | | | 最大水深： | | | | 水面宽： | | | | 平均水深： | | | | |
| 自记水位 始：　　终：　　均： | | | | | | | | | 相应水位： | | | | 测流断面水位： | | | | |
| 备注 | 1. 岸边流速系数（　　）2. 水面流速系数（　　）3. 半深流速系数（　　）4. 测线 / 测点（　　） | | | | | | | | | | | | | | | | |

操作：　　　　　　一校：　　　　　　二校：

# 附表 2　转子流速仪含沙量记载及输沙率计算表

________站 含沙量记载及输沙率计算表

共　　页 第　　页

| 施测时间 始： | | | | | | 终： | | | | | 均： | | | | 施测号数 | | |
|---|---|---|---|---|---|---|---|---|---|---|---|---|---|---|---|---|---|
| 流速仪牌号及公式 | | | | | | | | | | | | | | | 流量 | | |
| | | | | | | | | | | | | | | | 输沙 | | |
| | | | | | | | | | | | | | | | 单沙 | | |
| 天气： | | | 风向风力： | | | 流向： | | 流速记录方式： | | | | 测深仪牌号： | | | 铅鱼重量： | | |
| 测深线 | 测速线 | 测沙线 | 起点距（m） | 应用水深（m） | 相对位置 | 测点流速（m/s） | 盛水样器编号 | 水样容积（$cm^3$） | 测点含沙量（m/s） | 单位输沙率（°） | 垂线平均流速（m/s） | 垂线含沙量（m/s） | 部分含沙量（m/s） | 部分流速（m/s） | 部分面积（$m^2$） | 部分流量（$m^3/s$） | 部分输沙率（$m^3/s$） |
| | | | | | | | | | | | | | | | | | |
| | | | | | | | | | | | | | | | | | |
| | | | | | | | | | | | | | | | | | |
| | | | | | | | | | | | | | | | | | |
| 断面流量：　$m^3/s$ | | | | | | 断面面积：　$m^2$ | | | | | 死水面积：　$m^2$ | | | | 平均流速：　m/s | | |
| 最大流速：　m/s | | | | | | 平均水深：　m | | | | | 最大水深：　m | | | | 水面宽：　m | | |
| 自记水位始：　m | | | | | | 终：　m | | | 均：　m | | 相应水位：　m | | | | 断面水位：　m | | |
| 断面输沙率：　t/s | | | | | | 断面平均含沙量：　$kg/m^3$ | | | | | 单位含沙量：　$kg/m^3$ | | | | 实测水温：　℃ | | |
| 备注 | 1. 岸边流速系数（0.70～0.80） | | | | | 2. 水面流速系数（0.70） | | | | | 3. 半深流速系数（0.70） | | | | 4. 测线测点（ / ） | | |

# 附表 3　声学多普勒流速剖面仪流量测验记载计算表

______站 声学多普勒流速仪流量测验记载表

| 日期：　年　月　日 | 天气： | 风力风向： |
|---|---|---|
| 流量测次： | 测船： | 计算机名： |
| 开始时间： | 结束时间： | 平均时间： |
| 流速仪型号： | 固体版本： | 软件版本： |
| GPS 型号： | 罗经型号： | 测深仪型号： |

| 数据文件路径： | 配置文件名称： |
|---|---|

| 探头入水深：　m | 设置的盲区： | 深度单元尺寸： | 深度单元数： |
|---|---|---|---|
| 含盐度： | 水跟踪脉冲数： | 底跟踪脉冲数： | 幂指数 b： |

| 测回 | 航向 | 水边距离（m） | | 数据文件名 | 半测回流量（$m^3/s$） | 测回平均流量（$m^3/s$） | 备注 |
|---|---|---|---|---|---|---|---|
| | | L | R | | | | |
| | | | | | | | |
| | | | | | | | |
| | | | | | | | |
| | | | | | | | |
| | | | | | | | |
| | | | | | | | |

| 测验结果 | | | | | | | |
|---|---|---|---|---|---|---|---|
| 测验项目 | 测回 1 | | 测回 2 | | 测回 3 | | 测次平均 |
| | 往测 | 返测 | 往测 | 返测 | 往测 | 返测 | |
| 断面流量（$m^3/s$） | | | | | | | |
| 断面面积（$m^2$） | | | | | | | |
| 平均流速（m/s） | | | | | | | |
| 最大流速（m/s） | | | | | | | |
| 平均水深（m） | | | | | | | |
| 最大水深（m） | | | | | | | |
| 水面宽（m） | | | | | | | |

| 开始水位：　m | 结束水位：　m | 平均水位：　m | 相应水位：　m |
|---|---|---|---|
| 备注： | | | |

操作记录：　　　　现场审查：　　　　审定：

# 附表 4 声学多普勒流量计流量汇总表

________站 声学多普勒流量计流量汇总表

测量日期：　　　年　月　日

| 站点信息 | | | 测量信息 | | |
|---|---|---|---|---|---|
| 站点名称 | | | 测量组织 | | |
| 站点编号 | | | 测量类型 | | |
| 地点 | | | 测量人员 | | |
| 系统信息 | | 系统设置 | | 单位 | |
| 系统型号 | | 换能器入水深度（m） | | 距离 | m |
| 序列号 | | 筛选距离（m） | | 流速 | m/s |
| 固件版本 | | 盐度（ppt） | | 面积 | $m^2$ |
| 软件版本 | | 磁偏角（度） | | 流量 | $m^3/s$ |
| | | | | 水温 | ℃ |
| 流量计算设置 | | | | 流量成果 | |
| 船迹参考 | | 左岸方法 | | 河宽（m） | |
| 水深参考 | | 右岸方法 | | 面积（$m^2$） | |
| 坐标系统 | | 顶部系统类型 | | 平均流速（m/s） | |
| | | 底部系统类型 | | 总流量（$m^3/s$） | |
| | | 开始水位（m） | | 最大实测水深 | |
| | | 结束水位（m） | | 最大实测流速 | |

| 测量成果 | | | | | | | | | | | | | | | | | | |
|---|---|---|---|---|---|---|---|---|---|---|---|---|---|---|---|---|---|---|
| 航次 | | 时间 | | | 距离 | | | | 平均流速 | | 流量 | | | | | | | % |
| # | 左右岸 | 时间 | 持续时间 | 水温 | 航迹 | 直线距离 | 河宽 | 面积 | 船速 | 流速 | 左岸流量 | 右岸流量 | 表层流量 | 测量流量 | 底层流量 | 总流量 | LC 总流量 | 实测百分比 |
| 1 | | | | | | | | | | | | | | | | | | |
| 2 | | | | | | | | | | | | | | | | | | |
| 3 | | | | | | | | | | | | | | | | | | |
| 4 | | | | | | | | | | | | | | | | | | |
| 5 | | | | | | | | | | | | | | | | | | |
| 6 | | | | | | | | | | | | | | | | | | |
| | | | 平均 | | | | | | | | | | | | | | | |
| | | | 标准差 | | | | | | | | | | | | | | | |
| | | | 误差 | | | | | | | | | | | | | | | |
| 测量时间： | | | | | | | | | | | | | | | | | | |

# 附表 5 声学多普勒流速仪测深测速记载表

声学多普勒流速仪测深测速记载计载表

共 页 第 页

<table>
<tr><td colspan="7">施测时间 始：</td><td colspan="5">终：</td><td colspan="5">均：</td><td colspan="2">施测号数</td></tr>
<tr><td colspan="3">天气：</td><td colspan="6">风力风向：</td><td colspan="3">流向：</td><td colspan="5">测船名称：</td><td>流量</td><td></td></tr>
<tr><td colspan="6">流速剖面仪型号：</td><td colspan="6">流速剖面仪固件版本：</td><td colspan="5">软件版本号：</td><td>输沙</td><td></td></tr>
<tr><td colspan="6">GPS 型号：</td><td colspan="6">罗经仪型号：</td><td colspan="5">测深仪型号：</td><td>单沙</td><td></td></tr>
<tr><td colspan="7">起点桩：</td><td colspan="7">止点桩：</td><td colspan="5">断面方位角：</td></tr>
<tr><td rowspan="2">测深线</td><td rowspan="2">测速线</td><td rowspan="2">起点距（m）</td><td rowspan="2">实测水深（m）</td><td rowspan="2">悬索偏角（°）</td><td rowspan="2">应用水深（m）</td><td colspan="2">仪器位置</td><td rowspan="2">测点流向方位角（°）</td><td rowspan="2">垂线流向方位角（°）</td><td rowspan="2">测点流速（m/s）</td><td rowspan="2">流向偏角（°）</td><td rowspan="2">改正后流速（m/s）</td><td rowspan="2">垂线平均流速（m/s）</td><td rowspan="2">部分流速（m/s）</td><td rowspan="2">平均水深（m）</td><td rowspan="2">垂线间距（m）</td><td rowspan="2">部分面积（$m^2$）</td><td rowspan="2">部分流量（$m^3/s$）</td></tr>
<tr><td>相对</td><td>测点深（m）</td></tr>
<tr><td></td><td></td><td></td><td></td><td></td><td></td><td></td><td></td><td></td><td></td><td></td><td></td><td></td><td></td><td></td><td></td><td></td><td></td><td></td></tr>
<tr><td></td><td></td><td></td><td></td><td></td><td></td><td></td><td></td><td></td><td></td><td></td><td></td><td></td><td></td><td></td><td></td><td></td><td></td><td></td></tr>
<tr><td></td><td></td><td></td><td></td><td></td><td></td><td></td><td></td><td></td><td></td><td></td><td></td><td></td><td></td><td></td><td></td><td></td><td></td><td></td></tr>
<tr><td></td><td></td><td></td><td></td><td></td><td></td><td></td><td></td><td></td><td></td><td></td><td></td><td></td><td></td><td></td><td></td><td></td><td></td><td></td></tr>
<tr><td></td><td></td><td></td><td></td><td></td><td></td><td></td><td></td><td></td><td></td><td></td><td></td><td></td><td></td><td></td><td></td><td></td><td></td><td></td></tr>
<tr><td></td><td></td><td></td><td></td><td></td><td></td><td></td><td></td><td></td><td></td><td></td><td></td><td></td><td></td><td></td><td></td><td></td><td></td><td></td></tr>
<tr><td colspan="5">断面流量：</td><td colspan="5">断面面积：</td><td colspan="4">死水面积：</td><td colspan="5">平均流速：</td></tr>
<tr><td colspan="5">最大流速：</td><td colspan="5">最大水深：</td><td colspan="4">水面宽：</td><td colspan="5">平均水深：</td></tr>
<tr><td colspan="5">自记水位 始：</td><td colspan="3">终：</td><td colspan="2">均：</td><td colspan="4">相应水位：</td><td colspan="5">测流断面水位：</td></tr>
<tr><td>备注</td><td colspan="18"></td></tr>
</table>

施测： 初校： （ 月 日） 复校： （ 月 日） 审查： （ 月 日）

# 附表 6 声学多普勒流速仪流速分布记载表

声学多普勒流速剖面仪流速分布测验记载表

共 页 第 页

| 测站编码： | | | 施测号数： | | 施测日期： | | 天气： | 风力风向： | |
|---|---|---|---|---|---|---|---|---|---|
| 开始时间： | | | | 结束时间： | | | 平均时间： | | |
| 测船名称： | | | | | | | | | |
| 流速剖面仪型号： | | | | | | 软件版本： | | | |
| 流速剖面仪固件版本： | | | | | | GPS 型号： | | | |
| 罗经仪型号： | | | | | | 测深仪型号： | | | |
| 计算机名： | | | | 配置文件路径 / 名称： | | | | | |
| | | | | 数据文件路径： | | | | | |
| 探头入水深： | | | 设置的盲区： | | | 深度单元尺寸： | | 深度单元数： | |
| 含盐度： | | | 水跟踪脉冲数： | | | 底跟踪脉冲数： | | 幂函数指数： | |
| 断面名称 | 垂线号 | 起点距 | 应用水深 | 平均流速 | 部分面积 | 部分流量 | 数据文件名 | ASCII 文件名 | 备注 |
| | | | | | | | | | |
| | | | | | | | | | |
| | | | | | | | | | |
| | | | | | | | | | |
| | | | | | | | | | |
| | | | | | | | | | |
| | | | | | | | | | |
| | | | | | | | | | |
| | | | | | | | | | |
| | | | | | | | | | |
| | | | | | | | | | |
| | | | | | | | | | |
| 断面流量： （$m^3/s$） | | | 断面面积： （$m^2$） | | | 平均流速： （m/s） | | 最大瞬时流速： （m/s） | |
| 平均水深： （m） | | | 最大水深： （m） | | | 水面宽： （m） | | 实测水温： | |
| 开始水位： | | 结束水位： | | 平均水位： | | 相应水位： | 测流断面水位： | | |
| 备注： | | | | | | | | | |

施测： 初校： （ 月 日） 复校： （ 月 日） 审查： （ 月 日）

## 附表 7　水位观测记载簿

测站编码__________

__________站水位（水温）观测记载簿

流域：______________ 水系：______________ 河名：______________

______ 省________ 县（市、区）__________ 乡（镇、街道）__________ 村

________年________月

观测：________一校：________二校：________校核：________

共______页

## 附表 8 水尺水位记载表

________站水尺水位记载表

________月　　　　　　　　　　　　　　　　　　　　　　　　第________页

| 日 | 时： 分 | 水尺编号 | 水尺零点（或固定点）高程（m） | 水尺读数（m） | 水位（m） | 日平均水位（m） | 流向 | 风及起伏度 | 水温（℃） | | 岸上气温（℃） | | 备注 |
|---|---|---|---|---|---|---|---|---|---|---|---|---|---|
| | | | | | | | | | 读数 | 订正后 | 读数 | 订正后 | |
| | | | | | | | | | | | | | |
| | | | | | | | | | | | | | |
| | | | | | | | | | | | | | |
| | | | | | | | | | | | | | |
| | | | | | | | | | | | | | |
| | | | | | | | | | | | | | |
| | | | | | | | | | | | | | |
| | | | | | | | | | | | | | |
| | | | | | | | | | | | | | |
| | | | | | | | | | | | | | |
| | | | | | | | | | | | | | |
| | | | | | | | | | | | | | |
| | | | | | | | | | | | | | |
| | | | | | | | | | | | | | |

记载：　　　　初校：　　　　月　日　复校：　　　　月　日　审核：　　　　月　日

# 参考文献


［1］王俊，王建群，余达征 . 现代水文监测技术 [M]. 北京：中国水利水电出版社，2016.

［2］GB/T 50095—2014 水文基本术语和符号标准 [S]. 北京：中国计划出版社，1998.

［3］SL/T 247—2020 水文资料整编规范 [S]. 北京：中国水利水电出版社，2012.

［4］田淳，刘少华 . 声学多普勒测流原理及其应用 [M]. 郑州：黄河水利出版社，2003.

［5］水利部水文司 . 水文测验手册 [M]. 北京：中国水利水电出版社，1980.

［6］GB 50179—2015 河流流量测验规范 [S]. 北京：中国计划出版社，2015.

［7］严义顺 . 水文测验学 [M]. 北京：中国水利水电出版社，1984.

［8］朱晓原，张留柱，姚永熙 . 水文测验实用手册 [M]. 北京：中国水利水电出版社，2013.

［9］HJ 630—2011 环境监测质量管理技术导则 [S].

［10］环境监测质量管理规定 [Z]. 环发〔2006〕114 号文件 .

［11］GB/T 8170—2008. 数值修约规则与极限数值的表示和判定 [S].

［12］GB/T 4883—2008. 数据的统计处理和解释 正态样本离群值的判断和处理 [S].

［13］SL 337—2006. 声学多普勒流量测验规范 [S]. 北京：中国水利水电出版社，2006.